AutoCAD 认证工程师成长之路丛书

AutoCAD 2015 速成宝典

（配全程视频教程）

奚建安　编著

电子工业出版社

Publishing House of Electronics Industry

北京·BEIJING

内 容 简 介

本书是系统学习 AutoCAD 2015 软件的速成宝典书籍，内容包括 AutoCAD 2015 的使用基础、二维基本绘图、精确高效地绘图、高级绘图、AutoCAD 的层功能、图形的编辑、标注图形尺寸、创建文字与表格、图块及其属性、轴测图、三维网格面的绘制、三维实体的绘制和编辑等，各功能模块都配有大量综合实例供读者深入学习和演练。

本书以"全面、速成、简洁、实用"为指导，讲解由浅入深，内容清晰简明、图文并茂。在内容安排上，书中结合大量的范例对 AutoCAD 2015 软件各个模块中一些抽象的概念、命令、功能和应用技巧进行讲解，所使用的范例或综合实例均为一线真实产品，这样的安排使读者较快地进入工作实战状态；在写作方式上，本书紧贴 AutoCAD 2015 软件的真实界面进行讲解，使读者能够直观、准确地操作软件，从而提高学习效率。本书附带 1 张多媒体 DVD 教学光盘，制作了与本书全程同步的语音视频文件，含 312 个 AutoCAD 应用技巧和具有针对性实例的语音教学视频，时长达 19.9 小时（1194 分钟）。光盘还包含了本书所有的素材源文件和已完成的实例文件。

本书可作为工程技术人员的 AutoCAD 自学教程和参考书，也可供大专院校机械专业师生作为教学参考。

图书在版编目（CIP）数据

AutoCAD 2015 速成宝典/奚建安编著. —北京：电子工业出版社，2016.4

（AutoCAD 认证工程师成长之路丛书）

配全程视频教程

ISBN 978-7-121-26458-0

Ⅰ. ①A…　Ⅱ. ①奚…　Ⅲ. ①AutoCAD 软件—工程师—资格考试—自学参考资料　Ⅳ. ①TP391.72

中国版本图书馆 CIP 数据核字（2015）第 142239 号

策划编辑：管晓伟

责任编辑：管晓伟　　特约编辑：王欢　等

印　　刷：涿州市京南印刷厂

装　　订：涿州市京南印刷厂

出版发行：电子工业出版社

　　　　　北京市海淀区万寿路 173 信箱　　邮编：100036

开　　本：787×1092　1/16　印张：22.5　字数：528 千字

版　　次：2016 年 4 月第 1 版

印　　次：2016 年 4 月第 1 次印刷

定　　价：49.90 元（含多媒体 DVD 光盘 1 张）

前　言

　　AutoCAD 是美国 Autodesk 公司推出的一款功能强大的通用计算机辅助设计软件，应用范围涉及汽车、机械、航空航天、造船、通用机械、数控加工、医疗、玩具和电子等诸多领域。到目前为止，AutoCAD 已成为使用最广泛的计算机绘图软件。

　　编写本书的目的是帮助众多读者快速学会 AutoCAD 2015 的核心功能模块的使用方法，满足读者实际产品设计的需求。本书是系统学习 AutoCAD 2015 软件的速成宝典书籍，其特色如下：

◆ **内容全面**。涵盖了 AutoCAD 2015 的基本绘图、精确高效地绘图、高级绘图、AutoCAD 的层功能、图形的编辑、标注图形尺寸、创建文字与表格、图块及其属性、轴测图、三维网格面的绘制、三维实体的绘制和编辑等。

◆ **实例丰富**。由于书的纸质容量有限，所以随书光盘中存放了大量的范例和实例教学视频（全程语音讲解），这些范例或综合实例均为一线真实产品，这样的安排可以迅速提高读者的实战水平，同时也提高了本书的性价比。

◆ **实用、速成**。书中结合大量的案例对 AutoCAD 2015 软件各个模块中一些抽象的概念、命令、功能和应用技巧进行讲解，所使用的案例均为一线真实产品；采用 AutoCAD 2015 中真实的对话框、操控板和按钮等进行讲解，使初学者能够直观、准确地操作软件，这些特点都有助于读者快速学习和掌握 AutoCAD 2015 这一设计利器。

◆ **附带 1 张多媒体 DVD 教学光盘**。包括 312 个 AutoCAD 应用技巧和具有针对性实例的语音教学视频，时长达 19.9 小时（1194 分钟），可以帮助读者轻松、高效地学习。

　　本书由奚建安编著，参加编写的人员还有王双兴、郭如涛、马志伟、师磊、李东亮、白超文、张建秋、任彦芳、杨作为、陈爱君、夏佩、谢白雪、王志磊、张党杰、张娟、马斯雨、车小平、曾为劲。本书已经经过多次审校，但仍难免有疏漏之处，恳请广大读者予以指正。

　　电子邮箱：bookwellok @163.com　　　咨询电话：010-82176248，010-82176249。

编　者

本 书 导 读

为了能更好地学习本书的知识，读者应仔细阅读下面的内容。

【写作软件蓝本】

本书采用的写作蓝本是 AutoCAD 2015 版。

【写作计算机操作系统】

本书使用的操作系统为 Windows 7 专业版，系统主题采用 Windows 经典主题。

【光盘使用说明】

为了使读者方便、高效地学习本书，特将本书中所有的练习文件、素材文件、已完成的实例、范例或案例文件、软件的相关配置文件和视频语音讲解文件等按章节顺序放入随书附带的光盘中，读者在学习过程中可以打开相应的文件进行操作、练习和视频查看。

本书附带多媒体 DVD 教学光盘 1 张，建议读者在学习本书前，先将 DVD 光盘中的所有内容复制到计算机硬盘的 D 盘中。

在光盘的 cadxc15 目录下共有 3 个子目录，分述如下。

（1）system_file 子目录：包含 AutoCAD 2015 版本的配置、模板文件。

（2）work_file 子目录：包含本书讲解中所用到的文件。

（3）video 子目录：包含本书讲解中所有的视频文件（含语音讲解），学习时，直接双击某个视频文件即可播放。

光盘中带有 "ok" 扩展名的文件或文件夹表示已完成的实例、范例或案例。

【本书约定】

◆　本书中有关鼠标操作的简略表述说明如下。

- 单击：将鼠标指针移至某位置处，然后按一下鼠标的左键。
- 双击：将鼠标指针移至某位置处，然后连续快速地按两次鼠标的左键。
- 右击：将鼠标指针移至某位置处，然后按一下鼠标的右键。
- 单击中键：将鼠标指针移至某位置处，然后按一下鼠标的中键。
- 滚动中键：只是滚动鼠标的中键，而不是按下中键。
- 选择（选取）某对象：将鼠标指针移至某对象上，单击以选取该对象。

- 拖移某对象：将鼠标指针移至某对象上，然后按下鼠标的左键不放，同时移动鼠标，将该对象移动到指定的位置后再松开鼠标的左键。
- 本书所有涉及的参数，限于软件的特殊性，一律与对应图一致，作为正体表述。

◆ 本书中的操作步骤分为"任务"和"步骤"两个级别，说明如下。

- 对于一般的软件操作，每个操作步骤以 **步骤01** 开始。例如，下面是绘制矩形操作步骤的表述：
  - ☑ **步骤01** 选择下拉菜单 **绘图(D)** ➡ **矩形(G)** 命令。
  - ☑ **步骤02** 指定矩形的第一角点。在图 2.3.2 所示的命令行提示信息下，将鼠标光标移至绘图区中的某一点——A 点处，单击以指定矩形的第一个角点，此时移动鼠标，就会有一个临时矩形从该点延伸到光标所在处，并且矩形的大小随光标的移动而不断变化。
  - ☑ **步骤03** 指定矩形的第二角点。在 指定另一个角点或 [面积(A)/尺寸(D)/旋转(R)] 的提示下，将鼠标光标移至绘图区中的另一点——B 点处并单击，以指定矩形的另一个角点，此时系统便绘制出矩形并结束命令。

- 每个"步骤"操作视其复杂程度，下面可含有多级子操作。例如，**步骤01** 下可能包含（1）、（2）、（3）等子操作，（1）子操作下可能包含①、②、③等子操作，①子操作下可能包含 a）、b）、c）等子操作。

- 对于多个任务的操作，则每个"任务"冠以 **任务01**、**任务02**、**任务03** 等，每个"任务"操作下则包含"步骤"级别的操作。

- 由于已建议读者将随书光盘中的所有文件复制到计算机硬盘的 D 盘中，所以书中在要求设置工作目录或打开光盘文件时，所述的路径均以"D:"开始。

目　　录

第 1 章　AutoCAD 2015 基础入门

1.1　计算机绘图与 AutoCAD 简介

1.1.1　计算机绘图概述

计算机绘图是 20 世纪 60 年代发展起来的新兴学科。随着计算机图形学理论及其技术的发展，计算机绘图技术也迅速发展起来。将图形与数据建立起相互对应的关系，把数字化了的图形信息经过计算机存储、处理，然后通过输出设备将图形显示或打印出来，这个过程就是计算机绘图。

计算机绘图是由计算机绘图系统来完成的。计算机绘图系统由软件系统和硬件系统组成，其中，软件是计算机绘图系统的关键，而硬件设备则为软件的正常运行提供了基础保障和运行环境。目前，随着计算机硬件功能的不断提高和软件系统的不断完善，计算机绘图已广泛应用于各个领域。

1.1.2　AutoCAD 简介

AutoCAD 具有功能强大、易于掌握、使用方便及体系结构开放等特点，能够绘制平面图形与三维图形、进行图形的渲染以及打印输出图样，用 AutoCAD 绘图速度快、精度高，而且便于个性化设计。

AutoCAD 具有良好的用户界面，可通过交互菜单或命令行方便地进行各种操作。它的多文档设计环境，让非计算机专业人员能够很快地学会使用，进而在不断实践的过程中更好地掌握它的各种应用和开发技巧，不断提高工作效率。

AutoCAD 具有广泛的适应性，这就为它的普及创造了条件。AutoCAD 自问世至今，已被广泛地应用于机械、建筑、电子、冶金、地质、土木工程、气象、航天、造船、石油化工、纺织、轻工等领域，深受广大技术人员的欢迎。

1.1.3　AutoCAD 2015 新增功能

AutoCAD 2015 添加了一些新功能，在某些方面使用起来更加方便，更加人性化，主要包括新选项卡方面、主题界面方面、图形显示方面、绘图及编辑方面和视图方面等。简要介绍如下。

◆ 新选项卡方面：取代了原来启动软件后出现的欢迎窗口，现在变成一个新的选项卡，从这个选项卡中可以访问样例、最近打开的文件、产品更新通知、以及连接社区界面。

◆ 主题界面方面：新的深色主题界面结合了传统的深色模型空间，可最大程度的降低绘图区和周围工具之间的对比；状态栏也进行了简化，可以从自定义菜单中选择要显示的工具。

◆ 图形显示方面：新增了平滑线显示以增强图形的效果；在创建或编辑对象时，视觉反馈得到改善，当选择对象时颜色也会发生变化，并保持高亮显示。

◆ 绘图及编辑方面：新增了套索选择工具，如在图形空白区域按住左键拖动鼠标即可套选对象；新增了常用编辑命令的预览功能，如在修剪对象时，被修剪的对象会变暗，而且光标标识指示该线段将被修剪。

◆ 视图方面：增强了模型空间视口，在模型空间中创建多个视口后，活动视口会以蓝色边界标识；增强了动态观察工具，可更好的控制目标点。

1.2　AutoCAD 2015 的安装过程

对于单机中文版的 AutoCAD 2015，在各种操作系统下的安装过程基本相同，下面仅以 Windows 7 为例说明其主体部分的安装过程。

步骤 01　将 AutoCAD 2015 的安装光盘放入光驱内（如果已将系统安装文件复制到硬盘上，可双击系统安装目录下的 Setup.exe 文件）。

步骤 02　系统显示"安装初始化"界面。等待数秒后，在系统弹出图 1.2.1 所示的"AutoCAD 2015"界面（一）中单击"安装"按钮。

图 1.2.1　"AutoCAD 2015"界面（一）

步骤 03 系统弹出"AutoCAD 2015"界面（二），在 国家或地区: 下拉列表中选择 China 选项，选中 ⦿ 我接受 单选项，单击对话框中的 下一步 按钮。

步骤 04 系统弹出"AutoCAD 2015"界面（三），选择相应的产品类型并将序列号和产品密钥输入对应的文本框中，然后单击 下一步 按钮。

步骤 05 系统弹出"AutoCAD 2015"界面（四），采用系统默认的安装配置，单击对话框中的 安装 按钮，此时系统显示"安装进度"界面。

步骤 06 系统继续安装 AutoCAD 2015 软件，经过几分钟后，AutoCAD 2015 软件安装完成，系统弹出"安装完成"界面，单击该对话框中的 完成 按钮。

步骤 07 启动中文版 AutoCAD 2015。在 AutoCAD 安装完成后，系统将在 Windows 的"开始"菜单中创建一个菜单项，并在桌面上创建一个快捷图标。当第一次启动 AutoCAD 2015 时，系统要求进行初始设置，具体操作如下。

双击 Windows 桌面上的 AutoCAD 2015 软件快捷图标来启动；或者从 开始 菜单中依次选择 ▶ 所有程序 ➡ Autodesk ➡ AutoCAD 2015 - 简体中文 (Simplified Chinese) ➡ AutoCAD 2015 - 简体中文 (Simplified Chinese) 命令来启动软件，在系统弹出的"Autodesk 许可"界面中单击 激活(A) 按钮，在系统弹出的"Autodesk 许可-激活选项"界面（一）中选中 ⦿ 我具有 Autodesk 提供的激活码 单选项，然后单击 下一步 按钮，此时系统弹出"Autodesk 许可-激活选项"界面（二）。

步骤 08 激活中文版 AutoCAD 2015。

（1）在图 1.2.2 所示的"Autodesk 许可-激活选项"界面（二）中选中 ⦿ 我具有 Autodesk 提供的激活码 单选项，在其下方的文本框中输入软件激活码并单击 下一步 按钮。

（2）系统弹出"Autodesk 许可-激活完成"界面，表明 AutoCAD 2015 软件已被激活，单击该界面中的 完成 按钮。至此便完成了 AutoCAD 2015 的激活，以后启动 AutoCAD 2015 时无须再激活。

（3）启动 AutoCAD 2015 后打开"Autodesk Exchange"界面，关闭该界面后系统进入 AutoCAD 2015 的使用界面。

1.3　AutoCAD 的启动与退出

1.3.1　启动 AutoCAD

启动 AutoCAD 的方法一般有如下四种。

图 1.2.2　"Autodesk 许可-激活选项"界面（二）

方法一：双击桌面上的 AutoCAD 快捷方式图标 ▲。

方法二：单击桌面上的 AutoCAD 快捷方式图标 ▲，然后右击，在系统弹出的快捷菜单中选择 打开(O) 命令。

方法三：双击已有的 AutoCAD 图形文件。

方法四：从 开始 菜单中，通过依次选择下拉菜单 所有程序 ➡ Autodesk ➡ AutoCAD 2015 - 简体中文 (Simplified Chinese) ➡ AutoCAD 2015 - 简体中文 (Simplified Chinese) 命令，可以启动 AutoCAD 2015。

1.3.2　退出 AutoCAD

退出 AutoCAD 的方法有如下三种。

方法一：在 AutoCAD 主标题栏中，单击"关闭"按钮 ✕。

方法二：从 文件(F) 下拉菜单中，选择 ✕ 退出(X)　　　　Ctrl+Q 命令。

方法三：在命令行中，输入命令 EXIT 或 QUIT，然后按 Enter 键。

在退出 AutoCAD 时，如果还没有对每个打开的图形保存最近的更改，系统将提示是否要将更改保存到当前的图形中，单击 是(Y) 按钮将退出 AutoCAD 并保存更改；单击 否(N) 按钮将退出 AutoCAD 而不保存更改；单击 取消 按钮将不退出 AutoCAD，维持现有的状态。

1.4 中文版 AutoCAD 2015 的工作界面

中文版 AutoCAD 2015 的工作界面如图 1.4.1 所示，该工作界面中包括下拉菜单栏、快速访问工具栏、命令行和绘图区等几个部分，下面将分别进行介绍。

图 1.4.1 中文版 AutoCAD 2015 的工作界面

1.4.1 快速访问工具栏

AutoCAD 2015 有访问工具栏的功能，其位置在标题栏的左侧。通过快速访问工具栏能够进行一些 AutoCAD 的基础操作，默认的有"新建""打开""保存""另存为""打印"和"放弃"等命令，其初始状态如图 1.4.2 所示。

用户还可以为快速访问工具栏添加命令按钮。在快速访问工具栏上右击，在系统弹出的图 1.4.3 所示的快捷菜单中选择 自定义快速访问工具栏(C) 选项，系统将弹出"自定义用户界面"对话框,如图 1.4.4 所示。在该对话框的 命令 列表框中找到要添加的命令后将其拖到"快速访问"
工具栏,即可为该工具栏添加对应的命令按钮。图 1.4.5 所示为添加命令按钮后的快速访问
工具栏。

1.4.2 标题栏

AutoCAD 2015 的标题栏位于工作界面的最上方,其功能是显示 AutoCAD 2015 的程序
图标以及当前所操作文件的名称。还可以通过单击标题栏最右侧的按钮,来实现 AutoCAD
2015 窗口的最大化、最小化和关闭的操作。

图 1.4.2　快速访问工具栏

图 1.4.3　快捷菜单

图 1.4.5　添加命令按钮后的快速访问工具栏

图 1.4.4　"自定义用户界面"对话框

1.4.3 菜单浏览器与下拉菜单栏

单击菜单浏览器,系统会将菜单浏览器展开,如图 1.4.6 所示。

在 AutoCAD 2015 中,AutoCAD 将菜单栏全部集成到了菜单浏览器中。其左侧的列显示
全部根菜单,将光标放在某一项上,会在右侧显示出对应的菜单。

AutoCAD 默认没有将菜单栏显示出来,用户可以通过在"快速访问工具栏"中单击 按
钮,在系统弹出的列表中选择 显示菜单栏 命令,即可将菜单栏显示出来。AutoCAD 的菜

单栏,由 文件(F) 、 编辑(E) 、 视图(V) 、 插入(I) 、 格式(O) 、 工具(T) 、 绘图(D) 、 标注(N) 、 修改(M) 、
参数(P) 、 窗口(W) 、 帮助(H) 和 Express 下拉菜单组成。若要显示某个下拉菜单,可直接单击其
菜单名称,也可以同时按下 Alt 键和显示在该菜单名后边的热键字符。例如,要显示 文件(F)
下拉菜单,可同时按下 Alt 键和 F 键。

 菜单栏显示出后,在以后打开 AutoCAD 时,菜单栏也将一并显示,用户无
须再次操作。本书在以后章节介绍命令操作时,都是通过单击菜单栏选择命令。

图 1.4.6 显示菜单栏

在使用下拉菜单命令时,应注意以下几点。

◆ 带有 ▶ 符号的命令,表示该命令下还有子命令。

◆ 命令后带下划线的字母对应的是热键(如 文件(F) 下拉菜单中的 新建(N)... 命令后
的字母 N)。在打开某个下拉菜单(如 文件(F))后,也可通过按键盘上的热键字母
(如 N)来启动相应的命令。

◆ 命令后若带有组合键,表示直接按组合键即可执行该菜单命令(如下拉菜单 文件(F)
中 新建(N)... 命令,可直接使用组合键 Ctrl+N)。

◆ 命令后带有 ... 符号,表示选择该命令系统弹出一个对话框。

◆ 命令呈现灰色,表示该命令在当前不可使用。

◆ 如果将鼠标光标停留在下拉菜单中的某个命令上,系统会在屏幕的最下方显示该命
令的解释或说明。

1.4.4 功能区选项板与功能区面板

功能区选项板是一种特殊的选项卡,位于绘图窗口的上方,用于显示与基于任务
的工作空间关联的按钮和控件,在 AutoCAD 2015 的初始状态下有十二个功能选项卡:
默认 、 插入 、 注释 、 参数化 、 视图 、 管理 、 输出 、 附加模块 、 Autodesk 360 、
Express Tools 、 BIM 360 和 精选应用 。每个选项卡都包含若干个面板,每个面板又包含
了许多的命令按钮,如图 1.4.7 所示。

图 1.4.7　功能选项卡和面板

有的面板中没有足够的空间显示所有的按钮，用户在使用时可以单击下方的三角按钮，展开折叠区域，显示其他相关的命令按钮。如果某个按钮后面有三角按钮，则表明该按钮下面还有其他的命令按钮，单击该三角按钮，系统弹出折叠区的命令按钮。

此外，单击面板选项卡右侧的按钮，系统将会弹出图 1.4.8 所示的快捷菜单。在该快捷菜单中选择 最小化为选项卡 命令，选项卡区域将最小化为选项卡，如图 1.4.9 所示；选择 最小化为面板标题 命令，选项卡区域将最小化为面板标题，如图 1.4.10 所示；选择 最小化为面板按钮 命令，选项卡区域将最小化为面板按钮，如图 1.4.11 所示；若选择 循环浏览所有项 命令后连续单击按钮，可在图 1.4.8 及图 1.4.9～图 1.4.11 所示的显示样式之间切换。

图 1.4.8　快捷菜单

图 1.4.9　最小化为选项卡

图 1.4.10　最小化为面板标题

图 1.4.11　最小化为面板按钮

1.4.5　绘图区

绘图区是用户绘图的工作区域（图 1.4.1），它占据了屏幕的绝大部分空间，用户绘制的任何内容都将显示在这个区域中。可以根据需要关闭一些工具栏或缩小界面中的其他窗口，以增大绘图区。如果图纸比较大，需要查看未显示出的部分时，可以单击绘图区右边与下边滚动条上的箭头按钮或拖动滚动条上的滑块来移动图纸。

绘图区中除了显示当前的绘图结果外，还可显示当前坐标系的图标，该图标可标识坐标系的类型、坐标原点及 X 轴、Y 轴和 Z 轴的方向。在绘图区域下部有一系列选项卡的标签，这些标签可引导用户查看图形的布局视图。

1.4.6　命令行与文本窗口

如图 1.4.12 所示，命令行用于输入 AutoCAD 命令或查看命令提示和消息，它位于绘图窗口的下面。

命令行通常显示三行信息，拖动位于命令行左边的滚动条可查看以前的提示信息。用户可以根据需要改变命令行的大小，使其显示多于三行或少于三行的信息（拖动命令行和绘图区之间的分隔边框进行调整），还可以将命令行拖移至其他位置，使其由固定状态变为浮动状态。当命令行处于浮动状态时，可调整其宽度。

用鼠标按住此边框，可移动命令行的位置

命令：
命令： _rectang
RECTANG 指定第一个角点或 [倒角 (C) 标高 (E) 圆角 (F) 厚度 (T) 宽度 (W)]：

图 1.4.12　命令行

文本窗口是记录 AutoCAD 命令的窗口，是放大的"命令行窗口"，它记录了已执行的命令，也可以在其中输入新命令。此窗口的打开可以通过选择下拉菜单 视图(V) ➡ 显示(L) ➡ ▲ 文本窗口(T)　Ctrl+F2 命令（或在命令行中输入命令 TEXTSCR）来实现，同样也可以通过快捷键 Ctrl+F2 或者 F2 实现。

与命令行不同，文本窗口总是显示为单独的窗口，文本窗口具有自己的滚动条，窗口的大小可以调整、最小化，或在不需要时全部关闭。

　　　　按 F2 键可在图形窗口和文本窗口之间来回进行切换。另外，还可在文本窗口和 Windows 剪贴板之间剪切、复制和粘贴文本，多数 Windows 常用的 Ctrl 组合键和光标键也能在文本窗口中使用。

1.4.7　状态栏

状态栏位于屏幕的底部，它用于显示当前鼠标光标的坐标位置，以及控制与切换各种 AutoCAD 模式的状态，如图 1.4.13 所示。

坐标显示区　　　　　　　　"注释可见性"按钮　　　"注释比例"按钮　"自定义"按钮

-2341.8498, 163.1962, 0.0000　模型 ⊞ ▦ ▾ ⌐ ∟ ⊙ ▾ ⋋ ∠ ⬜ ▾ ⊿ ⚲ ⚲ ⚲ 1:1 ⚙ ▾ ＋ ▭ ⊞ ☒ ☰

图 1.4.13　状态栏

坐标显示区可显示当前光标的 X、Y、Z 坐标，当移动鼠标光标时，坐标也随之不断更新。单击坐标显示区，可切换坐标显示的打开和关闭状态。

注释性是指用于对图形加以注释的特性，注释比例是与模型空间、布局视口和模型视图一起保存的设置，用户可以根据比例的设置对注释内容进行相应的缩放。单击"注释比例"按钮，可以从系统弹出的菜单中选择需要的注释比例，也可以自定义注释比例。

单击注释可见性按钮，当显示为 时，将显示所有比例的注释性对象；显示 时，仅显示当前比例的注释性对象。

单击"自定义"按钮 ，系统会弹出图 1.4.14 所示的下拉菜单，在下拉菜单中可设置在状态栏中显示的快捷按钮命令，单击下拉菜单中的某个命令会以 的形式显示，表示在状态栏中处于显示状态，再次单击即可取消显示。下拉菜单中的命令较多，可根据需要自行设定。

图 1.4.14   "自定义"下拉菜单

    用户还可以通过单击状态栏中的切换工作空间按钮 ，在系统弹出的快捷菜单中选择要切换的工作空间。

1.4.8 ViewCube 动态观察

ViewCube（三维导航）工具（图 1.4.15）直观反映了图形在三维空间内的方向，是模型在二维模型空间或三维视觉样式中处理图形时的一种导航工具。使用 ViewCube 工具，可以方便地调整模型的视点，使模型在标准视图和等轴测视图间切换。

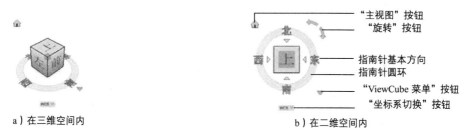

a）在三维空间内　　　　　　　　　　b）在二维空间内

图 1.4.15　ViewCube 工具

1. ViewCube 工具的显示与隐藏

在系统默认状态下，ViewCube 工具显示在界面的右上角。当 ViewCube 工具不显示时，可通过以下几种方法将其显示出来。

◆ 使用下拉菜单 视图(V) ➡ 显示(L) ▶ ➡ ViewCube(V) ▶ ➡ 🗆 开(O) 命令。

◆ 在功能区面板"视图"选项板"视口工具"区域单击"ViewCube"按钮。

◆ 在命令行中输入命令 NAVVCUBE 后按 Enter 键，在命令行 输入选项 [开(ON)/关(OFF)/设置(S)] <ON>: 的提示下输入命令 ON 并按 Enter 键（或在命令行中输入命令NAVVCUBEDISPLAY后按Enter键，再输入数值3按Enter键）。

ViewCube 工具显示后不处于活动状态，将鼠标移动到其上时，ViewCube 工具上的按钮会加亮显示，此时 ViewCube 工具处于活动状态，可根据需要调整视点。

2. ViewCube 工具的菜单及功能

在图 1.4.15 所示的 ViewCube 工具中，各按钮功能如下。

◆ "主视图"按钮：单击该按钮可将模型视点恢复至随模型一起保存的主视图方位，右击该按钮，系统会弹出图 1.4.16 所示的 ViewCube 菜单。

◆ "旋转"按钮：分为顺时针和逆时针两个按钮，单击任意按钮，模型可绕当前图形的轴心旋转90°。

◆ 指南针：单击指南针上的基本方向可将模型进行旋转，同时也可以拖动指南针的一个基本方向或拖动指南针圆环使模型绕轴心点以交互方式旋转。

◆ "ViewCube 菜单"按钮：单击该按钮，系统弹出图 1.4.16 所示的 ViewCube 菜单。使用 ViewCube 菜单可恢复和定义模型的主视图，在视图投影模式之间切换，以及更改交互行为和 ViewCube 工具的外观。

◆ "坐标系切换"按钮：单击该按钮，在系统弹出的下拉列表中可以快速地切换坐标系或新建坐标系。

图 1.4.16　ViewCube 菜单

3. ViewCube 工具的设置

用户可以在"ViewCube 设置"对话框中根据不同的需要设置 ViewCube 的可见性和显示特性以达到 ViewCube 三维导航的最佳效果。可以使用以下几种方式打开"ViewCube 设置"对话框。

◆ 使用下拉菜单 视图(V) ➡ 显示(L) ▶ ➡ ViewCube(V) ▶ ➡ 设置(S) 命令。

◆ 右击"主视图"按钮，在系统弹出的 ViewCube 菜单中选择 ViewCube 设置... 命令。

◆ 单击"ViewCube 菜单"按钮，在系统弹出的 ViewCube 菜单中选择 ViewCube 设置... 命令。

"ViewCube 设置"对话框中各选项说明如下。

◆ 屏幕位置(O): 下拉列表：在该下拉列表中选择一选项可指定 ViewCube 在屏幕中的位置。

◆ ViewCube 大小(V): 选项：用以控制 ViewCube 的大小显示。

◆ 不活动时的不透明度(I): 选项：指定 ViewCube 在不活动时显示透明度的百分比。

◆ ☑ 显示 UCS 菜单(M) 复选框：当选中该复选框时，在 ViewCube 下方显示 UCS 按钮，单击该按钮可显示 UCS 菜单。

◆ ☑ 捕捉到最近的视图(S) 复选框：若选中此复选框，当通过拖动 ViewCube 更改视图时将当前视图调整为接近的预设视图。

◆ ☑ 视图更改后进行范围缩放(Z) 复选框：在选中此复选框的情况下，指定视图更改后强制模型布满当前视口。

◆ ☑ 切换视图时使用视图转场(W) 复选框：当选中此复选框后，在切换视图时使用视图转场效果。

◆ ☑ 将 ViewCube 设置为当前 UCS 的方向(R) 复选框：当选中此复选框后，根据模型当前的 UCS 或 WCS 设置 ViewCube 的方向。

◆ ☑ 保持场景正立(K) 复选框：当选中此复选框后，保持场景正立；取消选中时将视点倒立。

◆ ☑在 ViewCube 下方显示指南针ⓒ 复选框: 选中此复选框时在 ViewCube 的下方显示指南针,
反之则不显示。

1.4.9　对话框与快捷菜单

在选择 AutoCAD 的某些命令后, 系统会弹出一个对话框, 在对话框中可以方便地进行
输入数值、设定参数和选择选项等操作。例如, 在选择下拉菜单 插入(I) ➡ 块(B)...命令
后, 系统会弹出"插入"对话框。

另外, 当在绘图区、工具栏、状态栏、"模型"与"布局"标签以及对话框内的一些区
域右击时, 系统会弹出快捷菜单, 菜单中显示的命令与右击的对象和当前的工作状态相关,
可以从中快速选择一些对于右击对象的操作命令。例如, 选择绘制矩形命令后, 在绘图区中
右击, 系统将弹出快捷菜单。

1.5　AutoCAD 的绘图环境设置

1.5.1　设置绘图选项

选择下拉菜单 工具(T) ➡ ☑选项(N)...命令, 系统弹出图 1.5.1 所示的"选项"对话框,
该对话框中包含 文件 、 显示 、 打开和保存 、 打印和发布 、 系统 、 用户系统配置 、 绘图 、 三维建模 、
选择集 、 配置 和 联机 11 个选项卡, 下面对这些选项卡部分选项进行说明。

图 1.5.1　"选项"对话框

◆ 文件 选项卡: 用于确定 AutoCAD 搜索支持文件、驱动程序文件、菜单文件和其他
文件时的路径等。

◆ 显示 选项卡: 用于设置窗口元素、显示精度、显示性能、十字光标大小和参照编

辑的颜色度等显示属性，本书中为了保持与上一版本主题界面一致，所以在此选项卡 窗口元素 区域 配色方案(M): 的下拉列表中选择 明 选项。

◆ 打开和保存 选项卡：用于设置保存文件格式、文件安全措施以及外部参照文件加载方式等。

◆ 打印和发布 选项卡：用于设置 AutoCAD 默认的打印输出设备及常规打印选项等。

◆ 系统 选项卡：用于设置当前三维图形的显示特性，设置定点设备、OLE 特性对话框的显示控制、所有警告信息的显示控制、网络连接检查、启动对话框的显示控制以及是否允许长符号名等。

◆ 用户系统配置 选项卡：用于设置是否使用快捷菜单、插入对象比例以及坐标数据输入的优先级等。

◆ 绘图 选项卡：用于设置自动捕捉、自动捕捉标记的颜色和大小以及靶框大小等。

◆ 三维建模 选项卡：用于设置在三维建模环境中十字光标、在视口中的显示工具及三维对象的显示等。

◆ 选择集 选项卡：用于设置选择集模式、选取框和夹点的大小等。

◆ 配置 选项卡：用于系统配置文件的创建、重命名和删除等操作。

◆ 联机 选项卡：用于设置与 Autodesk 360 账户同步处理图形等。

1.5.2 设置图形界限

图形界限表示图形周围的一条不可见的边界。设置图形界限可确保以特定的比例打印时，创建的图形不会超过特定的图纸空间的大小。

图形界限由两个点确定，即左下角点和右上角点。例如，可以设置一张图纸的左下角点的坐标为（0,0），右上角点的坐标为（594,420），则该图纸的大小为 594×420。单击屏幕底部状态栏中的 ▦ 按钮，将显示图形界限内的区域。

在中文版 AutoCAD 2015 中，用户设置图形界限的操作步骤如下。

步骤 01 打开随书光盘上的文件 D:\cadxc15\work\ch01.05\limits.dwg。

步骤 02 选择下拉菜单 格式(O) ➡ 图形界限(I) 命令。

步骤 03 在命令行 指定左下角点或 [开(ON)/关(OFF)] <0.0000,0.0000>: 的提示下按 Enter 键，即采用默认的左下角点（0,0）。

步骤 04 在命令行 指定右上角点 的提示下，输入图纸右上角点坐标（594,420）并按 Enter 键。完成后，打开"栅格"，可看到栅格点充满整个由对角点（0,0）和（594,420）构成的矩形区域，由此证明图形界限设置有效。

步骤 05 选择下拉菜单 文件(F) ➡ 另存为(A)... 命令，将文件改名保存为 limits_ok.dwg，这样既能保存前面所做的工作，又能保护原文件 limits.dwg，以便以后再次使用原文件。

◆ 坐标值的输入说明。本步操作中，在指定右上角点时，坐标（594,420）的输入规则是先输入 X 轴坐标值 594，再输入英文逗号 , ，然后输入 Y 轴坐标值 420，在命令行中的显示为 指定右上角点 <420.0000,297.0000>: 594,420 。本书中所有坐标点（包括笛卡儿坐标、极坐标、柱坐标等）的表述都在坐标值外加了括号，但输入时均须按照上面的规则。

◆ 即使在图形中设置了图形界限，也可以将图元绘制在图形界限以外，但如果是根据设计要求而设置了正确的图形界限，建议还是将图元绘制在图形界限以内。

◆ 当启动 LIMITS 命令时，第一个提示还有两个选项：开(ON) 和 关(OFF)。这两个选项决定用户能否在图形界限之外指定一点。如果选择 开(ON) 选项，将打开界限检查，从而避免图形超出图形界限；如果选择 关(OFF) 选项（默认值），AutoCAD 禁止界限检查，此时用户可以在图形界限之外绘制对象或指定点。

1.5.3 设置图形单位

由于 AutoCAD 被广泛地应用于各个领域，如机械行业、电气行业、建筑行业以及科学实验等，而这些领域对坐标、距离和角度的要求各不相同，同时西方国家习惯使用英制单位，如英寸、英尺等，而我国则习惯于使用米制单位，如米、毫米等。因此，在开始创建图形前，首先要根据项目和标注的不同要求决定使用何种单位制及其相应的精度。

可以通过选择下拉菜单 格式(O) ➡ 0.0 单位(U)... 命令（或在命令行中输入 UNITS 命令后按 Enter 键）来完成单位的设置。执行命令后，系统弹出"图形单位"对话框，在该对话框中可完成如下设置。

1. 设置长度类型及精度

在 长度 选项组中，可以分别选取 类型(T) 和 精度(P) 下拉列表框中的选项值来设置图形单位的长度类型和精度。默认的长度类型为"小数"，精度是精确到小数点后四位。

2. 设置角度类型及精度

在 角度 选项组中，可以分别选取 类型(Y): 和 精度(N) 下拉列表框中的选项值来设置图形单位的角度类型和精度。默认的角度类型为"十进制度数"，精度取为整数。通常情况下，角度以逆时针方向为正方向，如选中 ☑ 顺时针(C) 复选框，则以顺时针方向为正方向。

当在 长度 或 角度 选项组中设置了长度或角度的类型与精度后，在 输出样例 选项组中将显示它们对应的样例。

3. 设置缩放比例

插入时的缩放单位 选项组的 用于缩放插入内容的单位: 下拉列表框，用来控制使用工具选项板将块插入当前图形的测量单位，默认值为"毫米"。

4. 设置方向

在"图形单位"对话框中，如果单击 方向(D)... 按钮，则可在弹出的"方向控制"对话框中，通过选择 ◉ 东(E) 、 ○ 北(N) 、 ○ 西(W) 、 ○ 南(S) 或 ○ 其他(O) 单选项来设置基准角度(0°)的方向。当选中 ◉ 其他(O) 单选项时，可以单击 角度(A) 字符旁边的按钮 🔳 ，然后在绘图区中拾取两个点来确定基准角度（0°）的方向。默认情况下，基准角度（0°）方向是指向右（ ◉ 东(E) ）方向。

1.6 AutoCAD 的图形文件管理

1.6.1 新建文件

在实际的产品设计中，当新建一个 AutoCAD 图形文件时，往往要使用一个样板文件，样板文件中通常包含与绘图相关的一些通用设置，如图层、线型、文字样式等。利用样板创建新图形不仅能提高设计效率，也能保证企业产品图形的一致性，有利于实现产品设计的标准化。使用样板文件新建一个 AutoCAD 图形文件的操作步骤如下。

（步骤 01）选择下拉菜单 文件(F) ➡ 新建(N)... 命令，或单击"快速访问工具栏"中的"新建"按钮 🗋 ，系统会弹出"选择样板"对话框。

（步骤 02）在"选择样板"对话框的 文件类型(T): 列表框中选择某种样板文件类型（*.dwt、*.dwg 或 *.dws），然后在有关文件夹中选择某个具体的样板文件，此时在右侧的 预览 区域将显示出该样板的预览图像。

（步骤 03）单击 打开(O) 按钮，打开样板文件，此时便可以利用样板来创建新图形了。

1.6.2 打开文件

打开图形文件的操作步骤如下。

步骤 01 选择下拉菜单 **文件(F)** ➡ **📂 打开(O)...** 命令，或单击"快速访问工具栏"中的"打开"按钮 📂，此时系统弹出"选择文件"对话框，如图 1.6.1 所示。

步骤 02 在"选择文件"对话框的文件列表框中，选择需要打开的图形文件，在右侧的 **预览** 区域中将显示出该图形的预览图像。在默认的情况下，打开的图形文件的类型为 dwg 类型。用户可以在图 1.6.1 所示的 **文件类型(T)：** 列表框中选取相应类型。

图 1.6.1 "选择文件"对话框

步骤 03 选取打开方式。用户可以在打开方式列表中选取以 **打开(O)**、 **以只读方式打开(R)**、 **局部打开(P)** 和 **以只读方式局部打开(I)** 四种方式打开图形文件（图 1.6.1）。当以 **打开(O)** 和 **局部打开(P)** 方式打开图形时，用户可以对图形文件进行编辑；如果以 **以只读方式打开(R)** 和 **以只读方式局部打开(I)** 方式打开图形，用户则无法对图形文件进行编辑。另外，使用 **局部打开(P)** 选项可以只打开图形文件的一个部分，它只是加载以前保存的视图中以及特定图层上所包含的几何要素。例如，当打开文件 D:\cadxc15\work\ch01.06\zoom.dwg 时，单击 **打开(O)** 按钮，AutoCAD 将只加载处于该层上的几何要素。文件被打开以后，如果用户希望再加载其他视图或其他图层上的几何要素，可通过在命令行中输入 PARTIALOAD 命令来实现。在处理大的图形文件时，"局部打开"操作能改善 AutoCAD 的性能。

1.6.3 保存文件

在设计过程中应经常保存图形，方法是选择下拉菜单 **文件(F)** ➡ **💾 保存(S)** 命令，或单击"保存"按钮 💾，这可确保在出现电源故障或其他意外时不致丢失重要的文件。当新建了一个图形文件并对其进行保存时，系统会弹出"图形另存为"对话框，提示用户给出文件名及文件类型，默认情况下，文件以"AutoCAD 2013 图形（ *.dwg）"格式保存，也可以在文件类型(T)：列表框中选择其他格式。在打开一个已保存的图形文件并对其进行了修改后，再次使用 保存(S) 命令保存时，系统将不再弹出对话框而立即保存该文件。另外，如果想要在保存对原文件所做的修改的同时不更改原文件，可选择下拉菜单 文件(F) ➡ 另存为(A)... 命令，在"图形另存为"对话框中以另一个文件名来保存该文件。

 在保存 AutoCAD 图形文件时，文件中的一些设置（例如层、文字样式、标注样式等的设置）连同图形一起保存，所以打开已保存的文件后，无须对这些要素进行重新设置。另外，图形中插入的块也随同图形文件一起保存。

为了防止因意外操作或者计算机系统故障导致正在绘制的图形文件丢失，可以使用系统提供的系统变量进行自动保存。具体操作步骤如下。

◆ 在系统命令行中输入 SAVEFILEPATH 后按 Enter 键，在系统的提示下设置自动保存的位置，例如输入 D:\cadxc15。

◆ 在系统命令行中输入 SAVETIME 后按 Enter 键，在系统的提示下设置自动保存时，多长时间内依次保存图形。

◆ 在系统命令行中输入 SAVEFILE 后按 Enter 键，系统存储"自动保存"文件名，利用该命令存储的文件名为只读文件，用户可以查询自动保存的文件名。

1.6.4 退出文件

退出 AutoCAD 与退出 AutoCAD 图形文件是不同的，退出 AutoCAD 将会退出所有的图形文件，要退出 AutoCAD 图形文件，除了退出 AutoCAD 外，还可执行下列操作之一。

◆ 选择下拉菜单 窗口(W) ➡ 关闭(O) 命令（或在命令行输入 CLOSE 命令并按 Enter 键），关闭当前激活的图形文件而不退出 AutoCAD。

◆ 选择下拉菜单 窗口(W) ➡ 全部关闭(L) 命令（或在命令行输入 CLOSEALL 命令并按 Enter 键），关闭所有打开的图形而不退出 AutoCAD。

◆ 选择下拉菜单 文件(F) ➡ 关闭(C) 命令，关闭当前激活的图形文件而不退出 AutoCAD。

在退出 AutoCAD 图形文件时，如果还没有对当前要退出的图形保存最近的更改，系统将提示是否要将更改保存到当前的图形中，单击 是(Y) 按钮将退出该 AutoCAD 图形文件并保存更改；单击 否(N) 按钮则退出后不保存更改；单击 取消 按钮将不退出 AutoCAD 图形文件，维持现有的状态。

1.7　AutoCAD 的常用操作

1.7.1　激活命令

在 AutoCAD 中，大部分的绘图、编辑操作都可以通过 AutoCAD 的"命令"来完成，所以操作的第一步是获取（激活）相应的命令。一般来说，获取 AutoCAD 命令有如下几种途径。

◆ 单击工具栏中的命令按钮。例如，要绘制一条直线，可单击"直线"按钮 ◢。

◆ 从下拉菜单栏选择命令。例如，打开 绘图(D) 下拉菜单，然后选择其中的 直线(L) 命令（本教程将这一操作简述为"选择下拉菜单 绘图(D) ➡ 直线(L) 命令"），即可激活绘制直线的命令。

◆ 在命令行输入命令的字符并按 Enter 键。

● 在命令行输入命令。例如在命令行输入直线命令字符;lLINE 后按 Enter 键，就可以进行直线的绘制。

● 在命令行输入命令的缩写字母。例如直线命令 LINE 的缩写字母为 L，可在命令行输入字母 L 并按 Enter 键，以激活直线的绘制命令。

> 用户还可以通过编辑 AutoCAD 程序参数文件 acad.pgp，定义自己的 AutoCAD 命令缩写。

◆ 单击鼠标右键，从弹出的快捷菜单中选择命令选项。

◆ 重复执行命令。系统执行完成某个命令后，如果需要连续执行该命令，按一下 Enter 键或空格键即可。

◆ 嵌套命令。指系统在执行某一命令时可以插入执行其他的命令，待命令执行完后还能恢复到原命令执行状态，且不影响原命令的执行。

1.7.2　结束或退出命令

AutoCAD 的大部分命令在完成操作后即可正常自动退出，但是在某些情形下需要强制退出。一是因为有些命令不能自动退出，例如，在激活直线命令 LINE 并完成了所要求的直线绘制后，系统并不能自动退出该命令；二是在执行某个命令的过程中，如果不想继续操作，需中途退出命令。每个命令强制退出的方法各不相同，一般可采用下列方法之一。

◆ 按键盘上的 Esc 键。

◆ 在绘图区右击，从弹出的快捷菜单中选择 确认(E) （或 取消(C) ）命令。

◆ 当某个命令正在执行时，如果单击工具栏中的某个按钮或某个下拉菜单命令，此时前面正在执行的那个命令就会退出。例如，在用直线命令 LINE 绘制了所需的线段之后未退出直线命令，此时如果单击工具栏中的"圆"按钮 ⊙ ▾，或者选择下拉菜单 绘图(D) ➡ 圆(C)▸ ➡ 圆心、半径(R) 命令，则正在执行的直线命令 LINE 自动退出。

1.7.3　命令行操作

命令行的作用不仅在于通过它可以激活 AutoCAD 的命令，更重要的是它为用户与 AutoCAD 交流提供了一个很好的"窗口"，所以在执行命令时，要注意命令行的提示并对提示作出响应。当命令行中显示 命令: 提示符时，表明系统处于待命状态。在用户键入一个命令或从菜单、工具栏选择一个命令后，命令行将提示用户应进行的操作，用户响应后，命令行接着提示下一步的操作，直到命令完成或被中止。例如，在选择下拉菜单 绘图(D) ➡ 直线(L) 命令后，命令行提示 命令: _line 指定第一点: ，在此提示下须在绘图区某处单击以指定直线的第一点；然后命令行接着提示 指定下一点或 [放弃(U)]: ，此时须在绘图区指定直线的另一端点，指定端点后即可按 Enter 键结束命令。

当命令行的提示中有许多选项时，一般会有一个默认的 AutoCAD 命令，不同命令的提示信息不同，而且同一个命令在不同的情况下其提示信息也不同。当选取命令选项（即在尖括号中的选项）时，只需按 Enter 键即可选取默认选项；如要选取其他选项，可以输入该选项后面括号中的字母并按 Enter 键。例如，选择下拉菜单 绘图(D) ➡ 修订云线(V) 命令后，命令行的提示为 指定起点或 [弧长(A)/对象(O)/样式(S)] <对象>: ，此时尖括号中是 对象 ，直接按 Enter 键即可选取默认的 对象(O) 选项；如果在命令行输入 A（大小写都可以）并按 Enter 键，则可选取 弧长(A) 选项；也可以直接在绘图区中拾取一点，以响应提示中 指定起点 的要求。

1.7.4　命令的重复、撤销与重做

在使用 AutoCAD 系统进行产品设计时，要进行大量的命令操作，这必然要涉及命令的重复、撤销或重做。

1. 重复命令

重复命令即重复执行上一个命令，可以按 Enter 键或空格键，这是最简便的重复使用命

令的方法。例如选择下拉菜单 绘图(D) ➡ 直线(L) 命令绘制了一段直线后，按 Esc 键可退出直线命令，如果紧接着还要使用 直线(L) 命令绘制其他线段，则无须再选择下拉菜单 绘图(D) ➡ 直线(L) 命令，可直接按 Enter 键或空格键以激活直线命令。

要使用重复命令，还可以在绘图区右击，从弹出的快捷菜单中选择该命令。

2. 撤销命令

此处的"撤销命令"应理解为撤销前面命令所完成的操作结果。最简单的撤销命令的方法就是单击"撤销"按钮 ↶ （或在命令行输入字母 U 并按 Enter 键）来放弃单个操作。如果要一次撤销前面进行的多步操作，须在命令行输入 UNDO 命令并按 Enter 键，命令行提示 输入要放弃的操作数目或 [自动(A)/控制(C)/开始(BE)/结束(E)/标记(M)/后退(B)] <1>：。在此提示下可以输入要放弃的操作数目，例如要放弃最近的 6 个操作，应输入值 6；也可以选择提示中的 标记(M) 选项来标记一个操作，然后选择 后退(B) 选项撤销在标记的操作之后执行的所有操作；还可以选择 开始(BE) 选项和 结束(E) 选项来放弃一组预先定义的操作。执行撤销命令后，命令行中将显示放弃的命令或系统变量设置。

3. 重做命令

重做命令是指重做（找回）使用 UNDO 命令放弃的最后一个操作，方法是单击"重做"按钮 ↷ （或者选择下拉菜单 编辑(E) ➡ 重做(R) Line 命令，或者在命令行输入 REDO 命令并按 Enter 键）。

1.7.5 鼠标的功能与操作

在默认情况下，鼠标光标（简称为光标）处于标准模式（呈十字交叉线形状），十字交叉线的交叉点是光标的实际位置。当移动鼠标时，光标在屏幕上移动，当光标移动到屏幕上的不同区域，其形状也会相应地发生变化。如将光标移至菜单选项、工具栏或对话框内时，它会变成一个箭头。另外，光标的形状会随当前激活的命令的不同而变化，如图 1.7.1 所示。例如激活直线命令后，当系统提示指定一个点时，光标将显示为十字交叉线，可以在绘图区拾取点；而当命令行提示选取对象时，光标则显示为小方框（又称拾取框），用于选择图形中的对象。

在 AutoCAD 中，鼠标按钮定义如下。

◆ 左键：也称为拾取键（或选择键），用于在绘图区中拾取所需要的点，或者选择对象、工具栏按钮和菜单命令等。

◆ 中键：用于缩放和平移视图。

◆ 右键：右击时，系统可根据当前绘图状态弹出相应的快捷菜单。右键的单击功能可以修改，方法是选择下拉菜单 工具(T) ➡ 选项(N)... 命令，在"选项"对话框的 用户系统配置 选项卡中，单击 自定义右键单击(I)... 按钮，在弹出的"自定义右键单击"对话框中进行所需的修改。

图 1.7.1　光标的模式

1.7.6　获取联机帮助

AutoCAD 有完善的联机帮助系统。使用联机帮助系统可以获取任何 AutoCAD 命令或主题的帮助。若要进入 AutoCAD 联机帮助系统，可按 F1 键或执行下列操作之一。

◆ 在功能选项卡右侧，单击"帮助"按钮 ?。

◆ 从 帮助(H) 下拉菜单中选择 ? 帮助(H) 命令。

◆ 在命令行中输入 HELP 命令，然后按 Enter 键。

在没有激活任何命令时，第一次访问联机帮助系统，系统将显示"目录"选项卡；如果已使用过帮助系统，下次查看帮助时系统则会调用最后使用过的选项卡；当激活某个命令时访问帮助系统，系统将会显示有关该命令的信息。

1.8　缩放与平移视图

在 AutoCAD 中，视图是指按一定的比例、观察位置来显示图形的全部或部分区域。缩放视图就是放大或缩小图形的显示比例，从而改变对象的外观视觉效果，但是并不改变图形的真实尺寸；平移视图就是移动图形的显示位置，以便清楚地观察图形的各个部分。

1.8.1　用鼠标对图形进行缩放与移动

对于中键可以滚动的三键鼠标，滚动鼠标中键可以缩放图形；按住中键不放，同时移动鼠标，则可以移动图形。读者可以打开文件 D:\cadxc15\work\ch01.08\zoom.dwg 进行缩放与移动练习。

◆ 使用鼠标中键对绘图区中的图形所进行的缩放和移动，并不会改变图形的真实大小和位置，而只是改变图形的视觉大小和位置。

◆ 操作鼠标中键之所以可以缩放和移动绘图区中的图形，从本质上说，是因为缩放或移动了 AutoCAD 绘图区的显示范围。

◆ AutoCAD 绘图区的显示范围可以放大到非常大，也可以缩小到非常小，所以在 AutoCAD 绘图区中绘制的对象可以很大（如轮船），也可以很小（例如机械手表中的某个小零件）。

◆ 屏幕上显示的图元的视觉大小并不是该图元的真实大小。当绘图区的显示范围放大到很大时，在屏幕上看起来非常小的图元，其真实尺寸也许很大；同样地，当绘图区的显示范围缩小到很小时，在屏幕上看起来非常大的图元，其真实尺寸也许很小。

◆ 由于系统设置的单位和比例不同，在同样的缩放系数下，相同视觉大小的对象代表的真实大小也就不相同。

1.8.2　用缩放命令对图形进行缩放

通过在命令行输入 ZOOM 命令，或者选择下拉菜单 视图(V) ➡ 缩放(Z) 命令中的相应子命令（图 1.8.1 所示是视图缩放的菜单命令），均可以方便地缩放视图。下面主要介绍使用 ZOOM 命令进行图形的缩放。

为了便于学习 ZOOM 命令，首先打开文件 D:\cadxc15\work\ch01.08\ zoompan.dwg。

菜单项	说明
实时(R)	放大或缩小显示当前视口中对象的外观尺寸
上一步(P)	显示上一个视图
窗口(W)	缩放以显示由矩形窗口的两个对角点所指定的区域
动态(D)	使用矩形视框平移和缩放
比例(S)	使用比例因子进行缩放，以更改视图比例
中心(C)	缩放以显示由中心点及比例值或高度定义的视图
对象	缩放以在视图中心尽可能大地显示一个或多个选定对象
放大(I)	使用比例因子 2 进行缩放，增大当前视图的比例
缩小(O)	使用比例因子 2 进行缩放，减小当前视图的比例
全部(A)	缩放以在栅格界限或图形范围（取其大者）内显示整个图形
范围(E)	放大或缩小以显示图形范围

图 1.8.1　"缩放"子菜单

在命令行输入 ZOOM 命令并按 Enter 键后，命令行的提示如图 1.8.2 所示。下面分别介绍该提示中的各选项。

命令：ZOOM
指定窗口的角点，输入比例因子 (nX 或 nXP)，或者
ZOOM [全部(A) 中心(C) 动态(D) 范围(E) 上一个(P) 比例(S) 窗口(W) 对象(O)] <实时>：

图 1.8.2　命令行提示

◆　指定窗口的角点选项

该选项通过给出一个窗口来缩放视图，它与图 1.8.1 中的 窗口(W) 命令是等效的。

在图 1.8.2 中的命令行提示下，在图形中指定一点作为窗口的第一角点；命令行接着提示指定对角点：，在此提示下在图形中指定另一点作为窗口的对角点，如图 1.8.3a 所示。此时系统便将以这两个角点确定的矩形窗口中的图形放大，使其占满整个绘图区。完成操作后，绘图区的显示如图 1.8.3b 所示。

◆　输入比例因子 (nX 或 nXP)选项

该选项通过输入一个比例因子来缩放视图，它与图 1.8.1 中的 比例(S) 命令是等效的。

在图 1.8.2 中的提示下，在命令行输入一个比例值（如 0.5）并按 Enter 键，图形将按该比例值进行绝对缩放，即相对于实际尺寸进行缩放。如果在比例值后面加 X（如 0.5X），图形将进行相对缩放，即相对于当前显示图形的大小进行缩放；如果在比例值后面加 XP，则图形相对于图纸空间进行缩放。

◆　全部(A)选项

该选项与图 1.8.1 中的 全部(A) 命令是等效的。

在图 1.8.2 中的提示下输入 A 并按 Enter 键，系统立即将绘图区中的全部图形显示在屏幕上。如果所有对象都在由 LIMITS 命令设置的图形界限之内，则显示图形界限内的所有内容；如果图形对象超出了该图形界限，则扩大显示范围以显示所有图形。

a）缩放前　　　　　　　　　　　　　　　　　　b）缩放后

图 1.8.3　使用"窗口"选项缩放图形

◆ 中心(C)选项

该选项通过重设图形的显示中心和缩放倍数，使得在改变视图缩放的比例后，位于显示中心的部分仍保留在中心位置，它与图 1.8.1 中的 ⊕ 中心(C) 命令是等效的。

在图 1.8.2 中的提示下输入 C 并按 Enter 键；命令行提示 指定中心点：，在图形区选择一点作为中心点（图 1.8.4a）；命令行接着提示 输入比例或高度，输入一个带 X 的比例值（如 0.6X），或者直接输入一个高度值（如 260）。这样系统将显示的图形调整到该比例的大小，或将显示区域调整到相应高度，并相应地缩放所显示的图形。图 1.8.4b 所示是指定中心点，并设置缩放比例为 3X 后的结果。

a）缩放前　　　　　　　　　　　　　　　b）缩放后

图 1.8.4　使用"中心（C）"选项缩放图形

◆ 动态(D)选项

该选项可动态地缩放图形，它与图 1.8.1 中的 ⊕ 动态(D) 命令是等效的。

在图 1.8.2 中的提示下输入 D 并按 Enter 键，此时绘图区中出现一个中心带有×号的矩形选择方框（此时的状态为平移状态），将×号移至目标部位并单击，即切换到缩放状态，此时矩形框中的×号消失，而在右边框显示一个方向箭头→，拖动鼠标可调整方框的大小（调整视口的大小），调整好矩形框的位置和大小后，按 Enter 键或右击即可放大查看方框中的细节部分，如图 1.8.5 所示。

  动态缩放图形时，绘图窗口中还会出现另外两个虚线矩形方框，其中蓝色方框表示图纸的范围，该范围是用 LIMITS 命令设置的绘图界限或者是图形实际占据的区域，绿色方框表示当前在屏幕上显示出的图形区域。

◆ 范围(E)选项

在命令行提示下输入 E 并按 Enter 键，可以在屏幕上尽可能大地显示所有图形对象，它与 全部(A) 选项不同的是，这种缩放方式以图形的范围为显示界限，而不考虑由 LIMITS 命令设置的图形界限。范围(E)选项与图 1.8.1 中的 ◎ 范围(E) 命令是等效的。

a）缩放前　　　　　　　　　　　　　　b）缩放后

图 1.8.5　使用"动态（D）"选项缩放图形

◆　上一个(P)选项

在命令行提示下输入 P 并按 Enter 键后，系统将恢复上一次显示的图形视图，如图 1.8.6 所示。该选项与图 1.8.1 中的 ◎ 上一步(E) 命令是等效的。

a）原视图　　　　　　　　　b）放大后的视图　　　　　　　　c）恢复上一个视图

图 1.8.6　使用"上一个（P）"选项缩放图形

◆　比例(S)选项

该选项与前面介绍的 输入比例因子（nX 或 nXP）选项功能一样。

◆　窗口(W)选项

该选项与前面介绍的 指定窗口的角点 选项功能一样。

◆　对象(O)选项

在命令行提示下输入 O 并按 Enter 键后，将尽可能大地显示一个或多个选定的对象，并使其位于绘图区的中心。该选项与图 1.8.1 中的 ◎ 对象 命令是等效的。

◆　<实时>选项

<实时>选项为默认选项，在命令行提示下直接按 Enter 键即执行该选项。此时绘图区出现一类似于放大镜的小标记 ⊕⁺ ，并且命令行显示

按 Esc 或 Enter 键退出，或单击右键 显示快捷菜单。此时按住鼠标左键并向上拖动鼠标，可放大图形对象；向下拖动鼠标，则缩小图形对象；滚动鼠标的中键也可以实现缩放图形，按 Esc 键或 Enter 键即结束缩放操作。

1.8.3　用平移命令对图形进行移动

通过在命令行输入 pan 命令，或者选择下拉菜单 视图(V) ➡ 平移(P)▶命令中的相应子

命令（图 1.8.7 所示是平移视图的菜单命令），
均可激活平移视图命令。

当激活平移视图命令时，光标变成手形。
按住鼠标左键并移动鼠标，可将图形拖动到所
需位置，松开左键则停止视图平移，再次按住
鼠标可继续进行图形的拖移。

图 1.8.7　"平移"子菜单

在 平移(P)▶菜单中还可以使用 ✋ 点(P) 命令，通过指定基点和位移值来平移视图。

使用平移命令平移视图时，视图的显示比例不变。

1.9　使用坐标

1.9.1　坐标系概述

AutoCAD 提供了使用坐标系精确绘制图形的方法，用户可以按照非常高的精度标准，准确地设计并绘制图形。

AutoCAD 使用笛卡儿坐标系，这个坐标系是生成每个图形的基础。当绘制二维图形时，笛卡儿坐标系用两个正交的轴（X 轴和 Y 轴）来确定平面中的点，坐标系的原点在两个轴的相交处。如果需要确定一个点，则需要指定该点的 X 坐标值和 Y 坐标值，X 坐标值是该点到原点沿 X 轴方向上的距离，Y 坐标值是该点到原点沿 Y 轴方向上的距离。坐标值分正负，正 X 坐标和负 X 坐标分别位于 Y 轴的右边和左边，正 Y 坐标和负 Y 坐标则分别位于 X 轴的上边和下边。当工作于三维空间时，还要指定 Z 轴的值。

1.9.2　直角坐标、极坐标以及坐标点的输入

在 AutoCAD 中，坐标系的原点（0,0）位于绘图区的左下角，所有的坐标点都和原点有关。在绘图过程中，可以用四种不同形式的坐标来指定点的位置。

1. 绝对直角坐标

绝对直角坐标是用当前点与坐标原点在 X 方向和 Y 方向上的距离来表示的,其形式是用逗号分开的两个数字（数字可以使用分数、小数或科学计数等形式表示）。下面以图 1.9.1a 所示为例，说明绝对直角坐标的使用方法。

步骤 01 打开随书光盘上的文件 D:\cadxc15\work\ch01.09\ucs1.dwg。

步骤 02 选择命令。选择下拉菜单 绘图(D) ➡ 直线(L) 命令。

步骤 03 指定第一点。在命令行中输入 A 点的坐标（0,0），然后按 Enter 键。

步骤 04 指定第二点。在命令行中输入 B 点的坐标（5,0），然后按 Enter 键。

步骤 05 指定第三点。在命令行中输入 C 点的坐标（3,8），然后按 Enter 键。

步骤 06 指定第四点。在命令行中输入 D 点的坐标（0,8），然后按 Enter 键。

步骤 07 指定第五点。在命令行中输入 E 点的坐标（0,0），然后按两次 Enter 键，命令行中的提示如图 1.9.1b 所示。

a）各点的位置

b）命令行提示

图 1.9.1　指定绝对直角坐标

步骤 08 在绘图区中将图形放大到足够大,检查坐标值的正确性、图形的准确性和封闭性。

2. 相对直角坐标

相对直角坐标使用与前一点的相对位置来定义当前点的位置,其形式是先输入一个@符号,然后输入与前一点在 X 方向和 Y 方向的距离,并用逗号隔开。下面以图 1.9.2a 所示为例,说明相对直角坐标的使用方法。

步骤 01 打开随书光盘上的文件 D:\cadxc15\work\ch01.09\ucs2.dwg。

步骤 02 选择命令。选择下拉菜单 绘图(D) ➡ 直线(L) 命令。

步骤 03 指定第一点。在命令行中输入 A 点的坐标（0,0），然后按 Enter 键。

步骤 04 指定第二点。在命令行中输入 B 点的坐标（@7,0），然后按 Enter 键。

步骤 05 指定第三点。在命令行中输入 C 点的坐标（@0,2），然后按 Enter 键。

步骤 06 指定第四点。在命令行中输入 D 点的坐标（@-5,0），然后按 Enter 键。

步骤 07 指定第五点。在命令行中输入 E 点的坐标（@0,5），然后按 Enter 键。

步骤 08 指定第六点。在命令行中输入 F 点的坐标（@-2,0），然后按 Enter 键。

步骤 09 指定第七点。在命令行中输入 G 点的坐标（@0,-7），然后按两次 Enter 键，命令行中的提示如图 1.9.2b 所示。

步骤 10 将绘图区左下角放大到足够大，可看到绘制的结果。

a）各点的位置   b）命令行提示

图 1.9.2 指定相对直角坐标

3. 绝对极坐标

绝对极坐标用当前点与原点的距离、当前点和原点的连线与 X 轴的夹角来表示（夹角是指以 X 轴正方向为 0°），沿逆时针方向旋转的角度，其表示形式是输入一个距离值、一个小于符号和一个角度。下面以图 1.9.3a 所示为例，说明绝对极坐标的使用方法。

步骤 01 打开随书光盘上的文件 D:\cadxc15\work\ch01.09\ucs3.dwg。

步骤 02 用绝对极坐标绘制直线。选择下拉菜单 绘图(D) ➡ 直线(L) 命令；输入 A 点的绝对极坐标（3<30）后按 Enter 键；输入 B 点的绝对极坐标（8<45）后按 Enter 键；按 Enter 键结束操作。命令行提示如图 1.9.3b 所示。

a）各点的位置   b）命令行提示

图 1.9.3 指定绝对极坐标

4. 相对极坐标

相对极坐标是通过指定与前一点的距离和一个角度来定义一点，可通过先输入@符号、一个距离值、一个小于符号和角度值来表示。下面以图 1.9.4a 所示为例，说明相对极坐标的使用方法。

步骤 01 打开随书光盘上的文件 D:\cadxc15\work\ch01.09\ucs4.dwg。

步骤 02 用相对极坐标绘制直线。选择下拉菜单 绘图(D) ➡ 直线(L) 命令，分别输入 A 点的绝对极坐标（3<45）与 B、C、D、E、F、G、H、I 八点的相对极坐标（@8<0）、（@2<90）、（@3<180）、（@4<90）、（@2<180）、（@4<270）、（@3<180）和（@2<270），然后按 Enter 键。命令行中的提示如图 1.9.4b 所示。

a）各点的位置　　　　　　　　　　b）命令行提示

图 1.9.4　指定相对极坐标

1.9.3　坐标显示的控制

当鼠标光标位于绘图区时，当前光标位置的坐标显示在状态栏中的坐标显示区，坐标值随着光标移动而动态地更新，坐标显示的形式取决于所选择的模式和程序中运行的命令。如果显示区中的坐标显示为图 1.9.5 所示的灰色，可用鼠标单击该显示区，激活坐标显示。

注意：若默认状态下坐标显示区没有在状态栏中显示，可通过单击"自定义"按钮 ≡，在弹出的下拉菜单中单击 坐标 命令，在 坐标 前面就会出现 ✔ 的形式，表示已打开此命令，此时在状态栏中就会出现坐标显示区。

1．坐标显示的开与关状态

状态栏中的坐标值以灰色显示时为关状态，如图 1.9.5 所示；坐标值以亮色显示时则为开状态。当坐标值的显示为关状态时，它只显示上一个用鼠标拾取点的绝对坐标，此时坐标不能动态更新，只有用鼠标再拾取一个新点时，显示才会更新。

图 1.9.5　坐标显示状态为"关"

从键盘输入的点的坐标值不会在状态栏中显示。

控制状态栏中坐标显示的开与关状态的切换方法是：当坐标的显示为开状态时，在状态栏坐标显示区内单击，则变为关状态；当坐标的显示为关状态时，在状态栏坐标显示区内单击，则变为开状态。

◆ 坐标显示还有如下特点：

● 坐标显示的开与关状态不随文件保存。

● 如果当前文件中的坐标显示是开状态（或关状态），在打开或新建一个文件后，在新的文件中坐标显示的状态依然是开状态（或关状态）。

● 在退出 AutoCAD 系统前，如果坐标显示是开状态（或关状态），在重新启动 AutoCAD 系统后，其坐标显示依然是开状态（或关状态）。

◆ 状态栏中的其他按钮 ▦ （捕捉模式）、 ▦ （栅格）、 ◢ （正交模式）、 ◪ （极轴追踪）、 ▢ （对象捕捉）、 ▨ （三维对象捕捉）、 ◢ （对象捕捉追踪）、 ◪ （动态 UCS）、 ▦ （动态输入）、 ≡ （显示/隐藏线宽）、 ▨ （透明度）、 ▣ （快捷特性）、 ▦ （选择循环）、 ✚ （注释监视器）等，只有部分具有上面所列的某个或多个特点。其中动态 UCS 按钮 ◪ 的显亮与关闭状态，可通过按 F6 键或按 Ctrl + D 键进行切换。

2. 显示光标的绝对坐标

如果要显示光标的绝对坐标，可在坐标显示的状态栏上右击，然后在弹出的快捷菜单中选择 绝对(A) 命令。

3. 显示光标的相对极坐标

当光标在绘图区处于拾取点的状态时，状态栏上将显示当前光标位置相对于前一个点的距离和角度（即相对极坐标）。当离开拾取点状态时，系统将自动恢复到"绝对"模式。下面是显示光标的相对极坐标的一个例子。

在绘制直线时，当指定了第一点 A 后（ 图 1.9.7 ），系统在命令行提示指定直线的下一点。在默认情况下，系统显示当前光标的绝对坐标，绝对坐标值随光标的移动而不断变化。如果此时在坐标显示状态栏上右击，然后在弹出的图 1.9.8 所示的快捷菜单中选择 相对(R) 命令，便可观察到当前光标所在点相对于 A 点的相对极坐标，如图 1.9.9 所示。移动光标时，相对坐标值不断变化，当直线命令结束后，系统仍显示绝对坐标。

图 1.9.7　绘制直线　　　图 1.9.8　快捷菜单　　　图 1.9.9　显示光标的相对极坐标

当坐标显示处于"待定（关）"的模式时，状态栏坐标区呈灰色，但是仍显示上一个拾取点的坐标。在一个空的命令提示符或一个不接收距离及角度输入的提示符下，坐标显示只能在"待定（关）"模式和"绝对"模式之间选择；在一个接收距离及角度输入的提示符下，则可以在所有模式间循环切换。

1.9.4　使用用户坐标系

每个 AutoCAD 图形都使用一个固定的坐标系，称为世界坐标系（WCS），并且图形中的任何点在世界坐标系中都有一个确定的 X、Y、Z 坐标。同时，也可以根据需要在三维空间中的任意位置和任意方向定义新的坐标系，这种类型的坐标系称为用户坐标系（UCS）。

在图 1.9.10 所示的 工具(T) 下拉菜单中，选择 命名 UCS(U)... 和 新建 UCS(W) 命令或其中的子命令，可设置用户坐标系。

1. 新建用户坐标系

选择下拉菜单 工具(T) ➡ 新建 UCS(W) 命令，然后在图 1.9.11 所示的 新建 UCS(W) 子菜单中选择相应的命令，可以方便地创建 UCS。

下面以图 1.9.12 为例来说明新建用户坐标系的意义和操作过程。本例要求在图形内部绘制一个圆心定位准确的圆，圆心位置与两条边的距离均为 10。如果不建立合适的用户坐标系，该圆的圆心将不容易确定，而如果在图形的 A 点处创建一个用户坐标系，圆心点便很容易确定（图 1.9.13b）。下面说明其创建过程。

图 1.9.10　"工具"下拉菜单　　　　图 1.9.11　"新建 UCS（W）"子菜单

步骤 01 打开随书光盘文件 D:\cadxc15\work\ch01.09\ucs5.dwg。

步骤 02 选择下拉菜单 工具(T) ➡ 新建 UCS(W) ➡ 原点(N) 命令。

步骤 03 在系统 指定新原点 <0,0,0>: 的提示下，选择角点 A，此时系统便在此点处创建一个图 1.9.13b 所示的用户坐标系。

图 1.9.12　绘制圆

a）未建用户坐标系　　　　　　　　　　b）已建用户坐标系

图 1.9.13　新建用户坐标系

步骤 04 选择下拉菜单 绘图(D) ➡ 圆(C) ▶ ➡ 圆心、直径(D) 命令，输入圆心在新坐标系（用户坐标系）中的绝对直角坐标值（−10，−10）并按 Enter 键，接着输入任意一个直径值（如 13）并按 Enter 键。

2. 命名 UCS

在进行复杂的图形设计时，往往要在许多位置处创建 UCS，如果创建 UCS 后立即对其命名，以后需要时就能够通过其名称迅速回到该命名的坐标系。下面介绍命名 UCS 的基本操作方法。

步骤 01 先打开文件 D:\cadxc15\work\ch01.09\ucs-name.dwg。

步骤 02 选择菜单 工具(T) ➡ 新建 UCS(W) ➡ 原点(N) 命令，新建一个 UCS。

步骤 03 选择 工具(T) ➡ 命名 UCS(U)... 命令，系统弹出图 1.9.14 所示的"命名 UCS"选项卡。

关于对话框的 命名 UCS 选项卡中按钮的说明如下。

◆ 置为当前(C)：将列表中的某坐标系设置为当前坐标系。其中，前面有一个 ▶ 标记的坐标系表示为当前坐标系。

◆ 详细信息(T)：在选择坐标系后单击该按钮，系统弹出图 1.9.15 所示的"UCS 详细信息"对话框，利用该对话框可查看坐标系的详细信息。

步骤 04 在 命名 UCS 选项卡的列表中选中 ∠ 未命名 选项，然后右击；从系统弹出的图 1.9.16 所示的快捷菜单中选择 重命名(R) 命令，并输入新的名称，如 UCS01，单击 确定 按钮。

图 1.9.14 "命名 UCS"选项卡

图 1.9.15 "UCS 详细信息"对话框

图 1.9.16 快捷菜单

步骤 05 以后如果要回到 UCS01 坐标系，选择 工具(T) ➡ 命名 UCS(U)... 命令，选中命名的 UCS01，单击对话框中的 置为当前(C) 按钮，然后单击 确定 按钮即可。

1.9.5 使用点过滤器

使用点过滤器，就是只给出指定点的部分坐标，然后 AutoCAD 会提示剩下的坐标信息。当 AutoCAD 提示指定点时，就可以使用（X,Y,Z）点过滤。点过滤器的形式是在需提取的坐标字符（X,Y,Z 字符的一个或多个）前加英文句号"."。例如，如果在命令行提示指定点时输入.XY，然后直接输入或在绘图区单击以指定点的（X,Y）坐标，系统将提取此（X,Y）坐标对，然后提示需要 Z 坐标。过滤器.X, .Y, .Z, .XY, .XZ 和.YZ 都是有效的过滤器。

1.10 重画与重生成

在创建图形时，有时为了突出屏幕图形显示的完美性，要用到重新绘制或重新生成图形的命令来刷新屏幕图形的显示。例如在屏幕上指定一点时，完成命令后可能会有小标记遗留在屏幕上（当系统变量 BLIPMODE 打开时），此时可以通过重画命令去掉这些元素（图 1.10.1）；再如缩放图形时，有的圆或圆弧会出现带棱角的情况，利用重生成命令即可使圆或圆弧变得圆滑起来（图 1.10.2）。

　　图形对象的信息以浮点数值形式保存在数据库中，这种保存方式可以保证有较高的精度。重新绘制图形命令（重画命令）只是刷新屏幕的显示，并不从数据库中重新生成图形。但有时则必须把浮点数据转换成适当的屏幕坐标来重新计算或重新生成图形，这就要使用重新生成命令。有些命令可以自动地重新生成整个图形，并且重新计算屏幕坐标，当图形重新生成时，它也被重新绘制，重新生成比重新绘制需要更多的处理时间。

　　要重新绘制图形可选择下拉菜单 视图(V) ➡ 重画(R) 命令（或者在命令行输入REDRAWALL，然后按 Enter 键）。

| a）重画前 | b）重画后 | a）重生成前 | b）重生成后 |

　　图 1.10.1　重画操作　　　　　　　图 1.10.2　重生成操作

　　要重新生成图形可选择下拉菜单 视图(V) ➡ 重生成(G) 命令（或者在命令行输入 REGEN 或 RE，然后按 Enter 键）。

　　有些命令在某些条件下会自动强迫 AutoCAD 重新生成图形。然而对于大的图形来说，重新生成图形可能是一个较长的过程，因此可利用 REGENAUTO 命令控制是否自动重新生成图形。如要关闭图形的自动重新生成功能，可以在命令行输入 REGENAUTO，然后将自动重新生成设成 OFF（关闭）。

1.11　思考与练习

　　1. 如何打开和关闭中文版 AutoCAD 2015？

　　2. 坐标点的输入包括哪几种方式？各举一例进行说明。

　　3. 重新绘制图形和重新生成图形有什么区别？

　　4. 重新执行上一个命令的最快方法是：

　　（A）按 Enter 键　　（B）按空格键　　（C）按 Esc 键　　（D）按 F1 键

　　5. AutoCAD 图形文件和样板文件的扩展名分别是：

　　（A）dwt,dwg　　（B）dwg,dwt　　（C）bmp,bak　　（D）bak, bmp

　　6. 取消命令执行的操作是：

　　（A）按 Enter 键　　（B）按 Esc 键　　（C）按鼠标右键　　（D）按 F1 键

第2章 基本绘图

为了使初学者更好、更快地学习 AutoCAD，建议读者在以后的学习中，在每次启动 AutoCAD 后，应先创建一个新文件，并使用随书光盘提供的模板文件，具体操作步骤如下：

（1）选择下拉菜单 文件(F) ➡ 新建(N)... 命令，系统弹出"选择样板"对话框。

（2）在"选择样板"对话框中，先选择 文件类型(T): 下拉列表框中的"图形（*.dwg）"文件类型，然后选择随书光盘模板文件的 D:\cadxc15\system_file\part_temp_A2.dwg，最后单击 打开(O) 按钮。

2.1 绘制直线段

2.1.1 直线段基本概念及操作

直线段是用得最多的图形要素，大多数的常见图形都是由直线段组成的。下面以图 2.1.1 所示的两条直线段为例说明直线命令的操作方法。

步骤 01 选择 绘图(D) ➡ 直线(L) 命令，如图 2.1.2 所示。

图 2.1.1 绘制两条直线段　　　　图 2.1.2 选择"直线"命名

进入直线的绘制命令还有两种方法：一是单击 默认 选项卡下 绘图 面板中的"直线"按钮 ；二是在命令行中输入命令 LINE，并按 Enter 键，如图 2.1.3 所示。

图 2.1.3 在命令行中输入命令

AutoCAD 有很多命令可以采用简化输入法（即输入命令的第一个字母或前两个字母），如命令 LINE 就可以直接输入字母 L（不分大小写），并按 Enter 键。

步骤 02 指定第一点。在命令行 命令：_line 指定第一点：提示下，将鼠标光标移至绘图区中的某点——点 A 处，然后单击鼠标以指定点 A 作为第一点。此时如果移动鼠标，可看到当前鼠标光标的中心与点 A 间有一条连线，如图 2.1.4a 所示。这条线随着鼠标光标的移动可拉长或缩短，并可绕着点 A 转动，如图 2.1.4b 和图 2.1.4c 所示，一般形象地称这条连线为"皮筋线"。

图 2.1.4 指定第一点与"皮筋线"

步骤 03 指定第二点。在命令行 指定下一点或 [放弃(U)]: 的提示下，将鼠标光标移至绘图区的另一点—— 点 B 处并单击，这样系统便绘制一条线段 AB。此时如果移动鼠标，可看到在点 B 与鼠标光标之间产生一条"皮筋线"，移动鼠标光标可调整"皮筋线"的长短及位置，以确定下一条线段。

- ◆ 在命令行 指定下一点或 [放弃(U)]: 的提示下，如果输入字母 U 后按 Enter 键，则执行 放弃(U) 操作，取消已确定的线段第一点，以便重新确定第一点的位置。
- ◆ 在命令行 指定下一点或 [放弃(U)]: 的提示下，如果按 Enter 键，则结束直线命令。
- ◆ "皮筋线"是一条操作过程中的临时虚构线段，它始终是当前鼠标光标的中心点与前一个指定点的连线。通过"皮筋线"可从屏幕上看到当前鼠标光标所在位置点与前一个指定点的关系，并且在状态栏的坐标显示区可查看"皮筋线"的精确长度及其与 X 轴的精确角度，这对于图形的绘制是很有帮助的。在以后学习圆、多段线等许多命令时，也同样会出现"皮筋线"。

步骤 04 指定第三点。系统在命令行接着提示 指定下一点或 [放弃(U)]:，将鼠标光标移至绘图区的第三位置点——点 C 处并单击，这样系统便绘制一条线段 BC。

> 在命令行 指定下一点或 [放弃(U)]: 的提示下，如果输入字母 U 后按 Enter 键，则执行 放弃(U) 操作，取消已确定的线段第二点和线段 AB，以便重新确定第二点的位置。

步骤 05 完成线段的绘制。系统在命令行继续提示 指定下一点或 [闭合(C)/放弃(U)]:，按 Enter 键结束直线命令的操作。

> ◆ 在命令行 指定下一点或 [闭合(C)/放弃(U)]: 的提示下，可继续选取一系列点，这样便可绘制出由更多直线段组成的折线，所绘出的折线中的每一条直线段都是一个独立的对象，即可以对任何一条线段进行编辑操作。
>
> ◆ 在命令行 指定下一点或 [闭合(C)/放弃(U)]: 的提示下，如果输入字母 C 后按 Enter 键，则执行 闭合(C) 选项，系统便在第一点和最后一点间自动创建直线，形成闭合图形。
>
> ◆ 许多 AutoCAD 的命令在执行过程中，提示要求指定一点，如上面操作中的提示 命令: _line 指定第一点: 和指定下一点或 [放弃(U)]:。对类似这样提示的响应是在绘图区选取某一点，一般可将鼠标光标移至绘图区的该位置点处并单击，也可以在命令行输入点的坐标。

◆ 在 AutoCAD 2015 中，如果单击状态栏中的 🔘 按钮，使其处于显亮状态，则系统处于动态数据输入方式。此时在激活某个命令（如直线命令）时，用户可以动态地输入坐标或长度值，直线命令的动态数据输入方式如图 2.1.5 所示。

结束直线命令的操作还有以下两种方法。

◆ 还可以按空格键或 Enter 键，或者在绘图区右击，系统弹出图 2.1.6 所示的快捷菜单，选择该快捷菜单中的 确认(E)（或 取消(C)）命令以结束操作，也可以直接按 Esc 键。

此处的直线长度值动态显示，用户可直接在此输入直线的长度值 ➔

图 2.1.5　直线命令的动态数据输入方式　　　　图 2.1.6　快捷菜单

2.1.2 直线段操作实战案例 01——表面粗糙度符号

本案例主要练习以动态输入的方式来绘制表面粗糙度符号。绘制流程如图 2.1.7 所示。

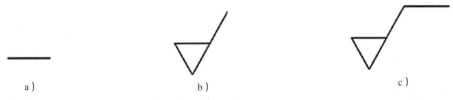

图 2.1.7 表面粗糙度符号

步骤 01 绘制直线 1。选择下拉菜单 绘图(D) ➡ 直线(L) 命令，在命令行 命令：_line 指定第一点： 的提示下，输入第一个点的坐标（0,0），然后按 Enter 键；在绘图区域中水平向左移动鼠标光标，当捕捉到水平虚线时，在命令行中输入直线的长度值为 10，然后按 Enter 键，绘制完成如图 2.1.7a 所示。

步骤 02 绘制直线 2。将鼠标光标向右下方移动，然后输入直线的长度值为 10，单击键盘上的 Tab 键以切换到角度文本框，在角度文本框中输入数值 60 然后按 Enter 键，绘制完成如图 2.1.8 所示。

步骤 03 绘制直线 3。将鼠标光标向右上方移动，然后输入直线的长度值为 20，单击键盘上的 Tab 键以切换到角度文本框，在角度文本框中输入数值 60 然后按 Enter 键，绘制完成如图 2.1.7b 所示。

步骤 04 绘制直线 4。在绘图区域中水平向右移动鼠标光标，当捕捉到水平虚线时，在命令行中输入直线的长度值为 13，然后按 Enter 键，绘制完成如图 2.1.7c 所示。

图 2.1.8 绘制直线 2

2.1.3 直线段操作实战案例 02——五角星

本案例主要练习以直接输入坐标点与直线长度的方式来绘制五角星。绘制流程如图 2.1.9 所示。

步骤 01 绘制直线 1。选择下拉菜单 绘图(D) ➡ 直线(L) 命令，在命令行 命令：_line 指定第一点： 的提示下，输入第一个点的坐标（0,0），然后按 Enter 键；在命令行 指定下一点或 [放弃(U)]： 的提示下输入（@200<288），绘制完成如图 2.1.9a 所示。

a)

b)

c)

图 2.1.9　五角星

步骤 02 绘制直线 2。在命令行 指定下一点或 [放弃(U)]: 的提示下，输入第三个点的坐标（@200<144），然后按 Enter 键,绘制完成如图 2.1.10 所示。

步骤 03 绘制直线 3。在绘图区域中水平向右移动鼠标光标，当捕捉到水平虚线时，在命令行中输入直线的长度值为 200，然后按 Enter 键,绘制完成如图 2.1.9b 所示。

步骤 04 绘制直线 4。在命令行 指定下一点或 [闭合(C) 放弃(U)]: 的提示下，输入第五个点的坐标（@200<216），然后按 Enter 键,绘制完成如图 2.1.11 所示。

图 2.1.10　绘制直线 2

图 2.1.11　绘制直线 4

步骤 05 绘制直线 5。在命令行 指定下一点或 [闭合(C) 放弃(U)]: 的提示下，输入 C，然后按 Enter 键,绘制完成如图 2.1.9c 所示。

2.1.4　直线段操作实战案例 03——奔驰标志

本案例主要练习以捕捉直线两端点的方式来绘制奔驰标志。绘制流程如图 2.1.12 所示。

本案例详细操作过程请参见随书光盘中 video\ch02.01\文件下的语音视频讲解文件"奔驰标志.exe"。

a)

b)

c)

图 2.1.12　奔驰标志

2.2 绘制射线

2.2.1 射线基本概念及操作

射线是沿指定方向所发出的直线。在绘图过程中，射线一般用做辅助线。绘制射线时，首先要选择射线的起点，然后确定其方向，下面说明绘制射线的一般过程。

步骤 01 选择下拉菜单 绘图(D) ➡ 射线(R) 命令。

 或在命令行中输入 RAY 命令后按 Enter 键。

步骤 02 指定射线的起点。执行第一步操作后，命令行提示 指定起点：，移动鼠标光标，在屏幕上选择任意一点——A 点作为射线的起点。

步骤 03 指定射线的方向。

（1）在命令行 指定通过点： 的提示下，输入@200<30 后按 Enter 键，此时系统便绘制出一条角度为 30° 的射线。

 在绘制成一定角度的射线时，除了通过输入坐标的方式外，还有另外一种方法：首先先确认状态栏中的"动态输入"按钮 ⊞ 被激活，然后选择下拉菜单 绘图(D) ➡ 射线(R) 命令，按键盘上的 Tab 键切换至角度文本框，输入射线的角度为 30° 后按 Enter 键。

（2）命令行继续提示 指定通过点：。在该提示下，可以绘制多条以 A 点为起始点、方向不同的无限延长的射线。

步骤 04 按 Enter 键以结束射线命令的执行。

2.2.2 射线操作实战案例——三角形

本案例主要利用直线与射线命令来共同完成图形的绘制。首先利用直线命令绘制水平直线，然后利用射线命令创建两条相交的射线以得到三角形的第三个点，最后利用直线命令创建三角形的另外两条边，绘制流程如图 2.2.1 所示。

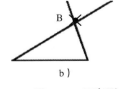

a) b) c)

图 2.2.1 三角形

步骤 01 绘制直线 1。选择下拉菜单 绘图(D) ➡ 直线(L) 命令，在命令行 命令： _line 指定第一点： 的提示下，输入第一个点的坐标（0,0），然后按 Enter 键；在绘图区域中水平向右移动鼠标光标，当捕捉到水平虚线时输入直线的长度值为 200。

步骤 02 绘制射线 1。选择下拉菜单 绘图(D) ➡ 射线(R) 命令，在绘图区域中选取图 2.2.1a 所示的点 A 作为射线的起点，单击键盘上的 TAB 键，输入射线的角度值为 30 后按 Enter 键。绘制完成如图 2.2.1b 所示。

步骤 03 绘制射线 2。选取点 C 为起点，具体操作可参照上一步，射线角度值为 110，绘制完成如图 2.2.1b 所示。

步骤 04 绘制其余直线。在命令行中输入 L 后按 Enter 键，在绘图区域中依次选取图 2.2.1 所示的点 A、点 B 与点 C。

步骤 05 删除多余参考射线。

2.3　绘制构造线

2.3.1　构造线基本概念及操作

构造线是一条通过指定点的无限长的直线，该指定点被认定为构造线概念上的中点。可以使用多种方法指定构造线的方向。在绘图过程中，构造线一般用做辅助线。

1. 绘制水平构造线

水平构造线的方向是水平的（与当前坐标系的 X 轴的夹角为 0°）。下面以图 2.3.1 所示为例，说明水平构造线的一般创建过程。

步骤 01 选择下拉菜单 绘图(D) ➡ 构造线(T) 命令。

　　进入构造线的绘制命令还有两种方法，即单击 默认 选项卡下 绘图 面板中的 "构造线"按钮 ⟋ 和在命令行中输入 XLINE 命令后按 Enter 键。

步骤 02 选择构造线类型。执行第一步操作后，系统命令行提示图 2.3.2 所示的信息，在此提示后输入表示水平线的字母 H，然后按 Enter 键。

　　AutoCAD 提供的操作十分灵活，当系统提示多个选择项时，用户既可以通过键盘确定要执行的选择项，也可以右击，从弹出的快捷菜单中确定选择项，如图 2.3.3 所示。在本例中，可以从图 2.3.3 所示的快捷菜单中选择 水平(H) 命令。

步骤 03 指定构造线的起点。在命令行 指定通过点: 的提示下，将鼠标光标移至屏幕上的任意位置点——A 点处并单击，系统便在绘图区中绘出通过该点的水平构造线，如图 2.3.1 所示。

 在绘制构造线时，需将"对象捕捉"打开，以便精确地选取相关的点。

图 2.3.1 操作过程

图 2.3.2 命令行提示

图 2.3.3 快捷菜单

步骤 04 完成构造线的绘制。命令行继续提示 指定通过点: ，此时可按空格键或 Enter 键结束命令的执行。

 如果在命令行 指定通过点: 提示下继续指定位置点，则可以绘出多条水平构造线。

2. 绘制垂直构造线

垂直构造线的方向是竖直的（与当前坐标系的 X 轴的夹角为 90°），其一般创建过程为：选择下拉菜单 绘图(D) ➡ 构造线(T) 命令；在图 2.3.2 所示的命令行提示下，输入字母 V（选取 垂直(V) 选项）后按 Enter 键；选择任意位置点——A 点作为通过点；按 Enter 键完成绘制。

3. 绘制带角度的构造线

绘制与参照对象成指定角度的构造线，下面以图 2.3.4 所示为例进行说明。

步骤 01 打开随书光盘上的文件 D:\cadxc15\work\ch02.03\xline3.dwg。

步骤 02 选择下拉菜单 绘图(D) ➡ 构造线(T) 命令。

步骤 03 在命令行中输入字母 A（选取 角度(A) 选项）后按 Enter 键。

步骤 04 选择构造线的参照对象。

（1）在命令行 输入构造线的角度 (0) 或 [参照(R)]: 的提示下，输入字母 R 后按 Enter 键，表示要绘制与某一已知参照直线成指定角度的构造线。

（2）在命令行 选择直线对象: 的提示下，选择图 2.3.4 所示的直线为参照直线。

步骤 05 定义构造线的角度。

（1）在命令行 输入构造线的角度 <0>: 的提示下，输入角度值 15 后按 Enter 键。

（2）命令行提示 指定通过点:，将鼠标光标移至屏幕上的任意位置点——A 点（图 2.3.5）并单击，即在绘图区中绘出经过该点且与指定直线成 15° 角的构造线。

（3）命令行继续提示 指定通过点:，在此提示下继续选择位置点，可绘制出多条与指定直线成 30° 角的平行构造线，直至按 Enter 键结束命令。

图 2.3.4 带角度的构造线

图 2.3.5 指定通过点

　　　　下面以图 2.3.6 所示为例，介绍绘制与坐标系 X 轴正方向成指定角度的构造线的一般方法。

　　　　选择下拉菜单 绘图(D) ➡ 构造线(T) 命令；在图 2.3.2 所示的命令行提示下，输入字母 A 后按 Enter 键；在命令行 输入构造线的角度 (0) 或 [参照(R)]: 的提示下，输入某一角度值后按 Enter 键；在命令行 指定通过点: 的提示下，选择任意位置点—— A 点（图 2.3.7），此时即在绘图区中绘出经过 A 点且与 X 轴正方向成相应角度的构造线；按 Enter 键结束命令。

图 2.3.6 绘制带角度的构造线

图 2.3.7 指定点

4. 绘制二等分构造线

二等分构造线是指通过角的顶点且平分该角的构造线。

下面以图 2.3.8 和图 2.3.9 所示为例，说明二等分构造线的一般创建过程。

步骤 01 打开随书光盘上的文件 D:\cadxc15\work\ch02.03\xline4.dwg。

步骤 02 绘制图 2.3.9 所示的二等分构造线。选择下拉菜单 绘图(D) ➡ 构造线(T) 命令；输入 B 后按 Enter 键（选取 二等分(B) 选项）；选择两直线的交点（A 点）作为角的顶点；

选择第一条直线上的任意一点作为角的起点；选择第二条直线上的任意一点作为角的端点（此时便绘制出经过两直线的交点且平分其夹角的构造线）；按 Enter 键结束操作。

图 2.3.8　绘制"二等分"构造线前　　　　图 2.3.9　绘制"二等分"构造线后

5. 绘制偏移构造线

偏移构造线是指与指定直线平行的构造线。下面以图 2.3.10 所示为例，说明偏移构造线的一般创建过程。

步骤 01 打开随书光盘上的文件 D:\cadxc15\work\ch02.03\xline5.dwg。

步骤 02 绘制偏移构造线。选择下拉菜单 绘图(D) ➡ 构造线(T) 命令；输入字母 O（选取 偏移(O) 选项）后按 Enter 键；当命令行提示 指定偏移距离或 [通过(T)] <通过>: 时，可根据不同的选项进行相应的操作。

情况一：直接输入偏移值。

在命令行中输入偏移值 30 后按 Enter 键；在命令行 选择直线对象: 的提示下，选择图 2.3.11 所示的参照直线；在 指定向哪侧偏移: 的提示下，选择参照直线下方的某一点（图 2.3.12 所示的 A 点）以指定偏移方向（此时系统便绘制出图 2.3.10 所示的偏移构造线）；按 Enter 键结束命令。

情况二：指定点进行偏移。

输入字母 T 后按 Enter 键；选择参照直线；在 指定通过点: 的提示下，选择构造线要通过的点（此时系统便绘制出与指定直线平行，并通过该点的构造线）；按 Enter 键结束命令。

图 2.3.10　绘制"偏移"构造线　　　图 2.3.11　绘制此参照直线　　　图 2.3.12　指定偏移方向

2.3.2　构造线操作实战案例——根据两个视图补画第三个视图

本案例主要利用直线与构造线命令来绘制第三视图。应用构造线作为辅助线绘制机械制图中的三视图是构造线的主要用途，构造线的使用保证了三视图之间长对正、高平齐、宽相等的对应关系，绘制流程如图 2.3.13 所示。

本案例详细操作过程请参见随书光盘中 video\ch02.03\文件下的语音视频讲解文件"根据两个视图补画第三视图.exe"。

| a) | b) | c) |

图 2.3.13　补画三视图

2.4　绘制圆

2.4.1　圆基本概念及操作

圆的绘制有多种方法，默认的是基于圆心和半径命令绘制圆。下面介绍基于圆心和半径绘制圆的一般操作过程。

步骤 01　选择下拉菜单 绘图(D) ➡ 圆(C) ➡ 圆心、半径(R) 命令，如图 2.4.1 所示。

　进入圆的绘制命令还有两种方法，即单击 默认 选项卡下 绘图 面板中的"圆"按钮 ⊙ ▼ 或在命令行中输入 CIRCLE 命令后按 Enter 键。

图 2.4.1　绘制圆的下拉菜单

步骤 02　指定圆心。选择圆心位置点 A，如图 2.4.2 所示。

图 2.4.2　圆心、半径法绘制圆

步骤 03 指定圆的半径。可以用两种方法指定半径。

方法一：在命令行 指定圆的半径或 [直径(D)]: 的提示下，选择另一位置点 B 点，系统立即绘出以 A 点为圆心，以 A 点至 B 点的距离为半径的圆。

方法二：在命令行中输入半径值（如 40）后，按 Enter 键。

绘制圆的其他方法说明如下。

◆ 基于圆心和直径绘制圆：选择下拉菜单 绘图(D) ➡ 圆(C) ➡ 圆心、直径(D) 命令，选择圆心位置点（如 A 点），选择另一位置点（如 B 点）或者输入直径值（如 60）以确定圆的直径，如图 2.4.3 所示。

◆ 基于圆周上的三点绘制圆：选择下拉菜单 绘图(D) ➡ 圆(C)▶ ➡ 三点(3) 命令后，依次选择第一位置点 A、第二位置点 B 和第三位置点 C，如图 2.4.4 所示。

◆ 基于圆的直径上的两个端点绘制圆：选择 绘图(D) ➡ 圆(C)▶ ➡ 两点(2) 命令后，分别选择第一位置点 A、第二位置点 B，则生成以 AB 为直径的圆，如图 2.4.5 所示。

图 2.4.3　圆心、直径法绘制圆　　图 2.4.4　三点法绘制圆　　图 2.4.5　两点法绘制圆

◆ 基于指定两个相切对象和半径绘制圆：选择下拉菜单 绘图(D) ➡ 圆(C)▶ ➡ 相切、相切、半径(T) 命令后，在参考圆 1 上的某一点（如 A 点）处单击，以确定第一个切点；在参考圆 2 上的某一点（如 B 点）处单击，以确定第二个切点；输入圆的半径值，则圆自动生成，如图 2.4.6 所示。

图 2.4.6　基于指定半径和两个相切对象创建圆

圆的半径值不能小于从 A 点至 B 点距离的一半，否则圆将无法绘制。

在这里满足与绘制的两个圆相切且半径为某一参考值的圆一般有 4 个，所以需要我们指定切点的大概位置，系统会在指定的位置附近寻找切点，这样绘制的圆才是我们想要的圆。

◆ 基于三个相切对象绘制圆：选择 绘图(D) ➡ 圆(C)▶ ➡ 相切、相切、相切(A) 命令后，分别选取三个相切对象，则可生成与这三个对象或其延长线相切的圆，如图 2.4.7 所示。

 用下拉菜单启动圆的命令绘制圆，可以减少击键次数，比用工具栏或在命令行中输入命令来绘制圆要更快。

相切对象   创建此圆

图 2.4.7 基于三个相切的对象创建圆

2.4.2 圆操作实战案例——奥迪标志

本案例主要利用圆命令来绘制奥迪标志，绘制流程如图 2.4.8 所示。

本案例详细操作过程请参见随书光盘中 video\ch02.04\文件下的语音视频讲解文件"奥迪标志.exe"。

a)   b)

图 2.4.8 奥迪标志

2.5 绘制圆弧

2.5.1 圆弧基本概念及操作

圆弧是圆的一部分，AutoCAD 一共提供了 11 种不同的方法来绘制圆弧，如图 2.5.1 所示。

其中默认的方法是通过选取圆弧上的三点，即起点、圆弧上一点及端点来进行绘制。下面分别介绍这些方法。

图 2.5.1 绘制圆弧的下拉菜单

1. 用三点绘制圆弧

三点圆弧的绘制过程如下：

步骤 01 选择下拉菜单 绘图(D) ➡ 圆弧(A)▶ ➡ 三点(P) 命令。

 进入圆弧的绘制命令还有两种方法，即单击 默认 选项卡下的"圆弧"按钮 或在命令行中输入命令 ARC 后按 Enter 键。

步骤 02 在命令行 指定圆弧的起点或 [圆心(C)]: 的提示下，指定圆弧的第一点 A。

步骤 03 在命令行 指定圆弧的第二个点或 [圆心(C)/端点(E)]: 的提示下，指定圆弧的第二点 B。

步骤 04 在命令行 指定圆弧的端点: 的提示下，指定圆弧的第三点 C，至此即完成圆弧的绘制，如图 2.5.2 所示。

2. 用起点、圆心和端点绘制圆弧

下面以图 2.5.3 为例来说明绘制圆弧的步骤。

图 2.5.2 用三点绘制圆弧

图 2.5.3 起点、圆心和端点

步骤 01 选择下拉菜单 绘图(D) ➡ 圆弧(A)▶ ➡ 起点、圆心、端点(S) 命令。

步骤 02 分别选择圆弧的起点 A、圆心 C 和端点 B。

3. 用起点、圆心和包含角绘制圆弧

图 2.5.4 所示圆弧的创建过程为：选择 绘图(D) ➡ 圆弧(A)▶ ➡ 起点、圆心、角度(T) 命令；分别选取圆弧的起点 A 和圆心 C；在命令行中输入包含角度值 120 并按 Enter 键。

 当输入的角度值为正值时，将沿逆时针方向绘制圆弧。当输入的角度值为负值时，则沿顺时针方向绘制圆弧。

绘制圆弧的其他方法说明如下。

◆ 用起点、圆心和弦长绘制圆弧：选择 绘图(D) ➡ 圆弧(A)▶ ➡ 起点、圆心、长度(A) 命令后，分别选取圆弧的起点（点 A）和圆心（点 C），在命令行中输入弦长值 110，如图 2.5.5 所示。

 如果在命令行输入的弦长为正值，系统将从起点 A 逆时针绘制劣弧；如果弦长为负值，系统将从起点逆时针绘制优弧。

图 2.5.4　起点、圆心和角度　　　　图 2.5.5　起点、圆心和长度

◆ 用起点、端点和包含角绘制圆弧：选择下拉菜单 绘图(D) ➡ 圆弧(A)▶ ➡ 起点、端点、角度(N) 命令，分别选取圆弧的起点 A 和端点 B，在命令行中输入角度值，如图 2.5.6 所示。

 如果在命令行输入的角度值为负值，系统将顺时针绘制圆弧。

◆ 用起点、端点和起点处的切线方向绘制圆弧：选择 绘图(D) ➡ 圆弧(A)▶ ➡ 起点、端点、方向(D) 命令后，分别选取圆弧的起点 A 和端点 B；若移动光标，就会出现圆弧及圆弧在点 A 处的切线，且圆弧的形状随着光标的移动而不断变化，拖动

光标至某一位置并单击，以确定圆弧在点 A 处的切线方向，如图 2.5.7 所示。

◆　用起点、端点和半径绘制圆弧：选择 命令后，分别选取圆弧的起点 A 和端点 B，然后输入圆弧的半径值，如图 2.5.8 所示。

 　如果输入的半径为负值，系统将逆时针绘制一条优弧；输入的圆弧半径值既不能小于点 A 到点 B 之间距离的一半，也不能大于点 A 到点 B 之间距离的两倍。

图 2.5.6　起点、端点和角度　　　　图 2.5.7　起点、端点和方向　　　　图 2.5.8　起点、端点和半径

◆　用圆心、起点和端点绘制圆弧：选择 命令；依次选取圆弧的圆心 C、起点 A 和端点 B，如图 2.5.9 所示。

◆　用圆心、起点和包含角绘制圆弧：选择 命令后，分别选取圆弧的圆心 C 和起点 A，并输入圆弧的角度值，如图 2.5.10 所示。

 　如果在命令行中输入的角度为负值，则将沿顺时针方向绘制圆弧，否则沿逆时针方向绘制圆弧。

◆　用圆心、起点和弦长绘制圆弧：选择 绘图(D) ➡ 圆弧(A) ➡ 圆心、起点、长度(L) 命令后，分别选取圆弧的圆心 C 和起点 A，并输入圆弧的弦长，如图 2.5.11 所示。

 　如果弦长为负值，则将从起点 A 逆时针绘制优弧，弦长不可大于圆弧所在圆的直径。

图 2.5.9　圆心、起点和端点

图 2.5.10　圆心、起点和角度

图 2.5.11　圆心、起点和长度

◆　绘制连续的圆弧：绘制图 2.5.12 所示的直线；选择 绘图(D) ➡ 圆弧(A) ➡

命令后，选取图 2.5.13 所示的圆弧端点 A，此时系统立即绘制出以直线的端点为起点，且与直线相切的连续圆弧，如图 2.5.14 所示。

用这样的方法，我们还可以绘制出以最后一次绘制过程中所确定的圆弧或多段线最后一点作为起点，并与其相切的圆弧。

图 2.5.12　绘制此直线	图 2.5.13　指定圆弧的端点	图 2.5.14　绘制"与直线相切的连续"圆弧

2.5.2　圆弧操作实战案例 01——风扇叶片（单个叶片）

本案例主要利用圆与圆弧命令来绘制风扇叶片，绘制流程如图 2.5.15 所示。

本案例详细操作过程请参见随书光盘中 video\ch02.05\文件下的语音视频讲解文件"风扇叶片（单个叶片）.exe"。

a)　　　　　　　　　b)　　　　　　　　　c)

图 2.5.15　风扇叶片

2.5.3　圆弧操作实战案例 02——弯月

本案例主要利用圆弧命令来绘制弯月，绘制流程如图 2.5.16 所示。

本案例详细操作过程请参见随书光盘中 video\ch02.05\文件下的语音视频讲解文件"弯月.exe"。

a)　　　　　　　　　　　　　　b)

图 2.5.16　弯月

2.6 绘制椭圆与椭圆弧

2.6.1 椭圆基本概念及操作

1. 基于椭圆的中心点绘制椭圆

方法一：指定中心点、一条半轴的端点及另一条半轴长度来创建椭圆。

下面以图 2.6.1 所示为例，说明其操作过程。

图 2.6.1 指定椭圆的中心点、轴端点和另一条半轴长度

步骤 01 选择下拉菜单 绘图(D) ➡ 椭圆(E)▶ ➡ ⬦ 圆心(C) 命令。

 进入椭圆的绘制命令还有两种方法，即单击"椭圆"按钮 ⬦▼ 或在命令行中输入 ELLIPSE 命令后按 Enter 键。

步骤 02 在命令行 指定椭圆的中心点: 的提示下，指定椭圆的中心点 C 的位置。

步骤 03 在命令行 指定轴的端点: 的提示下，指定椭圆的轴端点 A 的位置。

步骤 04 在命令行 指定另一条半轴长度或 [旋转(R)]: 的提示下，移动光标来调整从中心点至光标所在处的"皮筋线"长度，并在所需位置点 B 处单击，以确定另一条半轴的长度（也可以在命令行输入长度值）。

方法二：通过绕长轴旋转圆来创建椭圆。

根据命令行 指定椭圆的中心点: 的提示，依次指定椭圆的中心点 C 和长轴端点 A；在命令行中输入字母 R，绕椭圆中心移动光标并在所需位置单击以确定椭圆绕长轴旋转的角度（或在命令行中输入角度值）。

 采用旋转方式绘制椭圆，当角度为 0 度时，将绘制出一个圆，当角度为 45 度时，将成为一个从试点上看呈 45 度的椭圆，旋转的角度越大，椭圆的离心率就越大。

2. 基于椭圆某一轴上的两个端点位置绘制椭圆

方法一：通过轴端点定义椭圆。

通过轴端点定义椭圆是指定第一条轴的两个端点的位置及第二条轴的长度来创建椭圆。下面以图 2.6.2 所示为例，说明其操作过程。

步骤 01 选择下拉菜单 绘图(D) ➡ 椭圆(E)▶ ➡ 轴、端点(E) 命令。

步骤 02 在绘图区选择两点——A 点和 B 点，以确定椭圆第一条轴的两个端点。

步骤 03 此时系统生成一个临时圆，当移动鼠标时，调整从中心点至鼠标光标处的"皮筋线"长度，临时圆形状随之变化，在某点处单击以确定椭圆另一条半轴的长度（也可在命令行中输入另一条半轴长度值），从而完成椭圆的创建。

方法二：通过轴旋转定义椭圆。

通过轴旋转定义椭圆是绕长轴旋转来创建椭圆。图 2.6.3 所示椭圆的创建过程为：选择下拉菜单 绘图(D) ➡ 椭圆(E)▶ ➡ 轴、端点(E) 命令；在绘图区选择两点（A 点和 B 点），以确定椭圆长轴的两个端点；在命令行中输入字母 R，绕椭圆中心移动光标，并在某位置点 C 处单击以指定椭圆的绕长轴的旋转角度（也可在命令行输入角度值以确定旋转角）。

图 2.6.2 指定轴端点和另一条半轴的长度　　　图 2.6.3 指定轴端点和绕长轴旋转的角度

2.6.2 椭圆弧基本概念及操作

椭圆弧是椭圆的一部分，在设计中经常会用到椭圆弧。下面以图 2.6.4 所示为例，说明其绘制过程。

步骤 01 选择下拉菜单 绘图(D) ➡ 椭圆(E)▶ ➡ 圆弧(A) 命令。

> 进入椭圆弧的绘制命令还有两种方法，在 默认 面板中，单击"椭圆弧"按钮 ⬭ 或 在 绘 制 椭 圆 时 ， 当 命 令 行 出 现 指定椭圆的轴端点或 [圆弧(A)/中心点(C)]: 的提示时，输入字母 A 后按 Enter 键。

步骤 02 绘制一个椭圆，相关的操作步骤参见 2.6.1 节内容。

步骤 03 指定椭圆弧起始角度。在命令行 指定起始角度或 [参数(P)]: 的提示下，输入起始角度值 30 后按 Enter 键。

步骤 04 指定椭圆弧终止角度。在命令行 指定终止角度或 [参数(P)/包含角度(I)]: 的
提示下，输入终止角度值 260 后按 Enter 键，至此完成椭圆弧的创建。

图 2.6.4 指定起始和终止角度创建的椭圆弧

2.6.3 椭圆与椭圆弧操作实战案例——丰田标志

本案例主要利用椭圆与椭圆弧命令来绘制丰田标志，绘制流程如图 2.6.5 所示。

本案例详细操作过程请参见随书光盘中 video\ch02.06\文件下的语音视频讲解文件"丰田
标志.exe"。

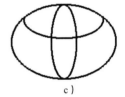

a）　　　　　　　　　　　　　b）　　　　　　　　　　　　　c）

图 2.6.5 丰田标志

2.7 绘制圆环

2.7.1 圆环基本概念及操作

圆环实际上是具有一定宽度的闭合多段线。圆环常用于在电路图中表示焊点或绘制填充
的实心圆。下面以图 2.7.1a 为例，说明其绘制步骤。

步骤 01 选择下拉菜单 绘图(D) ➡ ◎ 圆环(D) 命令。

进入圆环绘制命令还有两种方法。

方法一：单击 默认 选项卡"绘图"面板的 ▏绘图 ▼▕ 按钮，在展开的工
具栏中单击"圆环"命令按钮 ◎ 。

方法二：在命令行中输入命令 DONUT 后，按 Enter 键。

步骤 02 设置圆环的内径和外径值。

（1）在 `指定圆环的内径 <0.5000>:` 的提示下，输入圆环的内径值 10，然后按 Enter 键。

 说明　如果输入圆环的内径值为 0，则圆环成为填充圆，如图 2.7.1b 所示。

（2）在 `指定圆环的外径 <1.0000>:` 的提示下，输入圆环的外径值 20，然后按 Enter 键。

步骤 03 命令行提示 `指定圆环的中心点或 <退出>:`，此时系统显示图 2.7.1c 所示的临时圆环，单击绘图区中的某一点，系统即以该点为中心点绘制出圆环。可以继续指定圆心，绘制多个圆环，直至按 Enter 键结束命令。

a）圆环的内径值不为 0　　　　b）圆环的内径值为 0　　　　c）临时圆环

图 2.7.1　圆环的绘制

 说明　在系统命令行中输入 FILL 命令，在系统 `FILL 输入模式 [开(ON) 关(OFF)] <开>:` 的提示下输入 "OFF" 后按 Enter 键，可以取消圆环的填充效果。

2.7.2　圆环操作实战案例——奥运五环标志

本案例主要利用圆环命令来绘制奥运五环标志，绘制流程如图 2.7.2 所示。

本案例详细操作过程请参见随书光盘中 video\ch02.07\文件下的语音视频讲解文件 "奥运五环.exe"。

a）　　　　　　　　　　b）　　　　　　　　　　c）

图 2.7.2　奥运五环标志

2.8 绘制矩形

2.8.1 矩形基本概念及操作

1. 绘制普通矩形

指定两对角点法，即根据矩形的长和宽或矩形的两个对角点的位置来绘制一个矩形。下面以图 2.8.1 所示为例，说明用"指定两对角点法"创建普通矩形的一般过程。

步骤 01 选择下拉菜单 绘图(D) ➡ ▢ 矩形(G) 命令。

 进入矩形的绘制命令还有两种方法，即单击 默认 选项卡下 绘图 面板中的"矩形"按钮▢或在命令行中输入 RECTANG 命令后按 Enter 键。

步骤 02 指定矩形的第一角点。在图 2.8.2 所示的命令行提示信息下，将鼠标光标移至绘图区中的某一点——A 点处，单击以指定矩形的第一个角点，此时移动鼠标，就会有一个临时矩形从该点延伸到光标所在处，并且矩形的大小随光标的移动而不断变化。

步骤 03 指定矩形的第二角点。在命令行 指定另一个角点或 [面积(A)/尺寸(D)/旋转(R)]: 的提示下，将鼠标光标移至绘图区中的另一点——B 点处并单击，以指定矩形的另一个角点，此时系统便绘制出图 2.8.1 所示的矩形并结束命令。

图 2.8.1 普通矩形　　　　　　　　图 2.8.2 命令行提示

创建普通矩形的其他方法说明如下。

◆ 指定长度值和宽度值：在图 2.8.2 所示命令行的提示下，指定第一个角点后输入字母 D（选取 尺寸(D) 选项），依次输入长度值和宽度值（如 100、60），在命令行 指定另一个角点或 [面积(A)/尺寸(D)/旋转(R)]: 的提示下，在绘图区的相应位置单击左键以确定矩形另一个角点的方位，完成矩形的绘制。

◆ 指定面积和长度值（或宽度值）：在图 2.8.2 所示的命令行提示下，指定第一个角点（如 A 点），依次输入字母 A（选取 面积(A) 选项）、面积值（如 300）、字母 L（选取 长度(L) 选项）和长度值（如 25）。

◆ 指定旋转的角度和拾取两个角点：指定第一个角点后，输入字母 R（选取 旋转(R) 选项），然后在绘图区的相应位置单击，以确定矩形另一个角点。

2. 绘制倒角矩形

倒角矩形就是对普通矩形的四个角进行倒角，如图 2.8.3 所示。绘制倒角矩形时，首先要确定倒角尺寸。下面以图 2.8.3 所示为例，说明倒角矩形的一般创建过程。

步骤 01 选择下拉菜单 绘图(D) ➡ 矩形(G)命令。

步骤 02 在图 2.8.2 所示的命令行提示下，输入字母 C（选取 倒角(C)选项）后，按 Enter 键。

步骤 03 在命令行 指定矩形的第一个倒角距离 <0.0000>: 的提示下，输入第一倒角距离值 10 后按 Enter 键；在命令行 指定矩形的第二个倒角距离 的提示下，输入第二倒角距离值 10 后按 Enter 键。其余的操作步骤参见绘制普通矩形部分。

> 对于所绘制的矩形的倒角距离来说，第一倒角距离是指角点逆时针方向的倒角距离，第二倒角距离是指角点顺时针方向的倒角距离。

3. 绘制圆角矩形

圆角矩形就是对普通矩形的四个角进行倒圆角，绘制圆角矩形时，首先要确定圆角尺寸。图 2.8.4 所示的圆角矩形的创建过程为：选择下拉菜单 绘图(D) ➡ 矩形(G)命令；输入字母 F 后按 Enter 键（即选取 圆角(F)选项）；在命令行 指定矩形的圆角半径 <0.0000>: 的提示下，输入矩形的圆角半径值 10 并按 Enter 键；其余的操作步骤参见绘制普通矩形部分。

> 在绘制带圆角或倒角的矩形时，如果由于矩形的长度或者宽度太小而无法使用当前设置，那么绘制出来的矩形将不进行倒圆角或倒角。

图 2.8.3　倒角矩形　　　　　　　　　图 2.8.4　圆角矩形

4. 绘制有宽度的矩形

有宽度的矩形是指矩形的边线具有一定的宽度。图 2.8.5 所示的有宽度的矩形的创建过程为：选择下拉菜单 绘图(D) ➡ 矩形(G)命令；输入字母 W 后按 Enter 键（即选取 宽度(W)

选项）；在命令行 `指定矩形的线宽 <0.0000>:` 的提示下，输入线宽值 10 并按 Enter 键；其余的操作步骤参见绘制普通矩形部分。

图 2.8.5　有宽度的矩形

可以使用 EXPLODE 命令将矩形的各边转换为各自单独的直线，也可以使用 PEDIT 命令分别编辑矩形的各边。

AutoCAD 软件有记忆功能，即自动保存最近一次命令使用时的设置，故在绘制矩形时，要注意矩形的当前模式，如有需要则要对其参数进行重新设置。

2.8.2　矩形操作实战案例——圆头平键

本案例主要介绍利用矩形命令与直线命令绘制圆头平键的三视图，绘制流程如图 2.8.6 所示。

案例详细操作过程请参见随书光盘中 video\ch02.08\文件下的语音视频讲解文件"圆头平键.exe"。

　　a)　　　　　　　　　b)　　　　　　　　c)　　　　　　　　　d)

图 2.8.6　圆头平键三视图

2.9　绘制正多边形

2.9.1　正多边形基本概念及操作

在 AutoCAD 中，正多边形是由至少 3 条、最多 1024 条等长并封闭的多段线组成的。

1. 绘制内接正多边形

在绘制内接正多边形时，需要指定其外接圆的半径，正多边形的所有顶点都在此虚拟外接圆的圆周上（图 2.9.1），下面说明其操作过程。

步骤 01 选择下拉菜单 绘图(D) ➡ ⬠ 多边形(Y) 命令。

进入正多边形的绘制命令还有两种方法，即单击 默认 选项卡下"绘图"面板中的 ⬠· 按钮，在展开的工具栏中单击"多边形"命令按钮 ⬠多边形 或在命令行中输入命令 POLYGON 后按 Enter 键。

步骤 02 指定多边形边数。命令行提示 输入侧面数 <4>：，输入侧面数值 5 后按 Enter 键。

步骤 03 在命令行 指定正多边形的中心点或 [边(E)]：的提示下，选取绘图区中的某一点——点 A 作为正多边形的中心点，如图 2.9.2 所示。

步骤 04 在命令行 输入选项 [内接于圆(I)/外切于圆(C)] <I>：的提示下，输入字母 I（即选取 内接于圆(I) 选项）后按 Enter 键。

步骤 05 在命令行 指定圆的半径：的提示下，选取绘图区中的某一点—— 点 B 以确定外接圆的半径（也可以直接输入外接圆的半径值），此时系统便绘制出图 2.9.1 所示的内接五边形（AB 连线的长度就是正多边形的外接圆的半径）。

图 2.9.1 绘制内接正多边形　　　　　图 2.9.2 操作过程

2. 绘制外切正多边形

绘制外切正多边形时，需要指定从正多边形中心点到各边中点的距离。图 2.9.3 所示的外切正多边形的绘制过程为：选择下拉菜单 绘图(D) ➡ ⬠多边形(Y) 命令；输入多边形的边数值 5 后按 Enter 键；选取正多边形的中心点（点 A）；输入字母 C（即选取 外切于圆(C) 选项）后按 Enter 键；在命令行中 指定圆的半径：的提示下，选取绘图区中的某一点—— 点 B，以确定内切圆的半径（也可以直接输入内切圆的半径值）。

3. 用"边"绘制正多边形

也可以通过指定一条边的起点和终点来绘制正多边形，其操作过程为：选择下拉菜单 绘图(D) ➡ ⬠多边形(Y) 命令；在命令行中输入多边形的边数值 6 后按 Enter 键；输入字母 E

（即选取 边(E) 选项）后按 Enter 键；分别指定边的第一端点点 A 和第二端点点 B，此时系统便通过"AB 边"绘制出图 2.9.4 所示的正六边形。

图 2.9.3 绘制外切正多边形   图 2.9.4 用"边"绘制正多边形

在绘制正多边形时，首先应指出正多边形的边数，然后根据具体的要求选择正多边形的"中心点"或者"边"等选项。

2.9.2 正多边形操作实战案例——螺母

本案例主要介绍利用正多边形、圆与圆弧命令绘制螺母的俯视图，绘制流程如图 2.9.5 所示。

本案例详细操作过程请参见随书光盘中 video\ch02.09\文件下的语音视频讲解文件"绘制螺母俯视图.exe"。

a)   b)   c)

图 2.9.5 螺母

2.10 绘制点

2.10.1 单点

在 AutoCAD 中，点对象可用做节点或参考点，点对象分单点和多点。使用单点命令，一次只能绘制一个点。下面以图 2.10.1 所示为例，说明绘制单点的操作步骤。

步骤 01 打开随书光盘上的文件 D:\cadxc15\work\ch02.10\point01.dwg。

步骤 02 选择下拉菜单 绘图(D) ➡ 点(O)▶ ➡ 单点(S) 命令，如图 2.10.2 所示。

或者在命令行中输入 POINT 命令后按 Enter 键。

```
单点(S) ──────── 创建点对象
· 多点(P) ──────── 创建多个点对象
定数等分(D) ──────── 将点对象或块沿对象的长度或周长等间隔排列
定距等分(M) ──────── 将点对象或块在对象上指定间隔处放置
```

绘制此单点

图 2.10.1　创建单点 　　　　　　　　　　图 2.10.2　创建点对象下拉菜单

步骤 03 此时系统命令行提示图 2.10.3 所示的信息，在此提示下在绘图区某处单击（也可以在命令行输入点的坐标），系统便在指定位置绘制图 2.10.1 所示的点对象。

此处第一行提示当前所绘点的样式与大小

```
命令:
命令:_point
当前点模式:  PDMODE=0  PDSIZE=-10.0000
指定点:
```

图 2.10.3　命令行提示

在绘制点对象之前，一般要根据需要设置点的显示样式和大小。点的显示样式多达 20 个，其设置过程为：选择下拉菜单 格式(O) ➡ 点样式(P)... 命令，或者在命令行输入 DDPTYPE 命令后按 Enter 键；系统弹出"点样式"对话框，在该对话框中选择某个点的样式并设置其大小，然后单击对话框的 确定 按钮。

2.10.2　多点

多点绘制与单点绘制的操作步骤完全一样，只是多点绘制命令可以一次连续绘制多个点。下面以图 2.10.4 所示为例，说明其绘制步骤。

步骤 01 打开随书光盘上的文件 D:\cadxc15\work\ch02.10\point02.dwg。

步骤 02 选择下拉菜单 绘图(D) ➡ 点(O)▶ ➡ 多点(P) 命令。

或者在 绘图 面板中单击"点" 。▼ 按钮。

步骤 03 指定点位置。依次选择 A 点、B 点、C 点和 D 点的位置。

步骤 04 按键盘上的 Esc 键以结束点的绘制。

2.10.3 定数等分点

使用 DIVIDE 命令能够沿选定对象等间距放置点对象（或者块）。下面以图 2.10.5 所示为例，说明其操作步骤。

图 2.10.4 绘制多点

图 2.10.5 绘制定数等分点

步骤 01 打开随书光盘上的文件 D:\cadxc15\work\ch02.10\point03.dwg。

步骤 02 选择下拉菜单 绘图(D) ➡ 点(O)▶ ➡ 定数等分(D) 命令。

或者在命令行输入 DIVIDE 命令后按 Enter 键。

步骤 03 命令行提示 选择要定数等分的对象：，选择图 2.10.5 所示的圆。

步骤 04 在命令行 输入线段数目或 [块(B)]： 的提示下输入等分线段数目 12，并按 Enter 键，完成定数等分点的创建，如图 2.10.5 所示。

在使用定数等分点等分对象时，由于输入的即为将对象等分的数目，所以如果对象是封闭的，生成点的数量就为对象的等分数。

2.10.4 定距等分点

"定距等分"命令可以将对象按给定的数值进行等距离划分，并在划分点处放置点对象或块标。下面以图 2.10.6 所示为例，说明其操作步骤。

图 2.10.6 绘制定距等分点

步骤 01 打开随书光盘上的文件 D:\cadxc15\work\ch02.10\point04.dwg。

步骤 02 选择下拉菜单 绘图(D) ➡ 点(O)▶ ➡ 定距等分(M) 命令。

 或者在命令行输入 MEASURE 命令后按 Enter 键。

步骤 03 选择图 2.10.6 所示的圆。

步骤 04 在命令行中输入长度距离值 50,并按 Enter 键,完成定距等分点绘制,如图 2.10.6 所示。

在使用定数或者定距等分点时,并不是将对象分割为独立的几部分,而是在相应的位置上放置对应的点以为绘制其他图形提供参考。也就是说定数或者定距等分点只是个标记而已。

2.10.5 绘制点操作实战案例——棘轮

本案例主要利用定数等分点、直线与圆命令绘制棘轮,绘制流程如图 2.10.7 所示。

本案例详细操作过程请参见随书光盘中 video\ch02.10\文件下的语音视频讲解文件“棘轮.exe”。

a)

b)

c)

图 2.10.7　棘轮

2.11　本章综合实战案例

2.11.1　本章综合实战案例 01——洗衣机

本案例主要利用矩形、圆与直线命令绘制洗衣机,绘制流程如图 2.11.1 所示。

本案例详细操作过程请参见随书光盘中 video\ch02.11\文件下的语音视频讲解文件“洗衣机.exe”。

图 2.11.1　洗衣机

2.11.2　本章综合实战案例 02——某商会会徽

本案例综合应用了矩形、圆、圆弧、直线以及定数等分点等命令，希望读者通过此实例能够全面理解和掌握基本绘图命令。此案例绘制流程如图 2.11.2 所示。

本案例详细操作过程请参见随书光盘中 video\ch02.11\文件下的语音视频讲解文件"某商会会徽.exe"。

图 2.11.2　某商会会徽

2.12　思考与练习

1. 本章主要讲解了哪几种二维图形的创建方法？分别给出一个例子。

2. 在中文版 AutoCAD 2015 中，绘制圆形共有哪几种方法？

3. 在中文版 AutoCAD 2015 中，共有哪几种方法可以绘制圆弧？

4. 利用命令 RECTANG 绘制图 2.12.1 所示的任意大小的矩形，然后思考下列问题：

（1）如何用命令 RECTANG 绘制一个长 30.2、宽 20.8 精确大小的矩形？

（2）如何用直线命令 LINE 绘制一个矩形？

（3）用直线命令 LINE 绘制的矩形与用命令 RECTANG 绘制的矩形有什么不同？

5. 利用本章所学的绘图命令，绘制图 2.12.2 所示的图形（形似即可）。

图 2.12.1　绘制矩形

图 2.12.2　绘制图形

第 3 章 精确高效地绘图

3.1 使用对象捕捉

在精确绘图过程中，经常需要在图形对象上选取某些特征点，例如圆心、切点、交点、端点和中点等，此时如果使用 AutoCAD 提供的对象捕捉功能，则可迅速、准确地捕捉到这些点的位置，从而精确地绘制图形。

3.1.1 设置对象捕捉选项

在使用对象捕捉功能前，有必要先设置一些对象捕捉功能的参数。选择下拉菜单 工具(T) ➡ 选项(N)... 命令，系统弹出图 3.1.1 所示的"选项"对话框，在 绘图 选项卡的 自动捕捉设置 选项组中，可设置对象捕捉的相关参数。

图 3.1.1 "选项"对话框

自动捕捉设置 选项组中的各选项功能说明如下。

◆ ☑ 标记(M) 复选框：用于设置在自动捕捉到特征点时是否显示捕捉标记，如图 3.1.2 所示。

◆ ☑ 磁吸(G) 复选框：用于设置当将光标移到离对象足够近的位置时，是否像磁铁一样将光标自动吸到特征点上。

◆ ☑ **显示自动捕捉工具栏提示(T)** 复选框：用于设置在捕捉到特征点时是否提示"对象捕捉"特征点类型名称，如圆心、交点、端点和中点等，如图 3.1.2 所示。

◆ ☐ **显示自动捕捉靶框(D)** 复选框：选中该项后，当按 F3 键激活对象捕捉模式，系统提示指定一个点时，将在十字光标的中心显示一个矩形框——靶框，如图 3.1.2 所示。

◆ **颜色(C)...** 标签：通过选择下拉列表中的某个颜色来确定自动捕捉标记的颜色。

◆ 用鼠标拖动 **自动捕捉标记大小(S)** 选项组中的滑块，可以调整自动捕捉标记的大小。当移动滑块时，在左边的显示框中会动态地更新标记的大小。

图 3.1.2 自动捕捉设置说明

3.1.2 使用对象捕捉的几种方法

在绘图过程中调用对象捕捉功能的方法非常灵活，包括选择"对象捕捉"工具栏中的相应按钮、使用对象捕捉快捷菜单、设置"草图设置"对话框以及启用自动捕捉模式等，下面分别加以介绍。

1. 使用捕捉工具栏命令按钮来进行对象捕捉

打开"对象捕捉"工具栏的操作步骤是：如果在系统的工具栏区没有显示图 3.1.3 所示的"对象捕捉"工具栏，则选择下拉菜单 **工具(T)** ➡ **工具栏** ➡ **AutoCAD ▶** ➡ **对象捕捉** 命令。

图 3.1.3 "对象捕捉"工具栏

在绘图过程中，当系统要求用户指定一个点时（例如选择直线命令后，系统要求指定一点作为直线的起点），可单击该工具栏中相应的特征点按钮，再把光标移到要捕捉对象上的特征点附近，系统即可捕捉到该特征点。图 3.1.3 所示的"对象捕捉"工具栏各按钮的功能说明如下。

A. 临时追踪点：通常与其他对象捕捉功能结合使用，用于创建一个追踪参考点，然后绕该点移动光标，即可看到追踪路径，可在某条路径上拾取一点。

B. 捕捉自：通常与其他对象捕捉功能结合使用，用于拾取一个与捕捉点有一定偏移量的点。例如，在系统提示输入一点时，单击此按钮及"捕捉端点"按钮后，在图形中拾取一个端点作为参考点，然后在命令行 _from 基点：_endp 于 <偏移>: 的提示下，输入以相对极坐标表示的相对于该端点的偏移值（如@8<45），即可获得所需点。

C. 捕捉到端点：可捕捉对象的端点，包括圆弧、椭圆弧、多线线段、直线线段、多段线的线段、射线的端点，以及实体及三维面边线的端点。

D. 捕捉到中点：可捕捉对象的中点，包括圆弧、椭圆弧、多线、直线、多段线的线段、样条曲线、构造线的中点，以及三维实体和面域对象任意一条边线的中点。

E. 捕捉到交点：可捕捉两个对象的交点，包括圆弧、圆、椭圆、椭圆弧、多线、直线、多段线、射线、样条曲线、参照线彼此间的交点，还能捕捉面域和曲面边线的交点，但却不能捕捉三维实体的边线的交点。如果是按相同的 X、Y 方向的比例缩放图块，则可以捕捉图块中圆弧和圆的交点。另外，还能捕捉两个对象延伸后的交点（我们称之为"延伸交点"），但是必须保证这两个对象沿着其路径延伸肯定会相交。若要使用延伸交点模式，必须明确地选择一次交点对象捕捉方式，然后单击其中的一个对象，之后系统提示选择第二个对象，单击第二个对象后，系统将立即捕捉到这两个对象延伸所得到的虚构交点。

F. 捕捉到外观交点：捕捉两个对象的外观交点，这两个对象实际上在三维空间中并不相交，但在屏幕上显得相交。可以捕捉由圆弧、圆、椭圆、椭圆弧、多线、直线、多段线、射线、样条曲线或参照线构成的两个对象的外观交点。延伸的外观交点意义和操作方法与上面介绍的"延伸交点"基本相同。

G. 捕捉到延长线（也叫"延伸对象捕捉"）：可捕捉到沿着直线或圆弧的自然延伸线上的点。若要使用这种捕捉，须将光标暂停在某条直线或圆弧的端点片刻，系统将在光标位置添加一个小小的加号（+），以指出该直线或圆弧已被选为延伸线，然后当沿着直线或圆弧的自然延伸路径移动光标时，系统将显示延伸路径。

H. 捕捉到圆心：捕捉弧对象的圆心，包括捕捉圆弧、圆、椭圆、椭圆弧或多段线弧段的圆心。

I. 捕捉到象限点：可捕捉圆弧、圆、椭圆、椭圆弧或多段线弧段的象限点，象限点可以想象为将当前坐标系平移至对象圆心处时，对象与坐标系正 X 轴、负 X 轴、正 Y 轴和负 Y

轴四个轴的交点。

J. 捕捉到切点：捕捉对象上的切点。在绘制一个图元时，利用此功能，可使要绘制的图元与另一个图元相切。当选择圆弧、圆或多段线弧段作为相切直线的起点时，系统将自动启用延伸相切捕捉模式。

 延伸相切捕捉模式不可用于椭圆或样条曲线。

K. 捕捉到垂足：捕捉两个相互垂直对象的交点。当将圆弧、圆、多线、直线、多段线、参照线或三维实体边线作为绘制垂线的第一个捕捉点的参照时，系统将自动启用延伸垂足捕捉模式。

L. 捕捉到平行线：用于创建与现有直线段平行的直线段（包括直线或多段线线段）。使用该功能时，可先绘制一条直线 A，在绘制与直线 A 平行的另一直线 B 时，先指定直线 B 的第一个点，然后单击该捕捉按钮，接着将鼠标光标暂停在现有的直线段 A 上片刻，系统便在直线 A 上显示平行线符号，在光标处显示"平行"提示，绕着直线 B 的第一点转动皮筋线，当转到与直线 A 平行方向时，系统显示临时的平行线路径，在平行线路径上某点处单击以指定直线 B 的第二点。

M. 捕捉到插入点：捕捉属性、图形、块或文本对象的插入点。

N. 捕捉到节点：可捕捉点对象，此功能对于捕捉用 DIVIDE 和 MEASURE 命令插入的点对象特别有用。

O. 捕捉到最近点：捕捉在一个对象上离光标最近的点。

P. 无捕捉：不使用任何对象捕捉模式，即暂时关闭对象捕捉模式。

Q. 对象捕捉设置：单击该按钮，系统弹出图 3.1.4 所示的"对象捕捉"选项卡。

2. 使用捕捉快捷菜单命令来进行对象捕捉

在绘图时，当系统要求用户指定一个点时，可按 Shift 键（或 Ctrl 键）并同时在绘图区右击，系统弹出图 3.1.5 所示的对象捕捉快捷菜单。在该菜单上选择需要的捕捉命令，再把光标移到要捕捉对象的特征点附近，即可以选择现有对象上的所需特征点。

在对象捕捉快捷菜单中，除 `点过滤器(T)` ▶ 子命令外，其余各项都与"对象捕捉"选项卡中的各种捕捉按钮相对应。

图 3.1.4 "对象捕捉"选项卡

图 3.1.5 对象捕捉快捷菜单

有时读者在使用对象捕捉功能时无法找到想要的特殊位置点，出现这个问题的主要原因是没有在对象捕捉选项卡中设置特殊点为对象捕捉的特殊位置点，这时需要打开图 3.1.4 所示的对话框进行相应的设置即可。

3. 使用捕捉字符命令来进行对象捕捉

在绘图时，当系统要求用户指定一个点时，可输入所需的捕捉命令的字符，再把光标移到要捕捉对象的特征点附近，即可以选择现有对象上的所需特征点。各种捕捉命令字符见表 3.1.1。

表 3.1.1 捕捉命令字符列表

捕捉类型	对应命令	捕捉类型	对应命令
临时追踪点	TT	捕捉自	FROM
端点捕捉	END	中点捕捉	MID
交点捕捉	INT	外观交点捕捉	APPINT
延长线捕捉	EXT	圆心捕捉	CEN
象限点捕捉	QUA	切点捕捉	TAN
垂足捕捉	PER	捕捉平行线	PAR
插入点捕捉	INS	捕捉最近点	NEA

4. 使用自动捕捉功能来进行对象捕捉

在绘图过程中，如果每当需要在对象上选取特征点时，都要先选择该特征点的捕捉命令，这会使工作效率大大降低。为此，AutoCAD 系统提供了对象捕捉的自动模式。

要设置对象自动捕捉模式，可先在图 3.1.4 所示的"草图设置"对话框的 对象捕捉 选项卡中，选中所需要的捕捉类型复选框，然后选中 ☑ 启用对象捕捉 (F3)(O) 复选框，单击对话框的 确定 按钮即可。如果要退出对象捕捉的自动模式，可单击屏幕下部状态栏中的 ▢（对象捕捉）按钮（或者按 F3 键）使其关闭，或者按 Ctrl + F 键也能使 ▢（对象捕捉）按钮关闭。

 ▢ 按钮的特点是单击显亮，再单击则熄灭，显亮为开启状态（自动捕捉功能为有效状态），熄灭为关闭状态（自动捕捉功能为无效状态）。另外，状态栏中的其他按钮▦（捕捉模式）、▦（栅格显示）、▢（正交模式）、▨（极轴追踪）、▨（对象捕捉追踪）、▨（允许/禁止动态 UCS）、╋（动态输入）、╋（显示/隐藏线宽）、▢（快捷特性）、▨（选择循环）和 ✚（注释监视器）也都具有这样的特点。

设置自动捕捉模式后，当系统要求用户指定一个点时，把光标放在某对象上，系统便会自动捕捉到该对象上符合条件的特征点，并显示出相应的标记，如果光标在特征点处多停留一会，还会显示该特征点的提示，这样用户在选点之前，只需先预览一下特征点的提示，然后再确认就可以了。

上面介绍了四种捕捉方法，其中前三种方法（使用捕捉工具栏命令按钮、使用捕捉快捷菜单命令和使用捕捉字符命令）为覆盖捕捉模式（一般可称为手动捕捉），其根本特点是一次捕捉有效；最后一种方法（自动捕捉）为运行捕捉模式，其根本特点是系统始终处于所设置的捕捉运行状态，直到关闭它们为止。自动捕捉固然方便，但如果对象捕捉处的特征点太多，也会造成不便，此时就需采用手动捕捉的方法捕捉到所要的特征点。

3.1.3 使用对象捕捉操作实战案例 01——圆公切线

本案例首先绘制两个大小位置均不同的圆，然后利用对象捕捉功能与直线命令绘制圆的公切线。绘制流程如图 3.1.6 所示。

步骤 01 打开随书光盘文件 D:\cadxc15\work\ch03.01\绘制圆公切线-ex.dwg。

步骤 02 确认状态栏中的 ▢（对象捕捉）和 ▨（对象捕捉追踪）按钮处于显亮状态。

步骤 03 选择下拉菜单 绘图(D) ➡ 圆(C) ➡ 圆心、半径(R) 命令，在系统提示下选取图 3.1.6a 所示的点 1，然后在命令行 指定圆的半径或 [直径(D)]: 的提示下输入数值 30 并按 Enter 键结束操作。

选取点 1

a)

b)

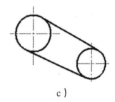

c)

图 3.1.6 绘制圆公切线

步骤 04 参照上一步，绘制第二个圆，圆的半径值为 25，完成如图 3.1.6a 所示。

步骤 05 选择下拉菜单 绘图(D) ➡ 直线(L) 命令。

步骤 06 在命令行 命令: _line 指定第一点: 的提示下，采用下面四种操作方法之一可捕捉圆的切点作为直线起点。

◆ 使用捕捉工具栏命令按钮来捕捉圆的切点：右击状态栏中的 (对象捕捉) 按钮，从弹出的快捷菜单中选中 切点 命令，然后把鼠标光标移到圆弧上附近，系统立即在圆上显示一个黄色小圆的捕捉标记和 "切点" 提示，如图 3.1.7a 所示，这表明系统已经准确地捕捉到了圆弧切点，此时只需单击鼠标的左键，便可获得此圆的切点并将其作为直线的起点，如图 3.1.7b 所示。

递延切点

a) 显示捕捉标记和提示

b) 直线起点为圆的切点

图 3.1.7 捕捉切点 1

◆ 使用捕捉快捷菜单命令选项来捕捉圆的切点：按下 Shift 键不放，同时在绘图区右击，系统则弹出 "对象捕捉" 快捷菜单，在此快捷菜单中选择 切点(G) 命令，然后把鼠标光标移到圆附近，当出现黄色小圆的捕捉标记和 "递延切点" 提示时，单击即可。

◆ 使用捕捉命令的字符来捕捉圆的切点：在命令行输入 TAN 命令字符并按 Enter 键，然后把鼠标光标移到圆附近，当出现黄色小圆的捕捉标记和 "递延切点" 提示时，单击即可。

◆ 使用自动捕捉功能来捕捉圆的切点：将鼠标光标移至状态栏中的 ▣ （对象捕捉）按钮上右击，从弹出的快捷菜单中选择 设置(S)... 命令，此时系统弹出图 3.1.4 所示的 "草图设置" 对话框。单击 全部清除 按钮，然后选中 ○ ☑ 切点(N) 复选框，选中 ☑ 启用对象捕捉 (F3)(O) 复选框，单击对话框中的 确定 按钮，系统返回到绘图区，然后把鼠标光标移到圆附近，当出现黄色小圆的捕捉标记和 "递延切点" 提示时，单击即可。

（步骤 07） 在命令行 指定下一点或 [放弃(U)]: 的提示下，捕捉另一圆的切点并将其作为直线的终点，按 Enter 键结束直线命令，效果如图 3.1.6b 所示。

（步骤 08） 参照 （步骤 05）、（步骤 06）与（步骤 07）的步骤，创建圆的另外一条公切线，完成如图 3.1.6c 所示。

3.1.4 使用对象捕捉操作实战案例 02——门上装饰

本案例主要利用矩形、直线与对象捕捉命令来绘制门上装饰。绘制流程如图 3.1.8 所示。

本案例详细操作过程请参见随书光盘中 video\ch03.01\文件下的语音视频讲解文件 "门上装饰.exe"。

a)

b)

c)

图 3.1.8　门上装饰

3.2 使用捕捉、栅格和正交

3.2.1 使用捕捉和栅格

在 AutoCAD 绘图中，使用捕捉和栅格功能，就像使用坐标纸一样，可以采用直观的距离和位置参照进行图形的绘制，从而提高绘图效率。栅格的间距和捕捉的间距可以独立地设置，但它们的值通常是有关联的。

◆ 捕捉：用于设定鼠标光标一次移动的间距。

◆ 栅格：由规则的点阵图案组成，使用这些栅格类似于在一张坐标纸上绘图。虽然参照栅格在屏幕上可见，但不会作为图形的一部分被打印出来。栅格点只分布在图形界限内，有助于将图形边界可视化、对齐对象，以及使对象之间的距离可视化。用户可根据需要打开和关闭栅格，也可在任何时候修改栅格的间距。

要注意本节中的"捕捉"与上节中的"对象捕捉"的区别。这是两个不同的概念，本节中的"捕捉"是控制鼠标光标在屏幕上移动的间距，使鼠标光标只能按设定的间距跳跃着移动；而"对象捕捉"是指捕捉对象的中点、端点和圆心等特征点。

在使用捕捉和栅格功能前，有必要先对一些相关的选项进行设置。当选择下拉菜单 `工具(T)` ➡ `绘图设置(F)...` 命令时，系统会弹出"草图设置"对话框，在该对话框的 `捕捉和栅格` 选项卡中可以对相关选项进行设置。

1. 使用捕捉

打开或关闭捕捉功能的操作方法是：单击屏幕下部状态栏中的 ▦ 按钮。

▦ （捕捉模式）按钮显亮时，为捕捉模式打开状态，即该模式起作用的状态，此时如果移动鼠标光标，光标不会连续平滑地移动，而是跳跃着移动。

打开或关闭"捕捉"功能还有四种方法。

方法一：按 F9 键。

方法二：按 Ctrl + B 键。

方法三：选择下拉菜单 `工具(T)` ➡ `绘图设置(F)...` 命令，系统弹出"草图设置"对话框，在 `捕捉和栅格` 选项卡中选择或取消选中 `☑启用捕捉 (F9)(S)` 复选框。

方法四：在命令行中输入 SNAP 命令后按 Enter 键，系统命令行提示图 3.2.1 所示的信息，选择其中的 `[开(ON)` 或 `关(OFF)` 选项。

```
命令: snap
指定捕捉间距或 [开(ON)/关(OFF)/纵横向间距(A)/样式(S)/类型(T)] <10.0000>: ◀ ▶
```

图 3.2.1　命令行提示

2. 使用栅格

打开或关闭栅格功能的操作方法是：单击屏幕下部状态栏中的 ▦ （栅格显示）按钮使其显亮，便可看到屏幕上的图形界限内布满栅格点；如果看不见栅格点，可将视图放大，或将 捕捉和栅格 选项卡中的 栅格 X 轴间距 (N): 和 栅格 Y 轴间距 (I): 文本框中的值调大一些。

打开或关闭"栅格"功能还有四种方法。

方法一：按 F7 键。

方法二：按 Ctrl + G 键。

方法三：选择下拉菜单 工具(T) ➡ ⎗ 绘图设置(F)... 命令，系统弹出"草图设置"对话框，在 捕捉和栅格 选项卡中选择或取消选中 ☑ 启用栅格 (F7)(G) 复选框。

方法四：在命令行中输入 GRID 命令后按 Enter 键，选择其中的 [开(ON)或 关(OFF)]选项。

3.2.2 使用正交模式

在绘图过程中，有时需要只允许鼠标光标在当前的水平或竖直方向上移动，以便快速、准确地绘制图形中的水平线和竖直线。在这种情况下，可以使用正交模式。在正交模式下，只能绘制水平或垂直方向的直线。

打开或关闭正交模式的操作方法是：单击屏幕下部状态栏中的 ⌐ （正交模式）按钮，⌐ 按钮显亮时，为正交模式打开状态，即该模式起作用的状态。

打开或关闭"正交"功能还有三种方法。

方法一：按 F8 键。

方法二：按 Ctrl + L 键。

方法三：在命令行中输入 ORTHO 命令后按 Enter 键。

注意：在"正交"模式下，如果在命令行中输入坐标或使用对象捕捉，系统将忽略正交设置。当启用等轴测捕捉和栅格后，光标的移动将限制于当前等轴测平面内和正交等同的方向上。

3.2.3 使用捕捉栅格和正交操作实战案例——隔套

本案例主要利用捕捉和栅格命令来绘制隔套。绘制流程如图 3.2.2 所示。

本案例详细操作过程请参见随书光盘中 video\ch03.02\文件下的语音视频讲解文件"隔套.exe"。

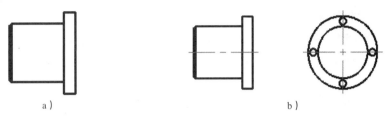

a)   b)

图 3.2.2 隔套

3.3 使用自动追踪

3.3.1 设置自动追踪选项

使用自动追踪功能可以帮助用户通过与前一点或与其他对象的特定关系来创建对象,从而快速、精确地绘制图形。自动追踪功能包括极轴追踪和对象捕捉追踪。

使用自动追踪功能前,需对相关的选项进行设置。选择下拉菜单 工具(T) ➡ ☑ 选项(N)… 命令后,系统弹出图 3.3.1 所示的"选项"对话框,在该对话框的 绘图 选项卡的 AutoTrack 设置 选项组中可进行设置。

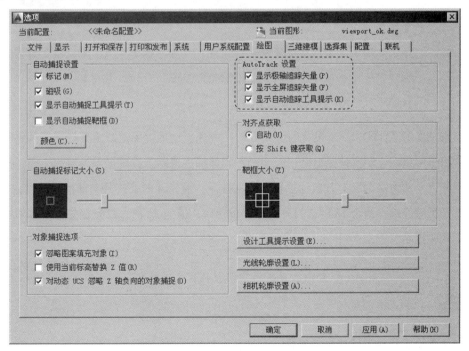

图 3.3.1 "选项"对话框

图 3.3.1 所示的"选项"对话框的 `AutoTrack 设置` 选项组中的选项说明如下。

◆ `☑ 显示极轴追踪矢量(P)` 复选框：用于设置是否显示极轴追踪的矢量，追踪矢量是一条无限长的辅助线。

◆ `☑ 显示全屏追踪矢量(F)` 复选框：用于设置是否显示全屏追踪的矢量。

◆ `☑ 显示自动追踪工具栏提示(K)` 复选框：用于设置在追踪特征点时是否显示提示文字。

3.3.2 使用极轴追踪

1. 极轴追踪的概念及设置

当绘制或编辑对象时，极轴追踪有助于按相对于前一点的特定距离和角度增量来确定点的位置。打开极轴追踪后，当命令行提示指定第一个点时，在绘图区指定一点；当命令行提示指定下一点时，绕前一点转动光标，即可按预先设置的角度增量显示出经过该点且与 X 轴成特定角度的无限长的辅助线（这是一条虚线），此时就可以沿辅助线追踪得到所需的点。打开极轴追踪功能的操作方法是单击屏幕下部状态栏中的 `⌖`（极轴追踪）按钮，使其显亮。

打开"极轴追踪"功能还有三种方法。

方法一：按 F10 键进行切换。

方法二：在"草图设置"对话框的 `极轴追踪` 选项卡中，选中 `☑ 启用极轴追踪 (F10)(P)` 复选框。

方法三：利用系统变量进行设置，设置系统变量 AUTOSNAP 的值为 8，其操作方法是在命令行输入 AUTOSNAP 并按 Enter 键，然后输入数值 8 再按 Enter 键。

当系统变量 AUTOSNAP 设置的值为 0 时，关闭自动捕捉标记、工具栏提示和磁吸，当然也关闭极轴追踪、对象捕捉追踪以及极轴和物体捕捉追踪工具栏提示；值为 1 时，打开自动捕捉标记；值为 2 时，打开自动捕捉工具栏提示；值为 4 时，打开自动捕捉磁吸；值为 8 时，打开极轴追踪；值为 16 时，打开对象捕捉追踪；值为 32 时，打开极轴追踪和对象捕捉追踪工具栏提示。

AutoCAD 有很多系统变量可以对系统进行相应的设置，其他系统变量的设置方法与系统变量 AUTOSNAP 的设置方法相类似。

如果要设置极轴追踪的相关参数，可在状态栏中的 `⌖`（极轴追踪）按钮上右击，从快捷菜单中选择 `正在追踪设置...` 命令，系统弹出"草图设置"对话框，在该对话框的 `极轴追踪` 选项

卡中进行设置，如图 3.3.2 所示。

　　"正交模式"和"极轴追踪"不可同时使用。如果 (极轴追踪) 按钮显亮，则 (正交模式) 按钮自动关闭。如果又使 (正交模式) 按钮显亮，则 (极轴追踪) 按钮自动关闭。另外，如果用户要沿着特定的角度只追踪一次，可在命令行提示指定下一点时，输入由左尖括号 "<" 引导的角度值。此时光标将锁定在该角度线上，用户可指定该角度线上的任何点，在指定点后，光标可任意移动。

图 3.3.2 所示的 极轴追踪 选项卡中的主要选项功能说明如下。

◆ ☑ 启用极轴追踪 (F10)(P) 复选框：打开/关闭极轴追踪。

图 3.3.2　"极轴追踪"选项卡

◆ 极轴角设置 选项组：用于设置极轴角度。

● 增量角(I)：下拉列表框：指定角度增量值。

● ☑ 附加角(D) 复选框：在系统预设的角度不能满足需要的情况下，设置附加角度值。

● 新建(N) 按钮：在"附加角"列表中增加新角度。可按用户的需要添加任意数量的附加角度。系统将只是沿着特定的附加角度进行追踪，而不是按照该角度的附加增量追踪。

● 删除 按钮：在"附加角"列表中删除已有的角度。

◆ 极轴角测量 选项组：用于设置极轴追踪对齐角度的测量基准。

- ● ⊙绝对(A) 单选项：基于当前 UCS 确定极轴追踪角度。
- ● ⊙相对上一段(R) 单选项：在绘制直线或多段线时，可基于所绘制的上一线段确定极轴追踪角度。
- ◆ 对象捕捉追踪设置 选项组：用于设置对象捕捉追踪选项，详见4.1.1 小节。

> 如果输入负角度，则通过 360°加这个负角度将其转换为 0°~360°范围内的正角度。

2. 极轴追踪举例说明

建议先打开随书光盘文件 D:\cadxc15\work\ch03.03\ploar.dwg。

现在要创建图 3.3.3 所示的一条直线，先确认 🔲 （极轴追踪）按钮被显亮。选择 绘图(D)
➡ 直线(L) 命令并指定第一点后，在系统提示输入直线的下一点时，将"皮筋线"移动至水平线附近，系统便追踪到 0°位置并显示一条极轴追踪虚线，同时显示当前光标位置点与前一点的关系提示 范围: 86.8685 < 0° 。该提示的含义是当前光标位置点与 A 点间的距离为 86.8685，光标位置点和 A 点的连线与 X 轴的夹角为 0°，如图 3.3.3 所示。由于图 3.3.2 中的 增量角(I) 值默认为 90，所以如果继续移动"皮筋线"，系统还可以捕捉到参考角为 90°倍数的位置线，如 90°、180°、270°等。在所需的极轴追踪虚线上的某位置点单击，便可选择该点。

绘制此直线　　　此虚线为极轴追踪虚线

范围: 86.8685 < 0°

图 3.3.3　极轴追踪举例

3.3.3　使用对象捕捉追踪

1. 对象捕捉追踪的概念及设置

对象捕捉追踪是指按与对象的某种特定关系来追踪点。一旦启用了对象捕捉追踪，并设置了一个或多个对象捕捉模式（如圆心、中点等），当命令行提示指定一个点时，将光标移至要追踪的对象上的特征点（如圆心、中点等）附近并停留片刻（不要单击），便会显示特征点的捕捉标记和提示，绕特征点移动光标，系统会显示追踪路径，可在路径上选择一点。

打开或关闭"对象捕捉追踪"功能的操作方法是：单击屏幕下部状态栏中的 🔲 （对象捕捉追踪）按钮，该按钮显亮时，则"对象捕捉追踪"功能为"打开"状态。

打开"对象捕捉追踪"功能还有三种方法。

方法一：按 F11 键可以切换此功能的"开"和"关"状态。

方法二：将 AUTOSNAP 的系统变量值设置为 16。

方法三：在"草图设置"对话框的 对象捕捉 选项卡中，选择 ☑ 启用对象捕捉追踪 (F11)(K) 复选框。

在"草图设置"对话框的 极轴追踪 选项卡中， 对象捕捉追踪设置 选项组的各选项意义如下。

◆ ⊙ 仅正交追踪(L) 单选项：可在启用对象捕捉追踪时，只显示获取的对象捕捉点的正交（水平／垂直）对象捕捉追踪路径，即 90°、180°、270°、360°方向的追踪路径。

◆ ⊙ 用所有极轴角设置追踪(S) 单选项：可以将极轴追踪设置应用到对象捕捉追踪，即系统将按获取的对象捕捉点的极轴对齐角度进行追踪。

2. 对象捕捉追踪举例说明

建议先打开随书光盘文件 D:\cadxc15\work\ch03.03\track.dwg。

首先将 □ 和 ∠ 按钮都按下。在图 3.3.4 中已提前创建了一个圆弧，如果要创建一条直线，输入直线命令后，在系统提示指定第一点时，将鼠标光标移至圆对象的端点附近等待片刻，当显示"端点"提示时，表示端点已被自动捕捉到，此时再慢慢地向右水平移动鼠标光标，系统即显示一条对象捕捉追踪虚线，并同时显示当前光标位置点与圆对象之间的特定关系 端点: 67.4930 < 0° ，即光标点和圆心的连线与 X 轴的角度为 0°，且光标点与圆心间的距离为 67.4930。如果将图 3.3.2 中的 增量角(I): 的数值修改为 15，并且选中 ⊙ 用所有极轴角设置追踪(S) 单选项，则对象捕捉追踪的参考角为 15°的倍数，如 15°、30°、45°、60°等。沿某一追踪路径移动光标并在所需位置点单击，便可选择该点。

◆ 对象捕捉追踪是追踪当前光标位置点与某个对象的特定关系，而极轴追踪是追踪当前光标位置点与前一个已经指定的点的关系。

◆ 对象捕捉追踪可以同时追踪当前光标位置点与多个对象的关系。

◆ 对象捕捉追踪和极轴追踪可以同时使用。

此虚线为对象捕捉追踪虚线

端点: 67.4930 < 0°

图 3.3.4 对象捕捉追踪举例

3.3.4　使用自动追踪操作实战案例——三级刀开关

本案例主要利用上面所学的自动追踪方法来绘制三级刀开关。绘制流程如图 3.3.5 所示。

本案例详细操作过程请参见随书光盘中 video\ch03.03\文件下的语音视频讲解文件"三级刀开关.exe"。

图 3.3.5　三级刀开关

3.4　本章综合实战案例

3.4.1　本章综合实战案例 01——机械零件图

本案例主要利用对象捕捉功能运用直线、圆与圆弧命令绘制机械零件图。绘制流程如图 3.4.1 所示。

本案例详细操作过程请参见随书光盘中 video\ch03.04\文件下的语音视频讲解文件"机械零件图.exe"。

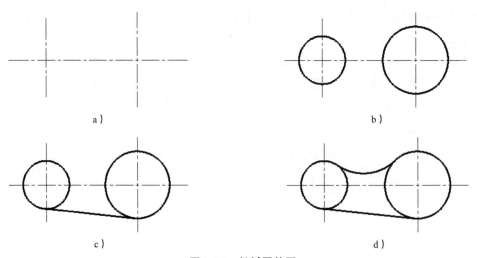

图 3.4.1　机械零件图

3.4.2 本章综合实战案例 02——座椅

本案例主要利用对象捕捉与对象捕捉追踪功能运用直线与圆弧命令绘制座椅，读者要重点掌握使用对象捕捉追踪功能的技巧。此案例的绘制流程如图 3.4.2 所示。

本实例详细操作过程请参见随书光盘中 video\ch03.04\文件下的语音视频讲解文件"座椅.exe"。

图 3.4.2 座椅

3.5 思考与练习

1. 在 AutoCAD 2015 中，使用哪些方法可以实现精确绘图?

2. 在"草图设置"对话框中，如何进行"捕捉和栅格""极轴追踪"和"对象捕捉"的设置?

3. "捕捉模式"和"对象捕捉"有什么区别?

4. 使用"对象捕捉追踪"和"对象捕捉"功能，绘制图 3.5.1 所示的图形。

图 3.5.1 绘制图形

第 4 章 高级绘图

4.1 绘制多段线

4.1.1 多段线基本概念及操作

多段线是由一系列直线段、弧线段相互连接而形成的图元。多段线与其他对象（如单独的直线、圆弧和圆）不同，它是一个整体并且可以有一定的宽度，宽度值可以是一个常数，也可以沿着线段的长度方向进行变化。

系统为多段线提供了单个直线所没有的编辑功能，例如用户可以使用 PEDIT 命令对其进行编辑，或者使用 EXPLODE 命令将其转换成单独的直线段和弧线段。

1. 绘制普通直线段多段线

下面以图 4.1.1 所示为例，说明绘制普通多段线的一般过程。

步骤 01 选择多段线命令。选择下拉菜单 绘图(D) ➡ 多段线(P) 命令。

　　　　进入多段线的绘制命令还有两种方法，即单击"多段线"按钮 或在命令行中输入 PLINE 命令后按 Enter 键。

步骤 02 指定多段线的第一点。在命令行 指定起点： 的提示下，将光标置于图 4.1.2 所示的第一位置点 A 处并单击。

图 4.1.1 普通多段线

图 4.1.2 操作过程

步骤 03 指定多段线的第二点。系统命令行提示图 4.1.3 所示的信息，将鼠标光标移至第二位置点 B 处，然后单击。

图 4.1.3 命令行提示 1

图 4.1.3 中的第一行说明当前绘图宽度为 0.0000，该值为上次执行 PLINE 命令后设定的宽度值。

步骤 04 指定多段线的第三点。系统命令行提示图 4.1.4 所示的信息，将鼠标光标移至第三位置点 C 处，然后单击。

当前线宽为 0.0000
指定下一个点或 [圆弧(A)/半宽(H)/长度(L)/放弃(U)/宽度(W)]:
指定下一点或 [圆弧(A)/闭合(C)/半宽(H)/长度(L)/放弃(U)/宽度(W)]: ◀ ▶

图 4.1.4　命令行提示 2

图 4.1.4 所示的命令行提示中的选项说明如下。

◆ 圆弧(A)选项：切换到多段线圆弧模式以绘制圆弧段。该命令提供了一系列与 ARC 命令相似的选项。

◆ 闭合(C)选项：系统将以当前模式绘制一条线段（从当前点到所绘制的第一条线段的起点）来封闭多段线。

◆ 半宽(H)选项：通过提示用户指定多段线的中线到其边沿的距离（半个线宽）来指定下一个线段的宽度。用户可分别设置起点处的线宽和端点处的线宽来创建一个线宽逐渐变化的多段线。此后，系统将使用上一个线段的末端点的宽度来绘制后面的线段，除非用户再次更改宽度。

◆ 长度(L)选项：绘制特定长度的线段，以上一个线段的角度方向继续绘制线段。

◆ 放弃(U)选项：删除多段线的上一段。

◆ 宽度(W)选项：与 半宽(H) 选项不同的是，要求指定下一个线段的整个宽度。

步骤 05 按 Enter 键结束操作。至此完成图 4.1.1 所示的普通多段线绘制。

2. 绘制带圆弧的多段线

在绘制多段线过程中，当选取了 圆弧(A) 选项时，多段线命令将切换到圆弧模式，在该模式下，新的多段线的线段将按圆弧段来创建，圆弧的起点是上一线段的端点。在默认情况下，通过指定各弧段的端点来绘制圆弧段，并且绘制的每个后续圆弧段与上一个圆弧或线段相切。下面介绍几种常用的绘制方法。

方法一：指定端点绘制带圆弧的多段线。

下面说明图 4.1.5 所示的带圆弧多段线的绘制过程。

步骤 01 选择多段线命令。选择下拉菜单 绘图(D) ➡ 多段线(P) 命令。

步骤 02 指定多段线的第一点 A；指定多段线的第二点 B；在命令行中输入字母 A 后按

Enter 键，再指定圆弧段的端点 C；在命令行中输入字母 L 后按 Enter 键，再指定直线段的端点 D；在命令行中输入字母 A 后按 Enter 键，再指定圆弧段的端点 A；按 Enter 键结束多段线绘制。

方法二：指定角度绘制带圆弧的多段线。

下面说明图 4.1.6 所示的利用角度绘制带圆弧多段线的操作过程。

步骤 01 选择下拉菜单 绘图(D) ➡ 多段线(P) 命令。

步骤 02 指定多段线的第一点 A；指定多段线的第二点 B。

图 4.1.5　指定圆弧的端点

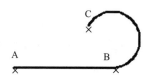

图 4.1.6　指定圆弧的角度

步骤 03 指定多段线的圆弧。

（1）在命令行中输入字母 A 后按 Enter 键；命令行提示图 4.1.7 所示的信息，输入字母 A 后按 Enter 键。

图 4.1.7　命令行提示

图 4.1.7 所示命令行提示中各选项的说明如下。

◆ **角度(A)**选项：指定包含角。

◆ **圆心(CE)**选项：指定圆弧段的圆心。

◆ **闭合(CL)**选项：通过绘制一个圆弧段来封闭多段线。

◆ **方向(D)**选项：指定圆弧段与上一个线段相切的起始方向。

◆ **半宽(H)**选项：指定半线宽。

◆ **直线(L)**选项：切换到多段线直线模式，可以绘制直线段多段线。

◆ **半径(R)**选项：指定圆弧段的半径。

◆ **第二个点(S)**选项：指定圆弧将通过的另外两点。

◆ **放弃(U)**选项：删除上一段多段线。

◆ **宽度(W)**选项：指定多段线下一段的整个线宽。

（2）在命令行 指定夹角: 的提示下，输入角度值 240 后按 Enter 键；命令行提示 指定圆弧的端点或 [圆心(CE)/半径(R)]:，可根据此提示中的不同选项进行操作。

◆ 执行 指定圆弧的端点 选项：直接将鼠标光标移至圆弧的端点处并单击。

◆ 执行 圆心(CE) 选项：输入 CE 并按 Enter 键，然后在命令行 指定圆弧的圆心: 的提示下，将鼠标光标移至图 4.1.8 中的圆心 C 处并单击。

◆ 执行 半径(R) 选项：输入 R 并按 Enter 键，然后在命令行 指定圆弧的半径: 的提示下输入圆弧的半径值，再在 指定圆弧的弦方向 <0>: 的提示下，将鼠标光标移至图 4.1.9 所示的方位并单击。

步骤 04 按 Enter 键结束操作，至此完成带圆弧的多段线绘制。

图 4.1.8　指定圆弧的圆心　　　　　图 4.1.9　指定圆弧的弦方向

方法三：指定圆心绘制带圆弧的多段线。

此方法需先选取 圆心(CE) 选项，指定圆弧段的圆心，然后再指定圆弧的角度、弦长或端点。例如，在图 4.1.10 中是指定角度创建圆弧，在图 4.1.11 中是指定弦长创建圆弧。

图 4.1.10　指定圆弧的角度　　　　　图 4.1.11　指定圆弧的弦长

方法四：绘制以圆弧闭合的多段线。

此方法需选取 闭合(CL) 选项，通过绘制一个圆弧段来封闭多段线。例如，图 4.1.12 中的封闭圆弧为 AC 段。

方法五：指定方向绘制带圆弧的多段线。

此方法先选取 方向(D) 选项，指定圆弧段与上一个线段相切的起始方向，然后再指定端点。例如，在图 4.1.13 中是指定方向 D 创建圆弧。

图 4.1.12　以圆弧闭合的多段线　　　　　图 4.1.13　指定圆弧的方向

方法六：指定半宽绘制带圆弧的多段线。

即选取 半宽(H) 选项指定半线宽。下面以图 4.1.14 所示的多段线为例，说明其绘制过程。

步骤 01 选择下拉菜单 绘图(D) ➡ 多段线(P) 命令。

步骤 02 指定多段线的第一点 A；在命令行中输入字母 H 后按 Enter 键。设置半宽会遇到下列两种情况。

情况一：等宽度，即起点和端点（末点）的宽度相同，如图 4.1.14 所示。

情况二：变宽度，即起点和端点（末点）的宽度不相同，如图 4.1.15 所示。

图 4.1.14　等宽度

图 4.1.15　变宽度

步骤 03 指定圆弧的端点 C。

步骤 04 按 Enter 键完成多段线的绘制。

方法七：指定半径绘制带圆弧的多段线。

下面以图 4.1.16 所示的多段线为例，说明其绘制过程。

步骤 01 选择下拉菜单 绘图(D) ➡ 多段线(P) 命令。

步骤 02 指定多段线的第一点 A、第二点 B。

步骤 03 定义多段线的圆弧。在命令行中输入字母 A 后按 Enter 键；在命令行中输入字母 R 后按 Enter 键；在命令行 指定圆弧的半径: 的提示下输入半径值 20 后按 Enter 键；命令行提示 指定圆弧的端点或 [角度(A)]:，根据此提示中的不同选项进行操作。

◆ 直接将鼠标光标移至圆弧的端点 C 处并单击，完成效果如图 4.1.16 所示。

◆ 输入 A 并按 Enter 键，然后在 指定包含角: 的提示下，输入角度值 -270 后按 Enter 键，在 指定圆弧的弦方向 <0>: 的提示下，绕圆弧起点移动光标并在所需方位单击，完成效果如图 4.1.17 所示。

步骤 04 按 Enter 键结束操作。

图 4.1.16　指定半径绘制多段线

图 4.1.17　指定半径绘制多段线

方法八：指定第二点绘制带圆弧的多段线。

选择下拉菜单 绘图(D) ➡ 多段线(P) 命令；依次选取图 4.1.18 所示的 A 点、B 点为多段线上的两点；在命令行中输入字母 A 后按 Enter 键，再输入字母 S 后按 Enter 键，选取点 C 为圆弧上的第二点，选取点 D 为圆弧端点；按 Enter 键结束命令。

方法九：指定宽度绘制带圆弧的多段线。操作方法参见"指定半宽绘制带圆弧的多段线"。

图 4.1.18　指定两点绘制多段线

3. 绘制闭合的多段线

图 4.1.19 所示的闭合的多段线的绘制过程为：选择下拉菜单 绘图(D) ➡ 多段线(P) 命令，依次指定多段线的三个点 A、B、C，再输入字母 C 后按 Enter 键，系统将会自动闭合多段线。

4. 指定长度绘制多段线

图 4.1.20 所示的多段线的绘制过程为：选择下拉菜单 绘图(D) ➡ 多段线(P) 命令；指定多段线的第一点 A；在命令行中输入字母 L 后按 Enter 键，在 指定直线的长度: 的提示下，输入长度值 20 后按 Enter 键（得到线段 AB）；在命令行中输入字母 L 后按 Enter 键，输入长度值 60 后按 Enter 键（得到线段 BC）；按 Enter 键结束操作。

图 4.1.19　绘制闭合的多段线

图 4.1.20　指定长度绘制多段线

5. 指定宽度绘制多段线

即指定多段线的宽度，如图 4.1.21 和图 4.1.22 所示。相关操作参见"指定半宽绘制带圆弧的多段线"。

图 4.1.21　等宽度

图 4.1.22　变宽度

4.1.2　编辑多段线

用户可以用 PEDIT 命令对多段线进行各种形式的编辑，既可以编辑一条多段线，也可以同时编辑多条多段线，下面将分别进行介绍。

1. 闭合多段线

闭合（C）多段线，即在多段线的起始端点到最后一个端点之间绘制一条多段线的线段。下面以图 4.1.23 所示为例，说明多段线闭合的操作过程。

步骤 01 打开随书光盘文件 D:\cadxc15\work\ch04.01\pedit1.dwg。

步骤 02 选择下拉菜单 修改(M) ➡ 对象(O) ▶ ➡ ✐ 多段线(P) 命令。

步骤 03 选择多段线。命令行提示 选择多段线或 [多条(M)]: ，用鼠标选取要编辑的多段线。

步骤 04 闭合多段线。在命令行中输入字母 C 后按 Enter 键。

步骤 05 按 Enter 键结束多段线的编辑操作。

a)"闭合"前　　　　　　　图 4.1.23　闭合多段线　　　　　b)"闭合"后

2. 打开多段线

打开（O）多段线，即删除多段线的闭合线段。下面以图 4.1.24 所示为例，说明将多段线打开的操作过程。

步骤 01 打开随书光盘文件 D:\cadxc15\work\ch04.01\pedit2.dwg。

步骤 02 选择下拉菜单 修改(M) ➡ 对象(O) ▶ ➡ ✐ 多段线(P) 命令。

步骤 03 选择多段线。

步骤 04 在命令行中输入字母 O 后按 Enter 键；按 Enter 键结束操作。

a)"打开"前　　　　　　　图 4.1.24　打开多段线　　　　　b)"打开"后

3. 合并多段线

合并（J）多段线，即连接多段线、圆弧和直线以形成一条连续的二维多段线。注意所选的多段线必须是开放的多段线。假如要合并对象的端点与所选多段线的端点不重合，就要用多选的方法。此时，如果给定的模糊距离可以将端点包括在内，则可以将不相接的多段线合并。模糊距离是指两端点相距的最大距离，在此距离范围内的两端点可以连接。下面以图

4.1.25 和图 4.1.26 所示为例，说明合并多段线的一般操作过程。

步骤 01 打开随书光盘文件 D:\cadxc15\work\ch04.01\pedit3.dwg。

步骤 02 选择下拉菜单 修改(M) ➡ 对象(O)▶ ➡ ✎ 多段线(P) 命令。

步骤 03 选择多段线。将鼠标光标移至图 4.1.25a 所示的多段线上并单击。

步骤 04 合并多段线。

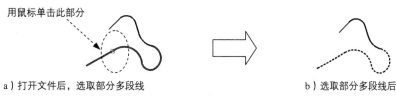

a) 打开文件后，选取部分多段线　　　　　　　b) 选取部分多段线后

图 4.1.25　打开文件并选择部分多段线

（1）在命令行中输入字母 J 后按 Enter 键。

（2）在命令行 选择对象: 的提示下，将鼠标光标移至图 4.1.26a 所示的位置并单击，按 Enter 键结束选择。

步骤 05 按 Enter 键结束操作。

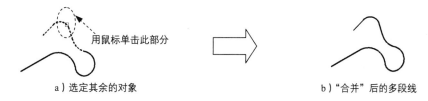

a) 选定其余的对象　　　　　　　　　　　b) "合并" 后的多段线

图 4.1.26　合并多段线

4.1.3　多段线操作实战案例——浴缸

本案例主要利用多段线、椭圆与圆命令来绘制浴缸。绘制流程如图 4.1.27 所示。

本案例详细操作过程请参见随书光盘中 video\ch04.01.03\文件下的语音视频讲解文件"浴缸.exe"。

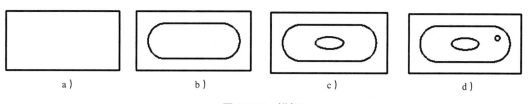

a)　　　　　　　b)　　　　　　　c)　　　　　　　d)

图 4.1.27　浴缸

4.2 绘制多线

4.2.1 多线基本概念及操作

1. 设置多线样式

由于在绘制多线后，多线的属性无法更改，所以在绘制多线前需先设置多线的样式。下面通过图 4.2.1a 所示的图形（由基础样式创建的图形）为例，说明绘制图 4.2.1b 所示（使用新建的多线样式绘制的图形）的多线的一般操作步骤：

a）基础样式   b）新建样式

图 4.2.1 绘制多线

步骤 01 打开文件 D:\cadxc15\work\ch04.02\Part_temp_A3.dwg。

步骤 02 选择下拉菜单 格式(O) ➡ 多线样式(M) 命令，系统弹出"多线样式"对话框。

"多线样式"对话框中各选项说明如下。

◆ 当前多线样式:STANDARD 区域：显示当前使用的多线样式名为 STANDARD。

◆ 样式(S) 区域：在其下的列表中显示当前文件中所有的多线样式。

◆ 置为当前(U) 按钮：单击该按钮，可将选中的多线样式设置为当前使用的多线样式。

◆ 新建(N)... 按钮：单击该按钮，以选中的多线样式为基础，新建一个多线样式。

◆ 修改(M)... 按钮：单击该按钮，可对选中的多线样式进行编辑。

◆ 重命名(R) 按钮：单击该按钮，可对选中的多线样式修改名称。

◆ 删除(D) 按钮：单击该按钮，可删除当前选中的多线样式。

◆ 加载(L)... 按钮：单击该按钮，可加载一个硬盘上现有的多线样式。

◆ 保存(A)... 按钮：单击该按钮，可将选中的多线样式保存在硬盘上。

◆ 说明 区域：在其下的区域中可显示选中多线样式中的说明。

◆ 预览:STANDARD 区域：在其下的区域中显示当前选中多线样式的预览效果。

步骤 03 在"多线样式"对话框 样式(S) 下的列表中选择 STANDARD 选项，单击 新建(N)... 按钮。

步骤 04 在系统弹出的"创建新的多线样式"对话框 新样式名(N) 文本框中输入新建样式名称"AAA"，单击 继续 按钮，系统弹出"新建多线样式：AAA"对话框。

"新建多线样式：AAA"对话框中各选项说明如下。

◆ 说明(P) 文本框：在该文本框中可对多线样式添加文字说明。

◆ 封口 区域：可使用该区域中的选项，对多线样式设置不同的封口样式。

◆ 直线(L):选项：封口样式使用直线，如图 4.2.2a 所示。

◆ 外弧(O):选项：封口样式使用外侧弧，如图 4.2.2b 所示。

◆ 内弧(R):选项：封口样式使用最内侧弧，如图 4.2.2c 所示。

◆ 角度(N):选项：封口样式使用带角度，如图 4.2.2d 所示。

◆ 填充区域：可在该区域 填充颜色(F) 下拉列表中选择一种颜色作为多线填充色，如图 4.2.2e 所示。

◆ 显示连接(J):复选框：选中其后的复选框，在创建带拐角的多线时会自动在顶点处显示一条连接线，如图 4.2.2f 所示。

a) 直线封口　　　　　　　b) 外弧封口　　　　　　　c) 内弧封口

d) 角度封口（45° 直线封口）　　　e) 填充（无封口）　　　f) 显示连接（无封口）

图 4.2.2　多线样式

◆ 图元(E)区域：在其下的列表中显示组成多线的属性，包含图元的偏移、颜色及线形。

◆ 添加(A) 按钮：单击该按钮，可在 图元(E) 下的列表中添加一种图元。当选中的图元位于列表中最上端，则在其下方添加一种图元，若选中的图元位于列表中的其他位置，则会在选中图元的上端添加一种图元。当设置了偏移值后，添加的图元会根据设置的偏移量进行排序。

◆ 删除(D) 按钮：单击该按钮，可删除当前选中的图元。

◆ 偏移(S)文本框：在该文本框中可设置当前选中图元的偏移值。

◆ 颜色(C)下拉列表：可在该下拉列表中选择一种颜色用以设置选中的图元的颜色。

◆ 线型选项：单击其后的 线型(T) 按钮，在系统弹出的"选择线型"对话框中可设置选中的图元的线型。

步骤 05 单击 添加(A) 按钮，在 图元(E) 下的列表中添加一种新的图元。

步骤 06 设置新图元的属性。在 图元(E) 下的列表中选择步骤 5 中添加的图元，在 偏移(S) 的文本框中输入新图元的偏移值 0，在 颜色(C)后的下拉列表中选择"绿"选项，单击 线型 后的 线型(T) 按钮，在系统弹出的"选择线型"对话框中选择线型为 CENTER2，单击 确定 按钮，完成线型的设置，其他参数使用系统默认设置。

步骤 07 在"新建多线样式：AAA"对话框中单击 <u>确定</u> 按钮，返回至"多线样式"对话框，在 <u>样式(S):</u> 下的列表中选择 **AAA** 选项，此时会在 <u>预览: AAA</u> 下的区域中显示样式 **AAA** 的预览效果。

步骤 08 单击 <u>置为当前(U)</u> 按钮，将样式 **AAA** 设置为当前使用的多线样式，单击 <u>确定</u> 按钮，关闭"多线样式"对话框。

2. 绘制多线

多线样式设置后，就可使用当前多线样式绘制多线。下面就以图 4.2.3 所示的多线为例讲解其绘制的一般过程。

步骤 01 选择多线命令。选择下拉菜单 <u>绘图(D)</u> ➡ <u>多线(U)</u> 命令，在命令行中显示图 4.2.4 所示的提示。

 或者在命令行中输入字母 ML 后按 Enter 键。

图 4.2.3　绘制多线

图 4.2.4　命令提示

步骤 02 定义对正方式。

（1）在命令行中输入字母 J 并按 Enter 键。

（2）在命令行 <u>输入对正类型 [上(T)/无(Z)/下(B)] <上>:</u> 的提示下输入字母 Z（选择对正类型为"无"）并按 Enter 键。

 根据多线的绘制过程，从左至右绘制水平的多线时，光标在上为上对正（图 4.2.5a），光标在下为下对正（图 4.2.5b），光标在中为无对正（图 4.2.5c）。

步骤 03 定义多线比例。在命令行 <u>指定起点或 [对正(J)/比例(S)/样式(ST)]:</u> 的提示下输入字母 S 并按两次 Enter 键，输入比例值 20 后再按 Enter 键。

a）上对正　　　　　　　　b）下对正　　　　　　　　c）无对正

图 4.2.5　对正类型

比例是为多线样式中设定的上下两个图元偏移值之和的倍数,当多线的比例为 1.0 时,所绘制的多线的宽度为多线样式中设定的上下两个图元偏移值之和。

步骤 04 绘制多线。依次单击图 4.2.3 所示的点 A、点 B 和点 C,按下 Enter 键结束绘制。

4.2.2 编辑多线

在我们绘制多线后,往往还需要进行编辑,可在"多线编辑工具"对话框中选择编辑方法。

可使用下列方法激活多线编辑命令,打开"多线编辑工具"对话框:

◆ 选择下拉菜单 修改(M) ➡ 对象(O) ➡ 多线(M)... 命令。

◆ 双击要编辑的多线。

◆ 在命令行中输入命令 MLEDIT 并按下 Enter 键。

下面将分别介绍几种编辑多线的方法。

1. 多线的十字编辑工具

步骤 01 打开文件 D:\cadxc15\work\ch04.02\mline_edit.dwg。

步骤 02 选择命令。选择下拉菜单 修改(M) ➡ 对象(O) ➡ 多线(M)... 命令,系统弹出 "多线编辑工具"对话框。

步骤 03 选择编辑方法。在对话框中单击"十字闭合"按钮,关闭"多线编辑工具"对话框。

步骤 04 选取编辑对象。在命令行 选择第一条多线: 的提示下选取图 4.2.6a 所示的多线 1,在命令行 选择第二条多线: 的提示下选取图 4.2.6a 所示的多线 2,单击 Enter 键完成编辑,结果如图 4.2.6b 所示。

在选取要编辑的多线对象时,先选取的为被修剪的多线。

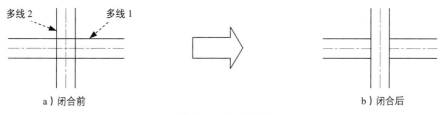

a) 闭合前   b) 闭合后

图 4.2.6 十字闭合

图 4.2.7b 所示为"十字打开"后的结果，图 4.2.8b 所示为"十字合并"后的结果。

a）打开前　　　　　　　　　　　　　　　　　　　　b）打开后

图 4.2.7　十字打开

a）合并前　　　　　　　　　　　　　　　　　　　　b）合并后

图 4.2.8　十字合并

2. 多线的 T 形编辑工具

步骤 01　打开文件 D:\cadxc15\work\ch04.02\mline_edit.dwg。

步骤 02　选择命令。选择下拉菜单 修改(M) ➡ 对象(O) ➡ 多线(M)... 命令，系统弹出 "多线编辑工具"对话框。

步骤 03　选择编辑方法。在对话框中单击"T 形闭合"按钮，关闭"多线编辑工具"对话框。

步骤 04　选取编辑对象。在命令行 选择第一条多线: 的提示下选取图 4.2.9a 所示的多线 1，在命令行 选择第二条多线: 的提示下选取图 4.2.9a 所示的多线 2，单击 Enter 键完成编辑，结果如图 4.2.9b 所示。

在选择要编辑的多线对象时，先选择的为被修剪的多线。

a）闭合前　　　　　　　　　　　　　　　　　　　　b）闭合后

图 4.2.9　T 形闭合

图 4.2.10b 所示的为"T 形打开"后的结果,图 4.2.11b 所示的为"T 形合并"后的结果。

a)打开前   b)打开后

图 4.2.10   T 形打开

a)合并前   b)合并后

图 4.2.11   T 形合并

3. 多线的角点编辑工具

使用"角点编辑工具"编辑多线有角点结合、添加顶点和删除顶点三种方式,下面将分别介绍。

第一种:角点结合。

步骤 01 打开文件 D:\cadxc15\work\ch04.02\mline_edit.dwg。

步骤 02 选择命令。选择下拉菜单 修改(M) ➡ 对象(O) ➡ 多线(M)... 命令,系统弹出 "多线编辑工具"对话框。

步骤 03 选择编辑方法。在对话框中单击"角点结合"按钮,关闭"多线编辑工具"对话框。

步骤 04 选取编辑对象。在命令行 选择第一条多线: 的提示下选取图 4.2.12a 所示的多线 1,在命令行 选择第二条多线: 的提示下选取图 4.2.12a 所示的多线 2,单击 Enter 键完成编辑,结果如图 4.2.12b 所示。

在选择要编辑的多线对象时,光标选择的一侧为结合后保留的部分。

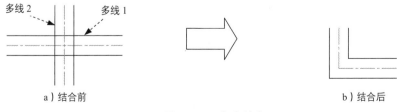

多线 2   多线 1

a)结合前   b)结合后

图 4.2.12   角点结合

第二种：添加顶点。

在选择"添加顶点"方式后单击图 4.2.13a 所示的多段上的点 A，按 Enter 键结束命令；然后再选中多线，将多线上的点 A 移动至图 4.2.13b 所示的点 B 即可为多线添加顶点。

第三种：删除顶点。

在选择"删除顶点"方式后单击图 4.2.14a 所示的多线上的 A 点，然后按 Enter 键结束命令，结果如图 4.2.14b 所示。

图 4.2.13 添加顶点

图 4.2.14 删除顶点

4. 多线的剪切工具

使用"剪切工具"编辑多线有单个剪切、全部剪切和全部接合三种方式，下面将分别介绍。

第一种：单个剪切。

单个剪切就是删除多线单个图元上两点之间的部分。在选择"单个剪切"方式后单击图 4.2.15a 所示的多线上的点 A 和点 B，此时点 A 和点 B 之间的部分被移除，如图 4.2.15b 所示。

图 4.2.15 单个剪切

第二种：全部剪切。

全部剪切就是删除多线上两点之间的部分。在选择"全部剪切"方式后单击图 4.2.16a 所示的多线上的点 A 和点 B，此时点 A 和点 B 之间的部分被移除，如图 4.2.16b 所示。

图 4.2.16 全部剪切

第三种：全部接合。

全部接合就是将使用单个剪切或全部剪切后断开的多线重新接合在一起。在选择"全部剪切"方式后单击图 4.2.17a 所示的多线上的点 A 和点 B，此时点 A 和点 B 之间的部分重新接合在一起，如图 4.2.17b 所示。

图 4.2.17　全部接合

4.2.3　多线操作实战案例——墙体

本案例主要利用多线与多线编辑命令来绘制墙体。绘制流程如图 4.2.18 所示。

本案例详细操作过程请参见随书光盘中 video\ch04.02\文件下的语音视频讲解文件"墙体.exe"。

图 4.2.18　墙体

4.3　绘制样条曲线

4.3.1　样条曲线基本概念及操作

样条曲线是由一组点定义的光滑曲线，是一种拟合曲线。在 AutoCAD 中，样条曲线的类型是非均匀有理 B 样条（NURBS）。这种类型的曲线适宜于表达具有不规则变化曲率半径的曲线，例如，船体和手机的轮廓曲线、机械图形的断面及地形外貌轮廓线等。绘制样条曲线常用的方法有如下几种。

1. 指定点创建样条曲线

用指定的点创建样条曲线。

方法一：创建"闭合"样条曲线。

下面以图 4.3.1 所示的样条曲线为例，说明绘制"闭合"样条曲线的创建过程。

步骤 **01** 选择样条曲线命令。选择下拉菜单 绘图(D) ➡ 样条曲线(S) 命令。

进入样条曲线的绘制命令还有两种方法，即单击"样条曲线"按钮 ∿ 或输入 SPLINE 命令后按 Enter 键。

步骤 02 指定样条曲线的各点。依次指定 A、B、C、D 四个位置点。

步骤 03 闭合样条曲线。

（1）在命令行 指定下一点或 [闭合(C)/拟合公差(F)] <起点切向>： 的提示下，输入字母 C 后按 Enter 键。

（2）命令行提示 指定切向： ，将鼠标光标置于图 4.3.2 所示的第六位置点 E 并单击。

图 4.3.1　创建"闭合"样条曲线

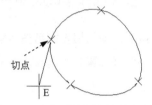

图 4.3.2　指定切向

　　方法二：设置拟合公差创建样条曲线。

　　即以现有点根据新公差重新定义样条曲线。如果公差值为 0，则样条曲线通过拟合点；如果公差值大于 0，则样条曲线将在指定的公差范围内通过拟合点。用户可以重复更改拟合公差。下面以图 4.3.3 和图 4.3.4 所示为例，说明其操作过程。

步骤 01 在 常用 选项卡下的 绘图 面板中单击"样条曲线"按钮 ∿ 。

步骤 02 指定样条曲线的各点。依次选择 A、B、C、D 四个位置点。

步骤 03 设置拟合公差值。

（1）在命令行中输入字母 F 后按 Enter 键。

（2）命令行提示 指定拟合公差<0.0000>： ，此时依次输入公差值将会出现不同的情况。

情况一：拟合公差值为 0。在命令行中输入 0 后按 Enter 键，效果如图 4.3.3 所示。

情况二：拟合公差值大于 0。在命令行中输入的公差值大于 0，效果如图 4.3.4 所示。

步骤 04 完成样条曲线绘制。按三次 Enter 键或按三次空格键以结束操作。

图 4.3.3　拟合公差值为 0

图 4.3.4　拟合公差值大于 0

方法三：指定起点和端点创建样条曲线。

下面以图 4.3.5 和图 4.3.6 所示为例，说明指定起点和端点创建样条曲线的操作过程。

步骤01 在 常用 选项卡下的 绘图 面板中单击"样条曲线"按钮 ～ 。

步骤02 指定样条曲线的各点。依次选择样条曲线的 A、B、C、D 四个位置点。

步骤03 定义样条曲线的起点和端点切向。

（1）在 指定下一点或 [闭合(C)/拟合公差(F)] <起点切向> : 的提示下，按 Enter 键。

（2）在 指定起点切向 : 的提示下，在 E 点处单击。

（3）在 指定端点切向 : 的提示下，在图 4.3.6 中的 F 点处单击，至此完成操作。

图 4.3.5 指定起点切向

图 4.3.6 指定端点切向

2. 指定对象创建样条曲线

可以将二维或三维的二次或三次样条拟合多段线转换成等价的样条曲线。样条曲线与样条拟合多段线相比，具有如下优点。

（1）样条曲线占用磁盘空间较小。

（2）样条曲线比样条拟合多段线更精确。

下面以图 4.3.7 所示为例，说明用指定对象的方法创建样条曲线的操作过程。

步骤01 打开随书光盘文件 D:\cadxc15\work\ch04.03\spline4.dwg。此多段线已"拟合样条化"，如图 4.3.7a 所示。

步骤02 在 常用 选项卡下的 绘图 面板中单击"样条曲线"按钮 ～ 。

步骤03 将多段线转换成样条曲线。

　　　　将样条拟合多段线转换为样条曲线后，将丢失所有宽度信息。样条曲线对象不如多段线灵活多变，用户无法拉伸或分解样条曲线，或将两个样条曲线合并。

（1）在命令行中输入字母 O（执行 对象(O) 选项）后按 Enter 键。

（2）在命令行 选择对象 : 的提示下，单击选择多段线；按 Enter 键完成绘制。

a）"拟合样条化"后的多段线　　　　　　　　b）转换后的样条曲线

图 4.3.7　指定对象创建样条曲线

4.3.2　样条曲线的编辑

在 AutoCAD 中，可以用标准的修改对象的命令对样条曲线进行如复制、旋转、拉伸、缩放、打断或修剪等一般的编辑操作，但是如果要修改已存在的样条曲线的形状，则需要使用 SPLINEDIT 命令，执行该命令后，系统命令行提示图 4.3.8 所示的信息。

图 4.3.8　命令行提示

4.3.3　样条曲线操作实战案例——花瓶

本案例主要利用样条曲线与直线命令来绘制花瓶。绘制流程如图 4.3.9 所示。

本案例详细操作过程请参见随书光盘 video\ch04.03\文件下的语音视频讲解文件"花瓶.exe"。

a）　　　　　　b）　　　　　　c）　　　　　　d）

e）　　　　　　f）　　　　　　g）

图 4.3.9　花瓶

4.4 面域

4.4.1 面域基本概念及操作

面域是一种具有封闭线框的平面区域。面域总是以线框的形式显示，所以从外观来看，面域和一般的封闭线框没有区别，但从本质上看，面域是一种面对象，除了包括封闭线框外，还包括封闭线框内的平面，所以可以对面域进行交、并、差的布尔运算。

可以将封闭的线框转换为面域，这些封闭的线框可以是圆、椭圆、封闭的二维多段线或封闭的样条曲线等单个对象，也可以是由圆弧、直线、二维多段线、椭圆弧和样条曲线等对象构成的复合封闭对象。在创建面域时，如果将系统变量 DELOBJ 的值设置为 1，在完成面域后，系统会自动删除封闭线框；如果将其值设置为 0，在完成面域后，系统则不会删除封闭线框。

下面以图 4.4.1 所示为例，说明面域创建过程。在本例中，假设外面的五边形是用多段线命令（PLINE）绘制的封闭图形，长方形是用矩形命令（RECTANG）绘制的封闭图形，椭圆是使用椭圆命令（ellipse）绘制的封闭图形。

图 4.4.1　面域创建举例

步骤 01 打开随书光盘文件 D:\cadxc15\work\ch04.04\region.dwg。

步骤 02 选择下拉菜单 绘图(D) ➡ ◎ 面域(N) 命令。

步骤 03 在命令行 选择对象: 的提示下，框选图 4.4.1 中的所有图元，按 Enter 键结束选取。系统在命令行提示 已创建 4 个面域。，这表明系统已经将四个封闭的图形转化为四个面域了。

进入面域的绘制命令还有两种方法，即单击"面域"按钮◎或在命令行输入 REGION 命令并按 Enter 键。

4.4.2 面域的布尔运算

布尔运算是数学中的一种逻辑运算，在 AutoCAD 中,布尔运算包括并集、交集、差集三种，下面将分别介绍其操作的一般方法。

1. 并集运算

并集运算是指将两个或多个实体或面域组合成一个新的复合实体。在图 4.4.2 中，三个圆形面域相交，下面以此为例来说明并集运算操作。

步骤 01 打开随书光盘上的文件 D:\cadxc15\work\ch04.04\union.dwg。

步骤 02 选择下拉菜单 修改(M) ➡ 实体编辑(N)▶ ➡ 并集(U) 命令。

> 也可以在命令行中输入 UNION 命令后按 Enter 键。

步骤 03 在 选择对象: 的提示下，选取图 4.4.2a 所示的 3 个圆。

步骤 04 按 Enter 键结束对象选择。系统开始进行并集运算，结果如图 4.4.2b 所示。

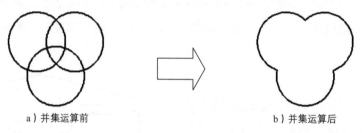

a）并集运算前　　　　　　　　　　b）并集运算后

图 4.4.2　并集运算

2. 差集运算

差集运算是指从选定的面域中减去另一些面域，从而得到一个新面域。图 4.4.3 所示的差集运算的操作过程为：选择下拉菜单 修改(M) ➡ 实体编辑(N)▶ ➡ 差集(S) 命令，选择图 4.4.3a 所示的圆 1 为要从中减去的面域对象，按 Enter 键，选择图 4.4.3a 所示的圆 2 为要减去的面域对象，按 Enter 键结束此命令后，结果如图 4.4.3b 所示。

a）差集运算前　　　　　　　　　　b）差集运算后

图 4.4.3　差集运算

3. 交集运算

交集运算是指创建一个由两个或多个相交面域的公共部分形成的面域。图 4.4.4 所示的交集运算的操作过程为：选择下拉菜单 修改(M) ➡ 实体编辑(N)▶ ➡ 交集(I) 命令，选取图 4.4.4a 所示的 3 个圆，按 Enter 键结束命令，结果如图 4.4.4b 所示。

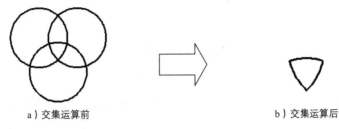

a）交集运算前　　　　　　　　　　　　b）交集运算后

图 4.4.4　交集运算

4.4.3　面域操作实战案例——扳手

本案例主要利用矩形、圆、多边形、面域与布尔运算命令绘制图 4.4.5 所示的扳手。

本案例布尔运算操作的详细操作过程请参见随书光盘中 video\ch04.04.03\文件下的语音视频讲解文件"扳手.exe"。

a）　　　　　　　　　　　　　　　　　　b）

c）

图 4.4.5　扳手

4.5　图案填充

4.5.1　图案填充基本概念及操作

在 AutoCAD 中，图案填充是指用某个图案来填充图形中的某个封闭区域，以表示该区域的特殊含义。例如在机械制图中，图案填充用于表达一个剖切的区域，并且不同的图案填充表达不同的零部件或者材料。下面以图 4.5.1 所示为例，说明创建图案填充的操作过程。

a）填充之前　　　　　　　　　　b）填充之后

图 4.5.1　图案填充

步骤 01 打开随书光盘文件 D:\cadxc15\work\ch04.05\bhatch1.dwg。

步骤 02 选择下拉菜单 绘图(D) ➡ 图案填充(H) 命令，系统弹出图 4.5.2 所示的"图案填充创建"选项卡。

进入图案填充的绘制命令还有两种方法，即单击"图案填充"按钮⬚或输入命令 BHATCH 后按 Enter 键。

图 4.5.2 "图案填充创建"选项卡

步骤 03 进行图案填充。

（1）定义图案填充样例。在"图案填充创建"选项卡内单击[　选项 ▾　]后的按钮⬚（或在命令行中输入字母 T 并按 Enter 键），系统弹出图 4.5.3 所示的"图案填充和渐变色"对话框，单击 样例 后的按钮[////////]，在系统弹出的"填充图案选项板"对话框中选择图4.5.4 所示的选项，单击[　确定　]按钮。

（2）定义填充图案比例。在 比例(S): 后的文本框中输入填充图案的比例值 30.0。

（3）定义填充边界。在对话框 边界 区域中单击 添加:拾取点(K) 按钮➕，系统会切换到绘图区中，然后在命令行 拾取内部点或 [选择对象(S)/设置(T)]: 的提示下，在封闭多边形内任意选取一点。

（4）按 Enter 键结束填充边界的选取，完成图案填充。

图 4.5.3 "图案填充和渐变色"对话框

图 4.5.4　"填充图案选项板"对话框

图 4.5.3 所示的"图案填充和渐变色"对话框的功能说明如下。

➢ 图案填充 选项卡：用于设置填充图案的相关参数。

◆ 类型和图案 选项组：用于设置填充图案的类型。

◆ 类型(Y): 下拉列表：用于选择填充图案的类型。该下拉列表中有三种类型，分别是 预定义、用户定义 和 自定义。在该下拉列表中选择 预定义 类型时，可使用系统预定义的填充图案类型；选择 用户定义 类型，用户可以定义一组平行直线组成的填充图案（这种图案经常用于机械制图中的剖面线）；选择 自定义，则表示将用预先创建的图案进行填充。

● 图案(P): 下拉列表：用于选择填充的具体图案。如果填充图案的名称是以 ISO 开头，则该图案是针对米制图形所设计的填充图案。也可以单击相邻的按钮 ，系统弹出图 4.5.4 所示的"填充图案选项板"对话框，从对话框中选择所需要的图案。

● 样例: 预览框：用于显示当前的填充图案的样式。

● 自定义图案(M): 下拉列表：用于确定用户自定义的填充图案。当 类型(Y) 下拉列表选用"自定义"的填充图案类型时，此下拉列表才有效。用户既可以在此选择自定义图案，也可单击相邻的按钮 ，从系统弹出的对话框中选择所需要的图案。

◆ 角度和比例 选项组：用于设置填充图案的角度和比例因子。

● 角度(G): 下拉列表：用于设置当前填充图案的旋转角度，默认的旋转角度为零。注意系统是按逆时针方向测量角度，若要沿顺时针方向旋转填充图案，需要输入一个负值。

● 比例(S): 下拉列表：用于设置当前填充图案的比例因子。若比例值大于 1，则放大填充图案；若比例值小于 1，则缩小填充图案。

- ☑ 双向(U) 复选框：在 图案填充 选项卡的 类型(Y): 下拉列表中选择"用户定义"选项时，如果选中该复选框，则可以使用两组相互垂直的平行线填充图形，否则为一组平行线。

- 间距(C): 文本框：用于设置图案的平行线之间的距离。当 类型(Y): 下拉列表选用"用户定义"的填充图案类型时，该选项有效。注意：如果比例因子或间距数值太小，则整个填充区域就会像用实心填充图案一样进行填充；如果比例因子或间距数值太大，则图案中的图元之间的距离太远，可能会导致在图形中不显示填充图案。

- ISO 笔宽(O): 下拉列表：用于设置笔的宽度值，当填充图案采用 ISO 图案时，该选项可用。

◆ 图案填充原点 选项组：用于设置图案填充原点。

- ○ 使用当前原点(T) 单选项：使用当前原点。

- ◉ 指定的原点 单选项：使用指定的原点。

- 单击以设置新原点 前的按钮 🔲：单击该按钮，返回至绘图区，可选取一点来设置新的原点。

- ☑ 默认为边界范围(X) 复选框：边界范围有 左下 、 右下 、 右上 、 左上 和 正中 五种类型。

- ☐ 存储为默认原点(F) 复选框：将在图像区选取的填充原点存储为默认填充原点。

◆ 边界 选项组：用于设置图案填充的边界。

- 添加:拾取点 按钮 🔲：单击该按钮，系统自动切换到图形界面，可在图形中的某封闭区域内单击任意一点，系统则自动判断包含此点的填充边界及边界内部的孤岛，继续在另外的封闭区域内单击，系统又自动判断相应的边界。

- 添加:选择对象 按钮 🔲：单击该按钮，系统自动切换到图形界面，可在图形中选取一个或多个封闭图元，并对其进行填充。采用这种方式填充时，系统不会自动检测内部对象，因此需同时选取填充边界及其内部对象，才能以指定样式填充孤岛。

- 删除边界(D) 按钮 🔲：当选取点方式填充时，单击该按钮可以从边界定义中删除以前添加的任何对象。

- 重新创建边界(R) 按钮 ⚒：单击该按钮将为删除边界的填充图案重新创建填充边界。

- 查看选择集(V) 按钮 🔍：单击该按钮将隐藏对话框，可以查看已定义的填充边界。

- 继承特性 按钮 🖌：根据已有的图案填充对象，设置将要进行的图案填充方式。

◆ 选项 选项组：用于设置填充对象的相对位置和边界的显示效果，当选中 ☑注释性(N)ⓘ 复选框时所添加的图案填充具有注释性。

◆ 孤岛 选项组：用于设置孤岛的填充方式。

以普通方式填充时，如果填充区域内有文字一类的特殊对象，并且在选择填充边界时也选择了它们，则在填充时，图案在这类对象处会自动断开，使得这些对象更加清晰，如图 4.5.5 所示。

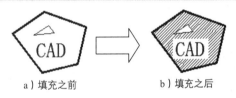

a）填充之前   b）填充之后

图 4.5.5   包含特殊对象

◆ 边界保留 选项组：选中该选项组中的 ☑保留边界(S) 复选框，系统将填充边界以对象的形式保留，并可从 对象类型 下拉列表选择保留对象的类型是多段线还是面域。

◆ 边界集 选项组：用于确定以选取点方式填充图形时，系统将根据哪些对象来定义填充边界。默认时，系统是根据当前视口中的可见对象来确定填充边界的，也可单击该选项组中的"新建"按钮 🔍，切换到绘图区选择对象，则 边界集 下拉列表中将显示为"现有集合"。

◆ 允许的间隙 选项组：将几乎封闭的一个区域的一组对象视为闭合的边界来进行填充。

◆ 继承选项 选项组。

- ⦿ 使用当前原点 单选项：使用当前原点。

- ○ 使用源图案填充的原点 单选项：使用源图案填充的原点。

◆ 预览 按钮：用于预览填充后的效果。

◆ 渐变色 选项卡：利用该选项卡，可以使用一种或者两种颜色形成的渐变色来填充图形。

4.5.2 图案填充的编辑

在创建图案填充后，可以根据需要随时修改填充图案或修改图案区域的边界（可通过单击边界，然后编辑其上的夹点来修改边界）。下面以图 4.5.6 所示为例，说明其操作步骤。

步骤01 打开随书光盘文件 D:\cadxc15\work\ch04.05\hatchedit.dwg。

步骤02 选择下拉菜单 修改(M) ➡ 对象(O)▶ ➡ 图案填充(H)... 命令。

 说明 还可以在命令行中输入 HATCHEDIT 命令后按 Enter 键，或双击图案填充对象。

步骤03 编辑图案填充。

（1）在命令行 选择图案填充对象: 的提示下，将鼠标光标移至填充图案上并单击，系统弹出"图案填充编辑"对话框。

（2）在 图案填充 选项卡中单击 图案(P): 旁边的下拉列表框 ▼ 按钮，选择 SOLID 选项，在 样例下拉列表中选择"黄色"，然后单击对话框中的 确定 按钮。至此完成图案填充的编辑。

a）修改前

b）修改后

图 4.5.6　编辑图案填充

4.5.3 图案填充操作实战案例 01——给奥运五环上色

本案例主要利用图案填充命令来给奥运五环上色。填充完成如图 4.5.7 所示。

本案例详细操作过程请参见随书光盘中 video\ch04.05\文件下的语音视频讲解文件"给奥运五环上色.exe"。

4.5.4 图案填充操作实战案例 02——轴套

本案例主要利用图案填充命令来创建轴套剖面线。填充完成如图 4.5.8 所示。

本案例详细操作过程请参见随书光盘中 video\ch04.05\文件下的语音视频讲解文件"轴套.exe"。

图 4.5.7　给奥运五环上色

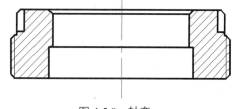

图 4.5.8　轴套

4.6　本章综合实战案例

4.6.1　本章综合实战案例 01——八卦图

本案例主要利用对象捕捉功能运用圆弧、圆与图案填充命令绘制八卦图，在绘制此图形时，准确绘制中间的两端圆弧是难点。绘制流程如图 4.6.1 所示。

本案例详细操作过程请参见随书光盘中 video\ch04.06\文件下的语音视频讲解文件"八卦图.exe"。

a ）　　　　　　　　b ）　　　　　　　　c ）　　　　　　　　d ）

图 4.6.1　八卦图

4.6.2　本章综合实战案例 02——滚花零件

本案例主要利用直线、多段线、样条曲线与图案填充命令绘制滚花零件，在绘制此图形时，多段线的绘制具有一定的技巧性，希望读者仔细体会。绘制流程如图 4.6.2 所示。

本案例详细操作过程请参见随书光盘中 video\ch04.06\文件下的语音视频讲解文件"滚花零件.exe"。

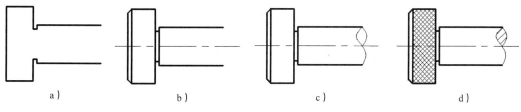

a ）　　　　　　　　b ）　　　　　　　　c ）　　　　　　　　d ）

图 4.6.2　滚花零件

4.6.3 本章综合实战案例 03——雨伞

本案例主要利用样条曲线、圆弧、多段线、直线与圆弧命令绘制雨伞，在绘制此图形时，利用多段线的线宽功能绘制伞的伞尖和伞把具有一定的技巧性，希望读者仔细体会。绘制流程如图 4.6.3 所示。

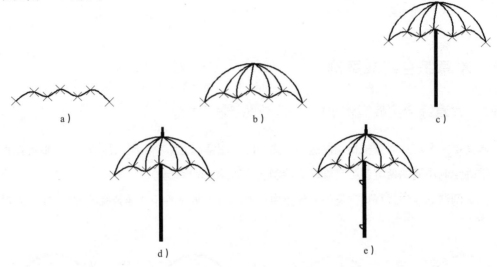

图 4.6.3　雨伞

本案例详细操作过程请参见随书光盘中 video\ch04.06\文件下的语音视频讲解文件"雨伞.exe"。

4.7　思考与练习

1. 在本章中主要讲解了哪几种复杂二维图形的创建方法？分别举出一个例子。

2. 在 AutoCAD 2015 中，如何编辑样条曲线？

3. 用本章所学的内容，绘制图 4.7.1 所示的楼梯。

图 4.7.1　楼梯

第 5 章　AutoCAD 的层功能

5.1　创建和设置图层

5.1.1　概述

图层是 AutoCAD 系统提供的一个管理工具，它的应用使得一个 AutoCAD 图形好像是由多张透明的图纸重叠在一起而组成的，用户可以通过图层来对图形中的对象进行归类处理。例如，在机械、建筑等工程制图中，图形中可能包括基准线、轮廓线、虚线、剖面线、尺寸标注以及文字说明等元素。如果用图层来管理它们，不仅能使图形的各种信息清晰、有序，便于观察，而且也会给图形的编辑、修改和输出带来方便。

AutoCAD 中的图层具有以下特点。

- ◆ 在一幅图中可创建任意个图层，并且每一图层上的对象数目也没有任何限制。
- ◆ 每个图层都有一个名称。开始绘制新图时，系统自动创建层名为 0 的图层。同时只要图或块中有标注，系统就会出现设置标注点的 Defpoints 层，但是画在该层的图形只能在屏幕上显示，而不能打印。其余图层需由用户创建。
- ◆ 只能在当前图层上绘图。
- ◆ 各图层具有相同的坐标系、绘图界限及显示缩放比例。
- ◆ 可以对各图层进行不同的设置，以便对各图层上的对象同时进行编辑操作。
  - ● 对于每一个图层，可以设置其对应的线型和颜色等特性。
  - ● 可以对各图层进行打开、关闭、冻结、解冻、锁定与解锁等操作，以决定各图层的可见性与可操作性。
- ◆ 可以把图层指定为"打印"或"不打印"图层。

5.1.2　创建新图层

在绘制一个新图时，系统会自动创建层名为 0 的图层，这也是系统的默认图层。如果用户要使用图层来组织自己的图形，就需要先创建新图层。

选择下拉菜单 格式(O) ➡ 图层(L)... 命令 (或者输入 LAYER 命令)，系统弹出图 5.1.1 所示的"图层特性管理器"对话框。单击"新建图层"按钮，在图层列表中出现一个名

称为 图层1 的新图层，默认情况下，新建图层与当前图层的状态、颜色、线型及线宽等设置相同。在创建了图层后，可以单击图层名，然后输入一个新的有意义的图层名称，输入的名称中不能包含<>∧"∶∶? *|、、=等字符，另外也不能与其他图层重名。

图 5.1.1　"图层特性管理器"对话框

5.1.3　设置颜色

设置图层的颜色实际上是设置图层中图形对象的颜色。可以对不同的图层设置不同的颜色（当然也可以设置相同的颜色），这样在绘制复杂的图形时，就可以通过不同的颜色来区分图形的每一部分。

在默认情况下，新创建图层的颜色被设为 7 号颜色（7 号颜色为白色或黑色，这由背景色决定，如果背景色设置为白色，则图层颜色就为黑色；如果背景色设置为黑色，则图层颜色就为白色）。

如果要改变图层的颜色，可在"图层特性管理器"对话框中单击该图层的"颜色"列中的图标■，系统弹出"选择颜色"对话框，在该对话框中，可以使用 索引颜色 、真彩色 和 配色系统 三个选项卡为图层选择颜色。

- ◆ 索引颜色 选项卡：是指系统的标准颜色（ACI 颜色）。在 ACI 颜色表中包含 256 种颜色，每一种颜色用一个 ACI 编号（1~255 之间的整数）标识。

- ◆ 真彩色 选项卡：真彩色使用 24 位颜色定义显示 16M 色彩。指定真彩色时，可以从"颜色模式"下拉列表中选取 RGB 或 HSL 模式。如果使用 RGB 颜色模式，可以指定颜色的红、绿、蓝组合；如果使用 HSL 颜色模式，则可以指定颜色的色调、饱和度及亮度要素。

- ◆ 配色系统 选项卡：该选项卡中的 配色系统(B) 下拉列表提供了 11 种定义好的色库列表，

从中选择一种色库后，就可以在下面的颜色条中选择需要的颜色。

5.1.4 设置线型

"图层线型"是指图层上图形对象的线型，如虚线、点画线、实线等。在使用 AutoCAD 系统进行工程制图时，可以使用不同的线型来绘制不同的对象以便于区分，还可以对各图层上的线型进行不同的设置。

1. 设置已加载线型

在默认情况下，图层的线型设置为 Continuous（实线）。要改变线型，可在图层列表中单击某个图层"线型"列中的 **Continuous** 字符，系统弹出图 5.1.2 所示的"选择线型"对话框。在 已加载的线型 列表框中选择一种线型，然后单击 确定 按钮。

2. 加载线型

如果已加载的线型不能满足用户的需要，则可进行"加载"操作，将新线型添加到"已加载的线型"列表框中。此时需单击 加载(L)... 按钮，系统弹出图 5.1.3 所示的"加载或重载线型"对话框，从当前线型文件的线型列表中选择需要加载的线型，然后单击 确定 按钮。

图 5.1.2 "选择线型"对话框   图 5.1.3 "加载或重载线型"对话框

AutoCAD 系统中的线型包含在线型库定义文件 acad.1in 和 acadiso.1in 中。在英制测量系统下，使用线型库定义文件 acad.1in；在米制测量系统下，使用线型库定义文件 acadiso.1in。如果需要，也可在"加载或重载线型"对话框中单击 文件(F)... 按钮，从弹出的"选择线型文件"对话框中选择合适的线型库定义文件。

3. 设置线型比例

对于非连续线型（如虚线、点画线、双点画线等），由于受图形尺寸的影响较大，图形的尺寸不同，在图形中绘制的非连续线型外观也将不同，因此可以通过设置线型比例来改变非连续线型的外观。

选择下拉菜单 格式(O) ➡ 线型(N)... 命令，系统弹出图 5.1.4 所示的"线型管理器"对话框，可从中设置图形中的线型比例。在对话框中的线型列表中选择某一线型后，可单击 显示细节(D) 按钮，即可在展开的 详细信息 选项组中设置线型的 全局比例因子(G): 和 当前对象缩放比例(O):，其中 全局比例因子(G): 用于设置图形中所有对象的线型比例，当前对象缩放比例(O): 用于设置新建对象的线型比例。新建对象最终的线型比例将是全局比例和当前缩放比例的乘积。"线型管理器"对话框中其他的选项和按钮功能如下。

◆ 线型过滤器 下拉列表框：确定在线型列表中显示哪些线型。如果选中 ☑ 反转过滤器(I) 复选框，则显示不符合过滤条件的线型。

◆ 加载(L)... 按钮：单击该按钮，系统弹出"加载或重载线型"对话框，利用该对话框可以加载其他线型。

◆ 删除 按钮：单击该按钮，可去除在线型列表中选中的线型。

◆ 当前(C) 按钮：单击该按钮，可将选中的线型设置为当前线型。可以将当前线型设置为 ByLayer（随层），即采用为图层设置的线型来绘制图形对象；也可以选择其他的线型作为当前线型来绘制对象。

◆ 显示细节(D) 或 隐藏细节(D) 按钮：单击该按钮，可显示或隐藏"线型管理器"对话框中的"详细信息"选项组。

图 5.1.4 "线型管理器"对话框

5.1.5 设置线宽

在 AutoCAD 系统中，用户可以使用不同宽度的线条来表现不同的图形对象，还可以设置图层的线宽，即通过图层来控制对象的线宽。在"图层特性管理器"对话框的 线宽: 列中单击某个图层对应的线宽 ━━ 默认 ，系统即弹出图 5.1.5 所示的"线宽"对话框，可从中选择所需要的线宽。

另外，还可以选择下拉菜单 格式(O) ━━▶ 线宽(W)... 命令，系统弹出图 5.1.6 所示的"线宽设置"对话框。可在该对话框的 线宽 列表框中选择当前要使用的线宽，还可以设置线宽的单位和显示比例等参数，各选项的功能说明如下。

◆ 列出单位 选项组：用于设置线条宽度的单位，可选中 ⊙ 毫米(mm)(M) 或 ○ 英寸(in)(I) 单选项。

◆ ☑ 显示线宽(D) 复选框：用于设置是否按照实际线宽来显示图形。也可以在绘图时单击屏幕下部的状态栏中的 ➕ （显示/隐藏线宽）按钮来显示或关闭线宽。

◆ 默认 下拉列表框：用于设置默认线宽值，即取消选中 ☑ 显示线宽(D) 复选框后系统所显示的线宽。

◆ 调整显示比例 选项区域：移动显示比例滑块，可调节设置的线宽在屏幕上的显示比例。

如果在设置了线宽的层中绘制对象，则默认情况下在该层中创建的对象就具有层中所设置的线宽。在屏幕底部状态栏中单击 ➕ （显示/隐藏线宽）按钮使其显亮，对象的线宽立即在屏幕上显示出来，如果不想在屏幕上显示对象的线宽，可再次单击 ➕ （显示/隐藏线宽）按钮使其关闭。

图 5.1.5 "线宽"对话框

图 5.1.6 "线宽设置"对话框

在 AutoCAD 中只能显示出线宽大于 0.3mm 的线宽，所以如果线宽设置为 0.3mm 以下，将无法显示出线宽的效果。

5.1.6 设置图层状态

在"图层特性管理器"对话框中，除了可设置图层的颜色、线型和线宽以外，还可以设置图层的各种状态，如开/关、冻结/解冻、锁定/解锁、是否打印等，如图 5.1.7 所示。

图 5.1.7　"图层特性管理器"对话框

1. 图层的打开/关闭状态

在"打开"状态下，该图层上的图形既可以在屏幕上显示，也可以在输出设备上打印；而在"关闭"状态下，图层上的图形则既不能显示，也不能打印输出。在"图层特性管理器"对话框中，单击某图层在"开"列中的小灯泡图标 💡，可以打开或关闭该图层。灯泡的颜色为黄色 💡，表示处于打开状态；灯泡的颜色为灰色 💡，表示处于关闭状态。当要关闭当前的图层时，系统会显示一个消息对话框，警告正在关闭当前图层。

2. 图层的冻结/解冻状态

"冻结"图层，就是使某图层上的图形对象不能被显示及打印输出，也不能编辑或修改。"解冻"图层则使该层恢复能显示、能打印、能编辑的状态。在"图层特性管理器"对话框中，单击"冻结"列中的太阳 ☼ 或雪花 ❄ 图标，可以冻结或解冻图层。

用户不能冻结当前层，也不能将冻结层设置为当前层。图层被冻结与被关闭时，其上的图形对象都不被显示出来，但冻结图层上的对象不参加处理过程中的运算，而关闭图层上的对象则要参加运算，所以在复杂的图形中冻结不需要的图层，可以加快系统重新生成图形时的速度。

3. 图层的锁定/解锁状态

"锁定"图层就是使图层上的对象不能被编辑，但这不影响该图层上图形对象的显示，用户还可以在锁定的图层上绘制新图形对象，以及使用查询命令和对象捕捉功能。在"图层特性管理器"对话框中，单击"锁定"列中的关闭小锁 🔒 或打开小锁 🔓 图标，可以锁定或解锁图层。

4. 图层的打印状态

在"图层特性管理器"对话框中，单击"打印"列中的打印机图标 🖨 或 ✏️，可以设置图层是否能够被打印。当显示 🖨 图标时，表示该图层可打印；当显示 ✏️ 图标时，表示该图层不能打印。打印功能只对可见的图层起作用，即只对没有冻结和没有关闭的图层起作用。

5.1.7 设置打印样式

选择打印样式可以改变打印图形的外观，如果正在使用颜色相关打印样式，则不能修改与图层关联的打印样式。在"图层特性管理器"对话框中单击图层对应的打印样式，在系统弹出的"选择打印样式"对话框中可以确定各图层的打印样式。

5.1.8 创建和设置图层操作实战案例——法兰盘

本案例要求先创建"轮廓线层"和"中心线层"两个图层，它们的颜色、线宽和线型等属性各不相同，然后利用这两个图层创建图 5.1.8 所示的图形。

本案例详细操作过程请参见随书光盘中 video\ch05.01\文件下的语音视频讲解文件"法兰盘.exe"。

图 5.1.8 法兰盘

5.2 管理图层

5.2.1 图层管理工具栏介绍

在 AutoCAD 软件界面中，有两个与图层有关的工具栏，它们是图 5.2.1 所示的"图层"面板和图 5.2.2 所示的"特性"面板，这两个工具栏在默认时位于绘图区上部的工具栏固定区内。

利用"图层"面板可以方便地进行图层的切换，利用"特性"面板可以方便地管理几何和文本等对象的属性，在本章的后面将结合具体的例子对这两个工具栏的作用进一步说明。

图 5.2.1   "图层"面板

图 5.2.2   "特性"面板

图 5.2.1 所示"图层"面板中的各项说明如下。

A: 图层特性

B: 上一个

C: 将对象的图层设为当前图层

D: 将一个或多个对象复制到其他图层

E: 显示选定图层上的对象，并隐藏所有其他图层上的对象   F: 冻结

G: 合并

H: 删除

I: 图层控制

J: 选择图层状态

图 5.2.2 所示"特性"面板中的各项说明如下。

A: 选择颜色

B: 选择线宽

C: 选择线型

D: 列表

E: 设置层或块显示的透明度

F: 选择打印颜色

G: 特性匹配

5.2.2 切换当前层

在 AutoCAD 系统中，新对象被绘制在当前图层上。要把新对象绘制在其他图层上，首先应把这个图层设置成当前图层。在"图层特性管理器"对话框的图层列表中选择某一图层，然后在该层的层名上双击（或单击 按钮），即可将该层设置为当前层，此时该层的状态列的图标变成 。

在实际绘图时还有一种更为简单的操作方法，就是用户只需在"图层"工具栏的图层控制下拉列表中选择要设置为当前层的图层名称，即可实现图层切换。

5.2.3 过滤图层

过滤图层就是根据给定的特性或条件筛选出想要的图层。当图形中包含大量图层时，这种方法是很有用的。在"图层特性管理器"对话框中，单击"新建特性过滤器"按钮 ，系统弹出"图层过滤器特性"对话框，在该对话框中的"过滤器定义"列表框中，通过输入图层名及选择图层的各种特性来设置过滤条件后，便可在"过滤器预览"区域预览筛选出的图层。

如果在"图层特性管理器"中选中 ☑ 反转过滤器(I) 复选框，则只筛选出不符合过滤条件的图层；在默认情况下，☑ 指示正在使用的图层(U) 复选框被选中，单击 设置(E)... 按钮，系统弹出"图层设置"对话框，在此对话框中可以进行新图层通知等内容的设置。

> **注意** 当在"过滤器定义"列表框中输入图层名称、颜色、线宽、线型以及打印样式时，可使用"?"和"*"等通配符，其中"*"用来代替任意多个字符，"?"用来代替任意单个字符。

5.2.4 保存与恢复图层设置

图层设置包括设置图层的状态和特性，如图层是否打开、冻结、锁定、打印，以及设置图层的颜色、线型、线宽和打印样式等。用户可以将当前各图层的状态进行保存，这样当以后改变了图层设置后，还可以根据需要选择其中若干项设置恢复到原来的状态。

在 常用 选项卡下的 图层 面板中单击"图层状态管理器"按钮 ，系统弹出图 5.2.3 所示的"图层状态管理器"对话框。

图 5.2.3　"图层状态管理器"对话框

下面介绍图 5.2.3 所示的"图层状态管理器"对话框中各选项的功能。

◆ 图层状态(E) 列表框：显示了当前图形中已保存下来的图层状态名称，以及从外部输入进来的图层状态名称。

◆ 新建(N)... 按钮：单击该按钮，可在系统弹出的"要保存的新图层状态"对话框中创建新的图层状态。在图 5.2.3 所示的对话框中创建了图层状态 aaa。

◆ 删除(D) 按钮：单击该按钮，系统弹出"AutoCAD 警告"对话框，单击该对话框中的 是(Y) 按钮，即可删除选中的图层状态。

◆ 输出(X)... 按钮：单击该按钮，可在弹出的"输出图层状态"对话框中将当前图形指定的图层状态输出到一个扩展名为 LAS 的文件中。

◆ 输入(M)... 按钮：单击该按钮，系统弹出"输入图层状态"对话框，可以将原先输出的图层状态(LAS)文件加载到当前图形。输入图层状态文件可能导致创建其他图层。

◆ 要恢复的图层特性 选项组：可在该选项组中选择要恢复的图层设置。单击 全部选择(S) 按钮可以选择所有复选框，单击 全部清除(A) 按钮可以取消所有复选框。

◆ 恢复(R) 按钮：单击该按钮，可以将选中的图层状态中的指定项设置相应地恢复到当前图形的各图层中。

1. 保存图层设置

如果要保存当前各图层的状态，可单击"图层状态管理器"对话框中的 新建(N)... 按钮，系统弹出"要保存的新图层状态"对话框，在 新图层状态名(L): 文本框中输入图层状态的名称，在 说明(D) 文本框中输入相关的图层状态说明文字，然后单击 确定 按钮返回到"图层状态管理器"对话框并单击 关闭(C) 按钮。

2. 恢复图层设置

如果图层的设置发生了改变，而我们又希望将它恢复到原来的状态，这时就可以通过"图层特性管理器"对话框恢复以前保存的图层状态。

在 常用 选项卡下的 图层 面板中单击"图层状态管理器"按钮 □，系统弹出"图层状态管理器"对话框，选择需要恢复的图层状态名称，然后在 要恢复的图层特性 选项组中选中有关的复选框，单击 恢复(R) 按钮，此时系统即将各图层中指定项的设置恢复到原来的状态。

5.2.5 改变对象所在图层

当需要修改某一图元所在的图层时，可先选中该图元，然后在"图层"工具栏的图层控制下拉列表框中选择一个层名，按 Esc 键结束操作。

5.2.6 删除图层

如果不需要某些图层，可以将它们删除。选择下拉菜单 格式(O) ➡ 图层(L)...命令，在"图层特性管理器"对话框的图层列表中选定要删除的图层（在选择的同时可按住 Shift 键或 Ctrl 键以选取多个层），然后单击删除 按钮即可。

◆ 0 图层、Defpoints 层、包含对象的图层和当前图层不能被删除。
◆ 依赖外部参照的图层不能被删除。
◆ 局部打开图形中的图层也不能被删除。

在绘制图层时，所有图形的属性应尽量与图层的属性一致，也就是说尽可能使图元属性都是 Bylayer，当需要修改某一属性时，可以通过统一修改当前图层的属性来完成，这样有助于图形的清晰、准确和高效。

5.3 本章综合实战案例

5.3.1 本章综合实战案例 01——螺栓

利用本章学习的内容，绘制图 5.3.1 所示的螺栓。

本案例详细操作过程参见随书光盘中 video\ch05.03\文件下的语音视频讲解文件"螺栓.exe"。

图 5.3.1 螺栓

5.3.2　本章综合实战案例 02——阶梯轴

本案例主要利用直线、样条曲线与图案填充等命令来绘制阶梯轴，如图 5.3.2 所示。

本案例详细操作过程请参见随书光盘中 video\ch05.03\文件下的语音视频讲解文件"阶梯轴.exe"。

图 5.3.2　阶梯轴

5.4　思考与练习

1. AutoCAD 的图层具有哪些特点？

2. 如何创建新图层？一般需要为新图层进行哪些设置？

3. 使用图层功能绘制图 5.4.1 所示的定位板，要求创建不同颜色、线型和线宽的四个图层，分别用来绘制轮廓线、中心线、虚线和剖面线。

图 5.4.1　定位板

第 **6** 章　图形的编辑

6.1　选择对象

在 AutoCAD 中，可以对绘制的图元（包括文本）进行移动、复制和旋转等编辑操作。在编辑操作之前，首先需要选取所要编辑的对象，系统会用虚线亮显所选的对象，而这些对象也就构成了选择集。选择集可以包含单个或多个对象，也可以包含更复杂的对象编组。选择对象的方法非常灵活，可以在选择编辑命令前先选取对象，也可以在选择编辑命令后选取对象，还可以在选择编辑命令前使用 SELECT 命令选取对象。

6.1.1　直接选取对象

对于简单对象（包括图元、文本等）的编辑，可以先选择对象，然后选择如何编辑它们。选择对象时，可以用鼠标单击选取单个对象或者使用窗口（或交叉窗口）选取多个对象。当选中某个对象时，它会被高亮显示，同时称为"夹点"的小方框会出现在被选对象的要点上。被选择对象的类型不同，夹点的位置也不相同。例如，夹点出现在一条直线的端点和中点、一个圆的象限点和圆心或一个圆弧的端点、中点和圆心上。

1. 单击选取

操作方法：将鼠标光标置于要选取的对象的边线上并单击，该对象就被选取了，如图 6.1.1 所示。还可以继续单击选择其他的对象。

a）单击前　　　　　　　　　　　　　　　b）单击后

图 6.1.1　单击选取对象

优点：选取对象操作方便、直观。

缺点：效率不高，精确度低。因为使用单击选取的方法一次只能选取一个对象，若要选取很多对象，则操作就非常烦琐；如果在排列密集、凌乱的图形中选取需要的对象，很容易将对象错选或多选。

2. 窗口选取

在绘图区某处单击，从左至右移动鼠标光标，即产生一个临时的矩形选择窗口（以实线方式显示），在矩形选择窗口的另一对角点单击，此时便选中了矩形窗口中的对象。

下面以图 6.1.2 所示为例，说明用窗口选择图形中圆的操作方法。

步骤 01 指定矩形选择窗口的第一点。在绘图区中，将光标移至图中的 A 点处并单击。

步骤 02 指定矩形选择窗口的对角点。在命令行 指定对角点: 的提示下，将光标向右下移至图形中的 B 点处并单击，此时便选中了矩形窗口中的圆，不在该窗口中或者只有部分在该窗口中的圆则没有被选中。

 当进行"窗口"选取时，矩形窗口中的颜色为紫色，边线为实线。

3. 窗口交叉选取（窗交选取）

用鼠标在绘图区某处单击，从右至左移动鼠标光标，即可产生一个临时的矩形选择窗口（以虚线方式显示），在此窗口的另一对角点单击，便选中了该窗口中的对象及与该窗口相交的对象。

下面以图 6.1.3 所示为例，说明用窗交选取图形中的圆与矩形的操作步骤。

步骤 01 指定矩形选择窗口的第一点 A。

步骤 02 指定矩形选择窗口的对角点 B，此时位于这个矩形窗口内或者与该窗口相交的所有元素均被选中。

a）选取前   b）选取后   a）选取前   b）选取后

图 6.1.2 窗口选取对象   图 6.1.3 "窗交"方式选取对象

 当进行"窗交"选取时，矩形窗口中的颜色为绿色，边线为虚线。

6.1.2 在使用编辑命令后选取对象

在选择某个编辑命令后，系统会提示选择对象。此时可以选择单个对象或者使用其他的对象选择方法（例如用"窗口"或"窗交"的方式）来选择多个对象。在选择对象时，即把它们添加到当前选择集中。当选择了至少一个对象之后，还可以将对象从选择集中去掉。若要结束添加对象到选择集的操作，可按 Enter 键继续执行命令。一般情况下，编辑命令将作用于整个选择集。下面以 MOVE（移动）命令为例，分别说明各种选取方式。

当输入编辑命令 MOVE 后，系统会提示 选择对象：，输入符号"?"，然后按 Enter 键，系统命令行提示图 6.1.4 所示的信息，其中的选项是选取对象的各种方法。

需要点或窗口(W)/上一个(L)/窗交(C)/框(BOX)/全部(ALL)/栏选(F)/圈围(WP)/圈交(CP)/编组(G)/添加(A)/删除(R)/多个(M
)/前一个(P)/放弃(U)/自动(AU)/单个(SI)/子对象(SU)/对象(O)
选择对象：

图 6.1.4 命令行提示

1. 单击选取方式

单击选取方式的操作步骤如下。

步骤 01 在命令行中输入 MOVE 命令后按 Enter 键。

步骤 02 在命令行 选择对象：的提示下，将鼠标光标置于要选取的对象的边线上并单击，该对象就被选取了。此时该对象以高亮方式显示，表示已被选中。

2. 窗口方式

当系统要求用户选择对象时，可采用绘制一个矩形窗口的方法来选择对象。下面以图 6.1.5 所示为例，说明用窗口方式选取图形中的圆的操作步骤。

步骤 01 在命令行中输入 MOVE 命令后按 Enter 键；在命令行中输入字母 W 后按 Enter 键。

步骤 02 在命令行 指定第一个角点：的提示下，在图形中的 A 点处单击。

步骤 03 在命令行 指定对角点：的提示下，在图形中的 B 点处单击，此时位于这个矩形窗口内的圆被选中，不在该窗口内或者只有部分在该窗口内的对象则不被选中。

3. 最后方式

选取绘图区内可见元素中最后绘制的对象。例如，在绘图区先绘制圆形，后绘制矩形；在命令行中输入 MOVE 命令后按 Enter 键；再输入字母 L 后按 Enter 键，系统则自动选择最后绘出的那个对象——矩形。

4. 窗交方式

在定义矩形窗口时，以虚线方式显示矩形，并且所有位于虚线窗口之内或者与窗口边界相交的对象都将被选中。其操作步骤为：在命令行中输入 MOVE 命令后按 Enter 键；再输入字母 C 后按 Enter 键，分别在图 6.1.6 所示的 A 点、B 点处单击，此时位于这个矩形窗口内或者与窗口边界相交的所有对象都被选中。

a）选取前　　　　　　　b）选取后　　　　　　a）选取前　　　　　　　b）选取后

图 6.1.5　窗口方式选取对象　　　　　　图 6.1.6　窗交方式选取对象

5. 框选方式

该选项涵盖了"窗口"和"窗交"两种选取方式。其操作方法为：在命令行中输入编辑命令（如 MOVE 命令）后按 Enter 键；输入字母 BOX 并按 Enter 键；如果从左向右绘制矩形窗口，则执行窗口选取方式，如图 6.1.7 所示；如果从右向左绘制矩形窗口，则执行窗交选取方式，如图 6.1.8 所示。

a）操作过程　　　　　　b）结果　　　　　　a）操作过程　　　　　　b）结果

图 6.1.7　从左向右框选图形　　　　　　图 6.1.8　从右向左框选图形

6. 全部方式

选取所有对象（除了在冻结图层或锁定图层上的对象以外），有些在屏幕上不可见的对象（例如它们可能在显示区之外或在关闭的图层上）也将被选取。因此使用该选项时，要考虑到当前不可见的对象是否要被选取。其操作方法为：在命令行中输入 MOVE 命令并按 Enter 键；输入字母 ALL 并按 Enter 键，此时图形中的所有对象都被选中（假设在图层上没有设置锁定或冻结的操作）。

圈围方式是通过封闭的多边形窗口选取，窗口方式是通过矩形窗口选取；圈交方式是通过封闭的多边形窗交选取，窗交方式是通过矩形窗交选取。

6.1.3　使用 SELECT 命令选取对象

使用 SELECT 命令可创建一个选择集，并将获得的选择集用于后续的编辑命令中。其操作步骤如下。

步骤 01 在命令行中输入 SELECT 命令后，按 Enter 键。

步骤 02 查看命令的多个选项。此时如要查看此命令的所有选项，请在命令行中输入符号 "?" 并按 Enter 键。系统将在命令行列出选取对象的各种方法。

步骤 03 选取对象。被选中的对象均以高亮方式显示，按 Enter 键结束选取。此时即创建了一个选择集。

步骤 04 验证选择集。在命令行中输入 MOVE 命令后，按 Enter 键；在命令行中输入字母 P 后，按 Enter 键。此时刚才选取的对象又以高亮方式显示，表示已经被选中。

6.1.4 全部选择

选择下拉菜单 编辑(E) ➡ 全部选择(L) 命令，可选择屏幕中的所有可见和不可见的对象，例外的是，当对象在冻结或锁定层上则不能用该命令选取。

6.1.5 快速选择

用户可以选择与一个特殊特性集合相匹配的对象，比如选取在某个图层上的所有对象或者以某种颜色绘制的对象。

选择下拉菜单 工具(T) ➡ 快速选择(K)... 命令（也可以在绘图区空白处右击，然后从弹出的快捷菜单中选择 快速选择(K)... 命令），系统弹出图 6.1.9 所示的"快速选择"对话框，在该对话框中，用户可设置要选取对象的某些特性和类型（如图层、线型、颜色和图案填充等），以创建选择集。

图 6.1.9 所示的"快速选择"对话框中各选项的功能介绍如下。

◆ 应用到(Y): 下拉列表框：指定用户设定过滤条件的应用范围，可以将其应用于"整个图形"或"当前选择集"。如果有当前选择集，则 当前选择 选项为默认选项；如果没有当前选择集，则 整个图形 选项为默认选项。

◆ 按钮：即选择对象按钮，单击该按钮，系统切换到绘图窗口中，用户可以选择对象。按 Enter 键结束选择，系统返回到"快速选择"对话框中，同时自动将 应用到(Y): 下拉列表框中的选项设置为"当前选择"。选中 包括在新选择集中(I) 单选项，并取消 附加到当前选择集(A) 复选框时，此 按钮才有效。

◆ 对象类型(B): 下拉列表框：用于指定要过滤的对象类型。如果当前没有选择集，在该下拉列表框中列出当前所有可用的对象类型；如果已有一个选择集，则列出选择集中的对象类型。

图 6.1.9 "快速选择"对话框

◆ **特性(P)**列表框：设置欲过滤对象的特性。

◆ **运算符(O)**下拉列表框和 **值(V)**文本框：设置所选择特性的取值范围。运算符如图 6.1.9 所示，其中有些操作符（如 ">" 和 "<" 等）对某些对象特性是不可用的。

◆ **如何应用**选项组：包含两个单选项。

- ⊙ **包括在新选择集中(I)** 单选项：表示满足过滤条件的对象构成选择集。
- ○ **排除在新选择集之外(E)** 单选项：表示不满足过滤条件的对象构成选择集。

◆ □ **附加到当前选择集(A)** 复选框：将过滤出的符合条件的选择集加入到当前选择集中。

6.1.6 选择对象操作实战案例——删除指定图形

利用本节学习的内容，删除图 6.1.10 中所有直径小于 200 的圆。

本案例详细操作过程请参见随书光盘中 video\ch06.01\文件下的语音视频讲解文件"删除指定图形.exe"。

a) 删除前   b) 删除后

图 6.1.10 删除指定对象

6.2　复制对象

6.2.1　复制对象基本概念及操作

在绘制图形时，如果要绘制几个完全相同的对象，通常更快捷、简便的方法是：绘制了第一个对象后，再用复制的方法创建它的一个或多个副本。复制的操作方法灵活多样，下面分别介绍。

1. 利用 Windows 剪贴板进行复制

可以使用 Windows 剪贴板来剪切或复制对象，可以从一个图形到另一个图形、从图纸空间到模型空间（反之亦然），或者在 AutoCAD 和其他应用程序之间复制对象。用 Windows 剪贴板进行复制，一次只能复制出一个相同的被选定对象。下面以图 6.2.1 所示为例，说明复制图中的圆的操作过程。

方法一：不指定基点复制。

步骤 **01**　打开随书光盘文件 D:\cadxc15\work\ch06.02\copy01.dwg。

步骤 **02**　选择图 6.2.1a 中的圆形。

步骤 **03**　选择下拉菜单 **编辑(E)** ➡ **复制(C)** 命令（这不同于 **修改(M)** 下拉菜单中的 **复制(Y)** 命令）。

 还有三种选择该命令的方法，即按下 Ctrl + C 组合键；将鼠标移至图中的空白处右击，从弹出的快捷菜单中选择 **复制(C)** 命令；在命令行中输入 COPYCLIP 后按 Enter 键。

步骤 **04**　粘贴对象。

（1）选择下拉菜单 **编辑(E)** ➡ **粘贴(P)** 命令。

（2）在命令行 **_pasteclip 指定插入点:** 的提示下，在图中某位置单击，此时系统便在该位置复制出相同大小的圆。

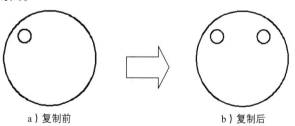

a）复制前　　　　　　　　　　b）复制后

图 6.2.1　用 Windows 剪贴板进行复制

方法二：指定基点复制。

使用 COPYCLIP 或 CUTCLIP 将对象复制或剪切到剪贴板后，很难把这些对象粘贴到另一个图形中准确的位置点上，但基点复制的方法可以解决这个问题。其具体操作为：选择下拉菜单 编辑(E) ➡ 带基点复制(B) 命令（或者在命令行输入 COPYBASE 命令，或者在图形区右击并从弹出的快捷菜单中选择 带基点复制(B) 命令）；在 COPYBASE 指定基点: 的提示下，指定复制的基点；选择要复制的对象；粘贴对象（粘贴后，指定的基点将位于插入点处）。

2. 利用 AutoCAD 命令进行复制

用 AutoCAD 命令进行复制，一次可以复制出一个或多个相同的被选定对象。下面以图 6.2.2 和图 6.2.3 所示为例，说明复制图中两个圆的操作过程。

步骤01 打开随书光盘文件 D:\cadxc15\work\ch06.02\copy02.dwg。

步骤02 选择下拉菜单 修改(M) ➡ 复制(Y) 命令。

 或者在命令行输入 COPY 或 CO 后按 Enter 键；或者单击"复制"按钮。

步骤03 选择对象。在 选择对象: 的提示下，选择图中的两个圆并按 Enter 键以结束选取。

a）复制前   b）复制后

图 6.2.2   用 AutoCAD 命令进行复制

步骤04 复制对象。在命令行 指定基点或 [位移(D)] <位移>: 的提示下，指定图 6.2.3a 中的任意一点 A 作为基点；在 指定第二个点或 <使用第一个点作为位移>: 的提示下，指定图中的 B 点作为位移的第二点（此时系统便在 B 点处复制出相同的圆）；在命令行 指定第二个点或 [退出(E)/放弃(U)] <退出>: 的提示下，指定 C 点作为位移的另一点（此时在 C 点又复制出相同的圆）；在命令行 指定第二个点或 [退出(E)/放弃(U)] <退出>: 的提示下，指定 D 点作为位移的另一点（此时在 D 点又复制出相同的圆）；在命令行的提示下可继续确定点，按 Enter 键结束复制。

| a）指定基点 | b）复制第一个对象 | c）复制第二个对象 | d）复制第三个对象 |

图 6.2.3　操作过程

6.2.2　复制对象操作实战案例——台灯座

本案例主要利用直线、椭圆与复制命令来绘制台灯座。绘制流程如图 6.2.4 所示。

本案例详细操作过程请参见随书光盘中 video\ch06.02\文件下的语音视频讲解文件"台灯座.exe"。

a）　　　　　　b）　　　　　　c）　　　　　　d）

图 6.2.4　台灯座

6.3　偏移对象

6.3.1　偏移对象基本概念及操作

偏移复制是对选定图元（如线、圆弧和圆等）进行同心复制。对于直线而言，其圆心为无穷远，因此是平行复制。偏移曲线对象所生成的新对象将变大或变小，这取决于将其放置在源对象的哪一边。例如，将一个圆的偏移对象放置在圆的外面，将生成一个更大的同心圆；向圆的内部偏移，将生成一个小的同心圆。当偏移椭圆和椭圆弧时，系统实际生成新的曲线将被作为样条对象，因为从一个已有的椭圆通过偏移生成一个椭圆在数学上是不可能的。

下面以图 6.3.1 所示为例，说明如何用偏移复制的方法将图中的直线复制至多段线圆弧的圆心。

步骤**01**　打开随书光盘文件 D:\cadxc15\work\ch06.03\offset1.dwg。

步骤**02**　选择下拉菜单 修改(M) ➡ 偏移(S) 命令。

或者在命令行输入 OFFSET 或 O 后按 Enter 键；或者单击"偏移"按钮 ⬛。

步骤 03 指定偏移距离。在 指定偏移距离或 [通过(T)/删除(E)/图层(L)] <通过>: 的提示下，输入偏移距离值为 15，然后按 Enter 键。

步骤 04 在命令行 选择要偏移的对象，或 [退出(E)/放弃(U)] <退出>: 的提示下选择 直线，系统提示 指定要偏移的那一侧上的点，或 [退出(E)/多个(M)/放弃(U)] <退出>: ， 单击直线的上方，此时直线偏移复制到直线上方 15mm 的位置，结果如图 6.3.1 所示。

步骤 05 按 Enter 键结束操作。

选项说明：提示 指定偏移距离或 [通过(T)/删除(E)/图层(L)] <通过>: 中的"通过 (T)"用于指定偏移复制的通过点。这里以图 6.3.2 为例，来介绍如何用该选项将图中的直线 复制到圆弧的圆心：选择 修改(M) ➡ 偏移(S) 命令；输入字母 T 后按 Enter 键；选取图 6.3.2a 所示的直线为要偏移的对象；在 指定通过点或 [退出(E)/多个(M)/放弃(U)] <退出>: 的 提示下，用捕捉的方法选择圆弧的圆心 A 点；按 Enter 键结束操作。

图 6.3.1　偏移复制　　　　　　　　　　　　　　　图 6.3.2　指定偏移距离

在偏移复制对象时，还需注意以下几点。

◆　只能以单击选取的方式选择要偏移的对象。

◆　如果用给定偏移距离的方式偏移对象，距离值必须大于零。

◆　如果给定的距离值或要通过的点的位置不合适，或指定的对象不能由"偏移"命令 确认，系统会给出相应提示。

◆　当偏移多段线时，OFFSETGAPTYPE 系统变量决定如何处理偏移后的多段线各段 之间产生的间隙，这个系统变量可以有以下的值。

● 如果值为 0，延伸线段填补间隙。

● 如果值为 1，用一个圆弧填补间隙，圆弧的半径等于偏移距离。

● 如果值为 2，用一个倒角线段填补间隙。

如果偏移后的对象是直线，则偏移后的直线大小不发生变化，如果偏移的对象是圆或者矩形等，则偏移后的对象将被放大或者缩小。在实际应用偏移命令时，一般都用来偏移直线。

6.3.2 偏移对象操作实战案例——洗衣机

本案例主要利用直线、圆与偏移等命令来绘制洗衣机。绘制流程如图 6.3.3 所示。

本案例详细操作过程请参见随书光盘中 video\ch06.03\文件下的语音视频讲解文件"洗衣机.exe"。

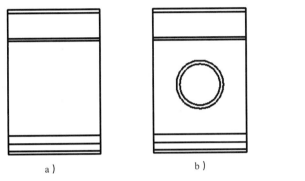

a）   b）   c）

图 6.3.3   洗衣机

6.4   镜像对象

6.4.1   镜像对象基本概念及操作

通常在绘制一个对称图形时，可以先绘制图形一半的部分，然后通过指定一条镜像线，用镜像的方法来创建图形的另外一部分，这样可以快速地绘制出需要的图形。

如果要镜像的对象中包含文本，可以通过设置系统变量 MIRRTEXT 来实现不同的结果。当系统变量 MIRRTEXT 设置为 0 时，保持文本原始方向，使文本具有可读性，如图 6.4.1b 所示；如果将 MIRRTEXT 设置为 1，文本完全镜像，无可读性，如图 6.4.1c 所示。

b）镜像后 MIRRTEXT 值为 0   a）镜像前   c）镜像后 MIRRTEXT 值为 1

图 6.4.1   镜像对象

下面以图 6.4.2 所示为例，说明如何用镜像的方法绘制图中对象的左边一部分，并且镜像后的文字保持它的原始方向。

步骤 01 打开随书光盘文件 D:\cadxc15\ch06.04\mirror.dwg。

步骤 02 将系统变量 MIRRTEXT 设置为 0。在命令行中输入 MIRRTEXT 后按 Enter 键，输入其新值 0 后，按 Enter 键结束设置。

步骤 03 选择下拉菜单 修改(M) ➡ ⚠ 镜像(I) 命令。

> 或者在命令行输入 MIRROR 或 MI，或者单击"镜像"按钮 ⚠ 。

步骤 04 选择图中的多段线对象和文字对象，按 Enter 键结束选取。

步骤 05 指定镜像线的第一点 A 和第二点 B。

a）选取对象后   b）指定镜像线第一点   c）指定镜像线第二点

图 6.4.2　操作过程

步骤 06 在 要删除源对象吗？[是(Y)/否(N)] <N>: 的提示下，直接按 Enter 键（执行默认项），保留源对象；如果在此提示下输入字母 Y，则表示删除源对象。

> 当镜像对象时，经常需要打开"正交"模式，这样可使副本被垂直或水平镜像。

6.4.2　镜像对象操作实战案例——定位轴

本案例主要利用直线、圆弧与镜像等命令来绘制定位轴。绘制流程如图 6.4.3 所示。

本案例镜像部分详细操作过程请参见随书光盘中 video\ch06.04\文件下的语音视频讲解文件"定位轴.exe"。

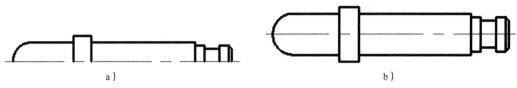

a)   b)

图 6.4.3   定位轴

6.5   阵列对象

6.5.1   阵列对象基本概念及操作

阵列复制对象就是以矩形、路径或环形方式多重复制对象。对于矩形阵列，可以通过指定行和列的数目以及两者之间的距离来控制阵列后的效果；对于路径阵列，可以通过指定数目以及两者之间的距离来控制阵列后的效果；而对于环形阵列，则需要确定组成阵列的副本数量，以及是否旋转副本等。

1．矩形阵列

下面以图 6.5.1 为例，说明将图中的菱形进行矩形阵列的一般操作步骤。

a) 矩形阵列前   b) 矩形阵列后角度为 0°

图 6.5.1   矩形阵列对象

步骤 01 打开随书光盘文件 D:\cadxc15\work\ch06.05\array.dwg。

步骤 02 选择下拉菜单 修改(M) ➡ 阵列▶ ➡ 矩形阵列 命令。

        或者在命令行输入命令 ARRAY 或字母 AR，或者在"修改"面板中单击"矩形阵列"按钮 矩形阵列。

步骤 03 选择对象。在命令行 选择对象： 的提示下，选取图中的菱形并按 Enter 键以结束选取，然后在 选择夹点以编辑阵列或 [关联(AS) 基点(B) 计数(COU) 间距(S) 列数(COL) 行数(R) 层数(L) 退出(X)] <退出>： 的提示下，输入 R，按 Enter 键。

步骤 04 定义行数。在命令行 输入行数数或 [表达式(E)] <3>： 的提示下，输入数值 4，然后按 Enter 键。

步骤 05 定义行间距。在命令行 指定 行数 之间的距离或 [总计(T) 表达式(E)] <100.0000>: 的提示下，输入数值 100，按 Enter 键，在命令行 指定 行数 之间的标高增量或 [表达式(E)] <0.0000>: 的提示下，直接按 Enter 键；在 选择夹点以编辑阵列或 [关联(AS) 基点(B) 计数(COU) 间距(S) 列数(COL) 行数(R) 层数(L) 退出(X)] <退出>: 的提示下，输入 COL，按 Enter 键。

步骤 06 定义列数。在 输入列数数或 [表达式(E)] <4>: 的提示下，输入数值 3，然后按 Enter 键。

步骤 07 定义列间距。在命令行 指定 列数 之间的距离或 [总计(T) 表达式(E)] <324.0000>: 的提示下，输入数值 230，然后按 Enter 键；最后再次按 Enter 键结束操作。

2．环形阵列

下面以图 6.5.2 为例，说明环形阵列的一般操作步骤。

b）环形阵列复制时旋转项目　　　　　　a）环形阵列前　　　　　　c）环形阵列复制时不旋转项目

图 6.5.2　环形阵列对象

步骤 01 打开随书光盘中文件 D:\cadxc15\work\ch06.05\array.dwg。

步骤 02 选择下拉菜单 修改(M) ➡ 阵列 ▶ ➡ 🔷环形阵列 命令。

 或者在命令行输入命令 ARRAY 或字母 AR，或者在"修改"面板中单击"环形阵列"按钮 🔷环形阵列。

步骤 03 选择对象。在 选择对象： 的提示下，选取图中的菱形并按 Enter 键以结束选取。

步骤 04 设置环形阵列相关参数。

（1）指定阵列中心点。在命令行 指定阵列的中心点或 [基点(B)/旋转轴(A)]: 的提示下，在菱形的右边选取一点作为环形阵列的中心点。

（2）定义阵列项目间角度。在命令行 选择夹点以编辑阵列或 [关联(AS) 基点(B) 项目(I) 项目间角度(A) 填充角度(F) 行(ROW) 层(L) 旋转项目(ROT) 退出(X)] <退出>: 的提示下，直接按 Enter 键。

 如果实现阵列后的效果如图 6.5.2c 所示，则需要在操作步骤 **步骤 04** 结束后，在命令行 选择夹点以编辑阵列或 [关联(AS) 基点(B) 项目(I) 项目间角度(A) 填充角度(F) 行(ROW) 层(L) 旋转项目(ROT) 退出(X)] <退出>: 提示下，输入字母 ROT 后按 Enter 键，然后在命令行 是否旋转阵列项目？[是(Y)/否(N)] <是>: 提示下输入字母 N，再按两次 Enter 键结束操作。

6.5.2 阵列对象操作实战案例——风扇叶片（叶片阵列）

本案例主要利用圆、圆弧与阵列等命令来绘制风扇叶片。绘制流程如图 6.5.3 所示。

本案例详细操作过程请参见随书光盘中 video\ch06.05\文件下的语音视频讲解文件"风扇叶片（叶片阵列）.exe"。

图 6.5.3 风扇叶片

6.6 移动对象

6.6.1 移动对象基本概念及操作

在绘图过程中，经常要将一个或多个对象同时移动到指定的位置，此时就要用移动命令。下面以图 6.6.1 所示为例，说明其操作过程。

a）移动前   b）移动后

图 6.6.1 移动对象

步骤 01 打开随书光盘文件 D:\cadxc15\work\ch06.06\move.dwg。

步骤 02 选择下拉菜单 修改(M) ➡️ 移动(V) 命令。

　　　　　或者在命令行输入 MOVE 或 M 后按 Enter 键；或者在 默认 选项卡下的 修改 面板中单击"移动"按钮 ✛。

步骤 03 选择直线为要移动的对象，按 Enter 键结束对象的选取。如果框选整个图形，则整个图形为要移动的对象。

步骤 04 移动对象。命令行提示 指定基点或 [位移(D)] <位移>: ，选择某一点 A 为基点；命令行提示 指定第二个点或 〈使用第一个点作为位移〉： ，指定 B 点。此时直线便以 A 点为基点，以 A、B 两点的连线为移动矢量进行移动。

在系统提示 指定第二个点或 〈使用第一个点作为位移〉： 时，建议使用相对极坐标给出移动的方向和距离，例如输入（@50<0）并按 Enter 键。

在使用移动命令移动对象时，只是改变了对象在图纸中的位置，并不影响对象的结构与形状。

6.6.2　移动对象操作实战案例——移动台灯至台灯座

打开练习文件，移动台灯至图 6.6.2 所示的位置。

本案例详细操作过程请参见随书光盘中 video\ch06.06\文件下的语音视频讲解文件"移动台灯至台灯座.exe"。

图 6.6.2　移动台灯至台灯座

6.7　旋转对象

6.7.1　旋转对象基本概念及操作

旋转对象就是使一个或多个对象以一个指定点为中心，按指定的旋转角度或一个相对于基础参考角的角度来旋转。下面以图 6.7.1 所示为例，说明图中直线的旋转操作过程。

a）旋转前　　　　　　　　b）操作过程　　　　　　　　c）旋转后

图 6.7.1　旋转对象

步骤 01 打开随书光盘中文件 D:\cadxc15\work\ch06.07\rotate1.dwg。

步骤 02 选择下拉菜单 修改(M) ➡ 旋转(R) 命令；或者在命令行输入命令 ROTATE 或字母 RO；或者在 常用 选项卡下的"修改"面板中单击"旋转"按钮 ⟳ 。

 此时系统命令行提示图 6.7.2 所示的信息，提示的第一行说明当前的正角度方向为逆时针方向，零角度方向与 X 轴正方向的夹角为 $0°$，即 X 轴正方向为零角度方向。

步骤 03 选取直线，按 Enter 键结束对象的选取。

步骤 04 在命令行 指定基点: 的提示下，选取任意一点 A 为基点，如图 6.7.1b 所示。

步骤 05 此时命令行提示 指定旋转角度, 或 [复制(C)/参照(R)] <0>:，绕点 A 转动皮筋线，所选的直线对象也会随着光标的移动绕点 A 进行转动，当将皮筋线转至图 6.7.1b 中的点 B 时（此时绘图区中显示的皮筋线与 X 轴夹角即为直线的旋转角度），单击结束命令。

 也可以在命令行中输入一个角度值后按 Enter 键，系统即将该直线绕点 A 转动指定的角度。如果输入的角度值为正值，则按逆时针的方向旋转；如果角度值为负值，则按顺时针方向旋转。

```
命令: _rotate
UCS 当前的正角方向:  ANGDIR=逆时针  ANGBASE=0
ROTATE 选择对象:
```

图 6.7.2　命令行提示

选项说明：提示 指定旋转角度, 或 [复制(C)/参照(R)] <0>: 中的"参照（R）"选项用于以参照方式确定旋转角度，这种方式可以将对象与图形中的几何特征对齐。例如，在图 6.7.3 中可将矩形的 AB 边与三角形斜边 AC 对齐，下面说明其操作方法。

步骤 01 打开随书光盘中文件 D:\cadxc15\work\ch06.07\rotate2.dwg。在命令行中输入命令 ROTATE 并按 Enter 键；选取矩形为旋转对象，按 Enter 键，点 A 为旋转基点。

步骤 02 在命令行中输入字母 R 后，按 Enter 键。

步骤 03 在命令行 指定参照角 <0>: 的提示下，依次单击点 A、点 B 和点 C。

a）旋转前　　　　　　　　　　　　　　b）旋转后

图 6.7.3　利用"参照（R）"选项旋转对象

在使用旋转命令旋转对象时，旋转基点的选择与最终的旋转效果存在非常密切的关系，因此应根据具体的需要准确合理地选取基点以保证旋转的正确性，并且在选取基点时，应尽量选择在已知的对象上。

6.7.2 旋转对象操作实战案例——装配运动机构

本案例主要利用直线、圆、圆弧、样条曲线、镜像与旋转等命令来绘制装配运动机构。绘制流程如图 6.7.4 所示。

本案例利用旋转命令绘制机构运动范围的详细操作过程请参见随书光盘中 video\ch06.07\文件下的语音视频讲解文件"装配运动机构.exe"。

a)　　　　　　　　　　　　　　b)

图 6.7.4　装配运动机构

6.8 缩放对象

6.8.1 缩放对象基本概念及操作

缩放就是将对象按指定的比例因子相对于基点真实地放大或缩小，通常有以下两种方式。

1. 指定缩放的比例因子

"指定比例因子"选项为默认项。输入比例因子值后，系统将根据该值相对于基点缩放对象。当比例因子在 0～1 之间时，将缩小对象；当比例因子大于 1 时，则放大对象。下面以图 6.8.1 所示为例，说明其操作步骤。

步骤 01 打开随书光盘文件 D:\cadxc15\work\ch06.08\scale1.dwg。

步骤 02 选择下拉菜单 **修改(M)** ➡ **缩放(L)** 命令。

 或者在命令行输入 SCALE 或 SC；或者单击"缩放"按钮 。

步骤 03 缩放对象。在命令行 选择对象： 的提示下，选取图中的六边形为缩放对象；并 按 Enter 键 结 束 选 取 ； 选 取 图 6.8.2 中 的 A 点 为 缩 放 基 点 ； 在 指定比例因子或 [复制(C)/参照(R)] <1.0000>： 的提示下，可指定比例因子。

说明　　　如果输入的比例因子值小于 1，结果如图 6.8.1b 所示，六边形被缩小；如果输入的比例因子值大于 1，结果如图 6.8.1c 所示，则六边形被放大。

b）比例因子为 0.8　　　　　a）原图　　　　　c）比例因子为 1.5

图 6.8.1　指定比例因子缩放对象

图 6.8.2　操作过程

2．指定参照

在某些情况下，相对于另一个对象来缩放对象比指定一个比例因子更容易。例如，当想要改变一个对象的大小，使它与另一个对象上的一个尺寸相匹配时，可选取"参照（R）"选项，然后指定参照长度和新长度的值，系统将根据这两个值对对象进行缩放，缩放比例因子为：新长度值／参考长度值。下面以图 6.8.3 所示为例来进行说明。

步骤 01 打开随书光盘文件 D:\cadxc15\work\ch06.08\scale2.dwg。

步骤 02 选择下拉菜单 修改(M) ➡ 缩放(L)命令。

步骤 03 缩放对象。选取图中的圆与正五边形，并按 Enter 键结束选取；捕捉圆的圆心 A 作为基点（图 6.8.4）；在命令行 指定比例因子或 [复制(C)/参照(R)] <1.0000>： 的提示下，输入字母 R 后按 Enter 键；在 指定参照长度 <1>： 的提示下，输入参照的长度值 10 后按 Enter 键；在 指定新的长度或 [点(P)] <1.0000>： 的提示下，输入新长度值 13 后按 Enter 键。

A）缩放前　　　　　　　　　b）缩放后

图 6.8.3　指定参照缩放对象

图 6.8.4　选取基点

6.8.2 缩放对象操作实战案例——星形标志

本案例主要利用矩形、圆弧、缩放与图案填充等命令来绘制星形标志。绘制流程如图 6.8.5 所示。

本案例详细操作过程请参见随书光盘中 video\ch06.08\文件下的语音视频讲解文件"星形标志.exe"。

a) 　　　　　　b) 　　　　　　c) 　　　　　　d)

图 6.8.5　星形标志

6.9　修剪对象

6.9.1　修剪对象基本概念及操作

修剪对象就是指沿着给定的剪切边界来断开对象，并删除该对象位于剪切边某一侧的部分。如果修剪对象没有与剪切边相交，则可以延伸修剪对象，使其与剪切边相交。

圆弧、圆、椭圆、椭圆弧、直线、二维和三维多段线、射线、样条曲线以及构造线都可以被剪裁。有效的边界对象包括圆弧、块、圆、椭圆、椭圆弧、浮动的视口边界、直线、二维和三维多段线、射线、面域、样条曲线、文本以及构造线。

1．修剪相交的对象

下面以图 6.9.1 所示为例，说明其操作步骤。

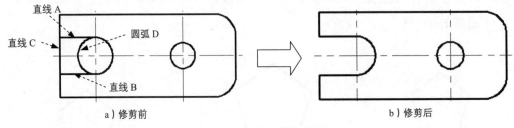

a) 修剪前 　　　　　　　　　　　　　　　　b) 修剪后

图 6.9.1　修剪相交的对象

步骤 01 打开随书光盘文件 D:\cadxc15\work\ch06.09\trim1.dwg。

步骤 02 选择下拉菜单 **修改(M)** ➡ **修剪(T)** 命令。

或者在命令行输入 TRIM 或 TR，或者单击"修剪"按钮 ⊬。

选择修剪边。系统命令行提示的信息如图 6.9.2 所示，在此提示下选择直线 A 与直线 B 为剪切边，按 Enter 键结束选取。

图 6.9.2 所示的命令行提示信息中，第一行说明当前的修剪模式。命令行中的 选择对象或 ＜全部选择＞: 提示用户选择作为剪切边的对象，选择后按 Enter 。

图 6.9.2　命令行提示

步骤 04 修剪对象。选取修剪边后，系统命令行提示如图 6.9.2 所示，在此提示下单击直线 C 和圆弧 D（位于直线 A 与直线 B 之间）作为要修剪的部分，如图 6.9.3 所示。按 Enter 键结束剪切操作。

图 6.9.2 所示的提示中的第一行的含义是，如果该对象与剪切边交叉，则需选取要剪掉的多余部分；如果修剪对象没有与剪切边相交，则需按 Shift 键并选取该对象，系统会将它延伸到剪切边。

图 6.9.3　选取要修剪的部分

2. 修剪不相交的对象

在图 6.9.2 所示的提示信息中，边(E)（"边模式"）选项可控制是否将剪切边延伸来修剪对象。下面以图 6.9.4 所示为例，说明其操作步骤。

步骤 01 打开随书光盘文件 D:\cadxc15\work\ch06.09\trim2.dwg。

直线 A

圆弧 B

a）修剪前

b）修剪后

图 6.9.4　修剪不相交的对象

步骤 02 选择下拉菜单 修改(M) ➡ 修剪(T) 命令。

步骤 03 选择修剪边。选择图 6.9.5 中的直线 A 为剪切边，按 Enter 键结束选取。

步骤 04 修剪对象。在命令行中输入字母 E 并按 Enter 键；在命令行中 输入隐含边延伸模式 [延伸(E)/不延伸(N)] <不延伸>: 的提示下，输入字母 E 后按 Enter 键；在圆弧 B 上单击位于直线 A 右下侧的部分，如图 6.9.5 所示，按 Enter 键完成操作。

输入隐含边延伸模式 [延伸(E)/不延伸(N)] <不延伸> 中的两个选项说明如下。

直线 A

选取圆弧 B 的此部分

图 6.9.5　定义修剪对象

◆ 延伸(E)选项：按延伸方式实现修剪。即如果修剪边太短，没有与被剪边相交，那么系统会假想地将修剪边延长，然后再进行修剪。

◆ 不延伸(N)选项：只按边的实际相交情况修剪，即如果修剪边太短，没有与被剪边相交，则不进行修剪。

说明

在使用修剪命令修剪对象时，为了能够快速地实现修剪的过程可进行如下的操作：首先选择修剪命令，在系统提示选择修剪对象的提示下直接按 Enter 键，（系统默认选择全部）然后选取要修剪掉的对象即可。此操作对修剪相交的对象可用。

6.9.2　修剪对象操作实战案例——铰套

本案例主要利用矩形、多边形、修剪、偏移、旋转与填充等命令来绘制铰套。绘制流程如图 6.9.6 所示。

本案例详细操作请参见随书光盘中 video\ch06.09\文件下的语音视频讲解文件 "铰套.exe"。

a）

b）

c）

d）

图 6.9.6　铰套

6.10 延伸对象

6.10.1 延伸对象基本概念及操作

延伸对象就是使对象的终点落到指定的某个对象的边界上。圆弧、椭圆弧、直线、开放的二维和三维多段线以及射线都可以被延伸。有效的边界对象包括圆弧、块、圆、椭圆、椭圆弧、浮动的视口边界、直线、二维和三维多段线、射线、面域、样条曲线、文本以及构造线。

1. 延伸相交的对象

下面以图 6.10.1 为例，说明其操作步骤。

步骤 01 打开随书光盘中文件 D:\cadxc15\work\ch06.10\extend1.dwg。

步骤 02 选择下拉菜单 修改(M) ➡ 延伸(D) 命令。

图 6.10.1 延伸相交的对象

 或者在命令行输入命令 EXTEND 或命令 EX，或者单击"修改"工具选项板中 后的按钮，在系统弹出的下拉列表中单击"延伸"命令按钮。

步骤 03 选取图 6.10.1a 中的直线 B 为边界边，按 Enter 键结束选取。

步骤 04 选取要延伸的对象（直线 A）。在直线 A 上靠近直线 B 的一端单击，表示将直线 A 向该方向延伸，按 Enter 键完成操作。

各选项意义如下。

◆ 选择要延伸的对象，或按住 Shift 键选择要修剪的对象选项：选取要延伸的对象，系统会把该对象延长到指定的边界边。如果延伸对象与边界边交叉，则需按 Shift 键，同时选取该对象上要剪掉的部分。

◆ 投影(P)选项：指定系统延伸对象时所使用的投影方式。

◆ 边(E)选项：可以控制对象延伸到一个实际边界还是一个隐含边界，即控制边界边是否可假想要延长。

如果选取多个边界，则延伸对象先延伸到最近边界，再次选取这个对象，它将延伸到下一个边界。如果一个对象可以沿多个方向延伸，则由选取点的位置决定延伸方向。例如，在靠近左边端点的位置单击，则向左延伸；在靠近右边端点的位置单击，则向右延伸。

2. 延伸不相交的对象

下面以图 6.10.2 所示的图形为例，说明不相交对象的延伸操作步骤。

a）延伸前   b）延伸后

图 6.10.2   延伸不相交的对象

步骤 01 打开随书光盘中文件 D:\cadxc15\work\ch06.10\extend2.dwg。

步骤 02 选取下拉菜单 修改(M) ➡ 延伸(D) 命令。

步骤 03 选取边界边。选取图 6.10.2a 中的直线 B 为边界边，按 Enter 键结束选取。

步骤 04 延伸对象。在命令行中输入字母 E 后按 Enter 键（即进入"边"模式）。在命令行 输入隐含边延伸模式 [延伸(E)/不延伸(N)] <延伸>: 的提示下，输入字母 E 后按 Enter 键；选取直线 A 作为延伸对象；按 Enter 键完成操作。

输入隐含边延伸模式 [延伸(E)/不延伸(N)] <延伸>: 中的两个选项说明如下。

◆ 延伸(E)选项：如果边界边太短，延伸边延伸后不能与其相交，则系统会假想地将边界边延长，使延伸边伸长到与其相交的位置。

◆ 不延伸(N)选项：不将边界边假想地延长，如果延伸对象延伸后不能与其相交，则不进行延伸。

6.10.2   延伸对象操作实战案例——复合按钮

本案例主要利用直线与延伸命令来绘制复合按钮。绘制流程如图 6.10.3 所示。

本案例详细操作过程请参见随书光盘中 video\ch06.10\文件下的语音视频讲解文件"复合按钮.exe"。

a）   b）   c）   d）

图 6.10.3   复合按钮

6.11 倒圆角

6.11.1 倒圆角基本概念及操作

倒圆角就是用指定半径的圆弧连接两个对象。可以对成对的直线线段、多段线、圆弧、圆、射线或构造线进行倒圆角处理；也可以对互相平行的直线、构造线和射线添加圆角；还可以对整个多段线进行倒圆角处理。

1. 倒圆角的一般操作过程

倒圆角时，一般首先应设置圆角半径，然后分别选取圆角的两条边，圆角的边可以是直线或者圆弧。下面以图 6.11.1 所示为例来说明其操作步骤。

a）倒圆角前   b）倒圆角后

图 6.11.1 倒圆角

步骤 01 打开随书光盘文件 D:\cadxc15\work\ch06.11\fillet1.dwg。

步骤 02 选择下拉菜单 修改(M) ➡ 圆角(F) 命令。

 或者在命令行输入 FILLET 或 F，或者单击"倒圆角"按钮 ⬜▾。

步骤 03 设置圆角半径。在图 6.11.2 所示的命令行提示下，输入 R（选择"半径"选项），按 Enter 键；在 指定圆角半径 <0.0000>: 的提示下，输入圆角半径值 10 后按 Enter 键。

步骤 04 选择圆角边线进行倒圆角。在图 6.11.2 所示的提示下，单击第一对象（图 6.11.3 中的水平边线）；在 选择第二个对象，或按住 Shift 键选择要应用角点的对象: 的提示下，单击第二对象（图 6.11.3 中的竖直边线），完成后如图 6.11.3 所示。

图 6.11.2 命令行提示

步骤 05 创建其余圆角特征，具体操作可参照 **步骤 02**、**步骤 03** 与 **步骤 04**，完成后如图 6.11.1b 所示。

图 6.11.3 指定倒角边线

◆ 若圆角半径设置太大，倒不出圆角，系统会给出提示。

◆ 如果圆角半径为零，那么使用圆角命令后，系统将延长或修剪相应的两条线，使两者相交于一点，不产生圆角。

◆ 系统允许对两条平行线倒圆角，系统自动设圆角半径为两条平行线距离的一半。

2. 选项说明

◆ 多段线（P）

多段线(P) 选项可以实现在单一的步骤中对整个二维多段线进行倒圆角。系统将提示选择二维多段线，在选择多段线后，系统在此多段线的各闭合的顶点处设置倒圆角，如图 6.11.4 所示。

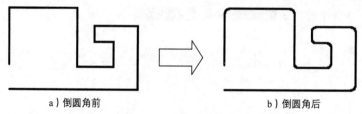

a）倒圆角前   b）倒圆角后

图 6.11.4 对多段线倒圆角

◆ 修剪（T）

修剪(T) 选项用于确定倒圆角操作的修剪模式。"修剪（T）"选项表示在倒圆角的同时对相应的两个对象进行修剪，"不修剪（N）"选项则表示在倒圆角的同时不对相应的两个对象进行修剪，如图 6.11.5 所示。

b）倒圆角后进行修剪   a）倒圆角前   c）倒圆角后不进行修剪

图 6.11.5 倒圆角修剪

◆ 多个（M）

多个(M) 选项用于对多个对象倒圆角。执行该选项后，用户可在依次出现的主提示和
选择第二个对象，或按住 Shift 键选择要应用角点的对象： 的提示下连续选择对象，
直到按 Enter 键为止。

6.11.2　倒圆角操作实战案例——垫片

本案例主要利用直线、圆弧、圆与圆角命令来绘制垫片。绘制流程如图 6.11.6 所示。

本案例详细操作过程请参见随书光盘中 video\ch06.11\文件下的语音视频讲解文件"垫
片.exe"。

图 6.11.6　垫片

6.12　倒角

6.12.1　倒角基本概念及操作

在绘图的过程中，经常需要为某些对象设置倒角，这时就要用到倒角（CHAMFER）命
令。倒角命令可以修剪或延伸两个不平行的对象，并创建倾斜边连接这两个对象。可以对成
对的直线线段、多段线、射线和构造线进行倒角，还可以对整个多段线进行倒角。

1. 创建倒角的一般操作过程

创建倒角时，一般首先应设置倒角距离，即从两条线的交点到两条线的修剪位置的距离，
然后分别选取倒角的两条边。下面以图 6.12.1 所示为例，说明其操作步骤。

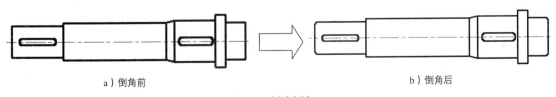

a）倒角前　　　　　　　　　　　　　　　　　　　　　b）倒角后

图 6.12.1　创建倒角

步骤 01 打开随书光盘文件 D:\cadxc15\work\ch06.12\chamfer1.dwg。

步骤 02 选择下拉菜单 **修改(M)** ➡ **倒角(C)** 命令。

步骤 03 设置倒角距离。

 或者在命令行输入 CHAMFER 或 CHA，或者单击"倒角"按钮 ▱▾。

（1）在命令行输入 D，即选择"距离（D）"选项，并按 Enter 键。

图 6.12.2 所示的提示信息的第一行提示用户当前的两个倒角距离为 0，修剪模式为"不修剪"，第二行是倒角的一些选项。

（2）在 指定第一个倒角距离 <0.0000> 的提示下，输入第一倒角距离 2 并按 Enter 键。

（3）在 指定第二个倒角距离 <5.0000> 的提示下，输入第二倒角距离 2 并按 Enter 键。

```
命令: _chamfer
("修剪"模式) 当前倒角距离 1 = 0.0000, 距离 2 = 0.0000
选择第一条直线或 [放弃(U)/多段线(P)/距离(D)/角度(A)/修剪(T)/方式(E)/多个(M)]:
```
图 6.12.2　命令行提示

步骤 04 选择倒角边线进行倒角。

（1）在图 6.12.2 所示的第二行信息提示下，单击图 6.12.3 所示的第一条直线，即第一倒角边线。

（2）在 选择第二条直线，或按住 Shift 键选择要应用角点的直线: 的提示下，单击图 6.12.3 所示的第二条直线，即第二倒角边线。

第一倒角边线

第二倒角边线

图 6.12.3　指定倒角边线

步骤 05 创建其余的倒角，具体操作可参照 **步骤 02**、**步骤 03** 与 **步骤 04**，完成后如图 6.12.1 所示。

 （1）如果不设置倒角距离而直接选取倒角的两条直线，那么系统便按图 6.12.2 提示的当前倒角距离进行倒角（当前倒角距离即上一次设置倒角时指定的距离值）。

（2）如果倒角的两个距离为零，那么使用倒角命令后，系统将延长或修剪相应的两条线，使两者相交于一点，如图 6.12.4 和图 6.12.5 所示。

（3）倒角时，若设置的倒角距离太大或倒角角度无效，系统会分别给出提示。

（4）如果因两条直线平行、发散等原因不能倒角，系统也会给出提示。

（5）对交叉边倒角且倒角后修剪倒角边时，系统总是保留单击处一侧的那部分对象。

a）倒角前　　　　　b）倒角后　　　　　a）倒角前　　　　　b）倒角后

图 6.12.4　通过延长产生距离为 0 的倒角　　　图 6.12.5　通过修剪产生距离为 0 的倒角

2. 选项说明

◆　多段线（P）

多段线(P)选项可以在单一的步骤中对整个二维多段线进行倒角。系统将提示选择二维多段线，在选择多段线后，系统在此多段线的各闭合的顶点处设置倒角，如图 6.12.6 所示。

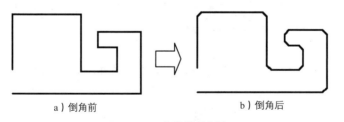

a）倒角前　　　　　　　　　　　b）倒角后

图 6.12.6　多段线的倒角

◆　角度（A）

角度(A)选项可以通过设置第一条线的倒角的距离和倒角角度来进行倒角，如图 6.12.7 所示。

◆　修剪（T）

修剪(T)选项用于确定倒角操作的修剪模式，即确定倒角后是否对相应的倒角边进行修剪，如图 6.12.8 所示。在命令行的主提示下，输入字母 T（选择修剪(T)选项），然后按 Enter 键，命令行提示输入修剪模式选项 [修剪(T)/不修剪(N)] <修剪>:，如果选择修剪(T)选项，则倒角后要修剪倒角边；如果选择不修剪(N)选项，则倒角后不进行修剪。

◆ 方式（E）

方式(E) 选项可以确定按什么方法倒角对象。执行该选项后，系统提示：
输入修剪方法 [距离(D)/角度(A)] <角度>： ，选取某一选项，再选择要倒角的边线，则系统自动以上一次设置倒角时对该选项输入的值来创建倒角。

a）倒角前　　　　　　　　　　　　　　　b）倒角后

图 6.12.7　设置倒角角度

b）倒角后不进行修剪　　　　　a）倒角前　　　　　c）倒角后进行修剪

图 6.12.8　倒角修剪

◆ 多个（M）

多个(M) 选项用于对多个对象进行倒角。执行该选项后，用户可在依次出现的主提示和
选择第二条直线，或按住 Shift 键选择要应用角点的直线： 的提示下连续选择直线，
直到按 Enter 键为止。

　　倒角和圆角与绘制矩形时的倒角和圆角选项虽然操作不同，但是实现的效果是一样的。

　　在使用倒角和圆角命令时，由于系统默认的倒角距离为 0，所以需要输入倒角距离，否则将无法查看倒角与圆角效果。

6.12.2　倒角操作实战案例——齿轮

　　本案例主要利用直线、圆、图案填充、修剪与倒角命令来绘制齿轮。绘制流程如图 6.12.9 所示。

　　本案例倒角部分详细操作过程请参见随书光盘中 video\ch06.12\文件下的语音视频讲解文件"齿轮.exe"。

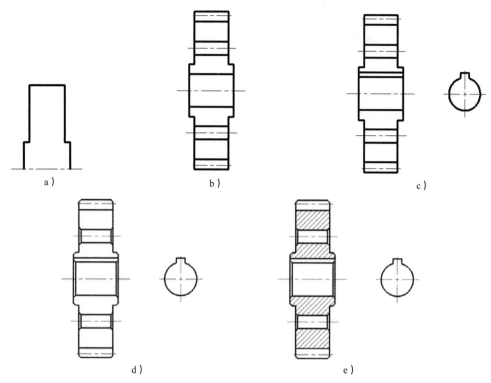

图 6.12.9　齿轮

6.13　拉长

6.13.1　拉长基本概念及操作

可以使用拉长的方法改变圆弧、直线、椭圆弧、开放多段线以及开放样条曲线的长度。拉长的方向由鼠标在对象上单击的位置来决定，如果在靠近左边端点的位置单击，则向左边拉长；如果在靠近右边端点的位置单击，则向右边拉长。拉长的方法有多种，分别介绍如下。

1.　设置增量

设置增量即通过给出增量值来拉长对象。下面以图 6.13.1 为例来说明其操作步骤。

a）拉长前　　　　　　　　　　　　　　　b）拉长的长度增量为 10

图 6.13.1　设置长度增量

步骤 01 打开随书光盘中文件 D:\cadxc15\work\ch06.13\lengthen1.dwg。

步骤 02 选择下拉菜单 **修改(M)** ➡ **拉长(G)** 命令。

或者在命令行中输入命令 LENGTHEN 或命令 LEN 后按 Enter 键。

步骤 03 设置长度增量。在命令行中输入字母 DE 后按 Enter 键；在命令行 输入长度增量或 [角度(A)] <0.0000>: 的提示下，输入长度增量值 10 后按 Enter 键；在 选择要修改的对象或 [放弃(U)]: 的提示下，选取图 6.13.1a 中的直线，按 Enter 键完成操作。

如果拉长的对象为圆弧，则在 输入长度增量或 [角度(A)] <0.0000>: 的提示 下，应选择"角度（A）"选项。下面以图 6.13.2 为例，说明其操作步骤。

a）拉长前   b）拉长的角度增量为 30°

30°

图 6.13.2 设置角度增量

步骤 01 选择下拉菜单 修改(M) ➡ 拉长(G) 命令。

步骤 02 设置角度增量。

（1）在命令行提示下，输入字母 DE 后，按 Enter 键；在命令行输入字母 A 后，按 Enter 键；在命令行 输入角度增量 <0>: 的提示下，输入角度增量值 30 后，按 Enter 键。

输入正值时，圆弧变长；输入负值时，圆弧变短。

（2）选择图中的圆弧，按 Enter 键完成操作。

2. 设置百分数

设置百分数即通过设置拉长后的总长度相对于原长度的百分数来进行对象的拉长。下面 以图 6.13.3 为例进行说明。

步骤 01 打开随书光盘中文件 D:\cadxc15\work\ch06.13\lengthen2.dwg。

步骤 02 选择下拉菜单 修改(M) ➡ 拉长(G) 命令，在命令行中输入字母 P 后按 Enter 键。

步骤 03 在 输入长度百分数 <100.0000>: 的提示下，输入百分数值 150 后按 Enter 键。

步骤 04 选取图 6.13.3a 中的直线，按 Enter 键完成操作。

图 6.13.3　设置百分数

3. 设置全部

设置全部即通过设置直线或圆弧拉长后的总长度或圆弧总的包含角来进行对象的拉长，这里以图 6.13.4 为例，说明其操作方法：选择下拉菜单 修改(M) ➡ 拉长(G) 命令；在命令行中输入字母 T 后按 Enter 键；在 指定总长度或 [角度(A)] <1.0000>: 的提示下，输入总长度值 50 后按 Enter 键；选取图 6.13.4a 中的直线，按 Enter 键完成操作。

图 6.13.4　设置总长度

　　如果拉长的对象为圆弧，则在 指定总长度或 [角度(A)] <1.0000>: 的提示下，应选择"角度（A）"选项。这里以图 6.13.5 为例说明其操作方法：选择下拉菜单 修改(M) ➡ 拉长(G) 命令；输入字母 T 后按 Enter 键；输入字母 A 后按 Enter 键；在 指定总角度 的提示下，输入总角度值 150 后按 Enter 键；选取图 6.13.5a 中的圆弧，按 Enter 键完成操作。

图 6.13.5　设置总角度

4. 动态设置

动态设置即通过确定圆弧或线段的新端点位置来动态地改变其长度。下面以图 6.13.6 为例进行说明。

步骤 01　打开随书光盘中文件 D:\cadxc15\work\ch06.13\lengthen4.dwg。

步骤 02　选择下拉菜单 修改(M) ➡ 拉长(G) 命令。

步骤 03　在命令行输入字母 DY 后按 Enter 键；在 选择要修改的对象或 [放弃(U)]: 的提示

下，在直线上的右端某处单击；在 指定新端点 的提示下，在直线右端外部任意一点处单击，这样直线的右端点被拉长至单击位置点处。

a) 拉长前　　　　　　　　　　　　b) 拉长后

图 6.13.6　动态设置

6.13.2　拉长操作实战案例——钟表

本案例主要利用直线、圆、阵列与拉长命令来绘制钟表。绘制流程如图 6.13.7 所示。

本案例拉长部分详细操作过程请参见随书光盘中 video\ch06.13\文件下的语音视频讲解文件"钟表.exe"。

a)　　　　　　　b)　　　　　　　c)　　　　　　　d)

图 6.13.7　钟表

6.14　拉伸

6.14.1　拉伸基本概念及操作

可以使用拉伸命令来改变对象的形状及大小。在拉伸对象时，必须使用一个交叉窗口或交叉多边形来选取对象，然后需指定一个放置距离，或者选择一个基点和放置点。

由直线、圆弧、区域填充（SOLID 命令）和多段线等命令绘制的对象，可以通过拉伸来改变其形状和大小。在选取对象时，若整个对象均在选择窗口内，则对其进行移动；若其一端在选择窗口内，另一端在选择窗口外，则根据对象的类型，按以下规则进行拉伸。

◆ 直线对象：位于窗口外的端点不动，而位于窗口内的端点移动，直线由此而改变。

◆ 圆弧对象：与直线类似，但在圆弧改变的过程中，其弦高保持不变，同时由此来调整圆心的位置和圆弧起始角、终止角的值。

◆ 区域填充对象：位于窗口外的端点不动，位于窗口内的端点移动，由此来改变图形。

◆ 多段线对象：与直线或圆弧相似，但多段线两端的宽度、切线方向以及曲线拟合信息均不改变。

对于其他不可以通过拉伸来改变其形状和大小的对象，如果在选取时其定义点位于选择窗口内，则对象发生移动，否则不发生移动。其中，圆对象的定义点为圆心，图形和图块对象的定义点为插入点，文字和属性的定义点为字符串基线的左端点。下面以图 6.14.1 所示为例来进行说明。

步骤 01 打开随书光盘文件 D:\cadxc15\work\ch06.14\stretch.dwg。

步骤 02 选择下拉菜单 修改(M) ➡ 拉伸(H) 命令。

a）拉伸前　　　　　　　　　　　　　　b）拉伸后

图 6.14.1　拉伸对象

 或者在命令行输入 STRETCH 或 S；或者单击"拉伸"按钮 。

步骤 03 拉伸对象。用窗交的方法选取图 6.14.2a 中的矩形；在命令行 指定基点或 [位移(D)] <位移>: 的提示下，选择图 6.14.2b 中的端点 B 作为基点；在 指定第二个点或 <使用第一个点作为位移>: 的提示下，在图中的点 A 处单击。

a）窗交选取矩形　　　　　　　　　b）捕捉并选择点 B

图 6.14.2　操作过程

 在使用拉伸命令时，直线、圆弧、多段线、椭圆弧和样条曲线可以被拉伸，而点、文本、圆和图块等对象不能被拉伸。

6.14.2　拉伸操作实战案例——手柄

本案例主要利用直线、圆、圆弧、修剪与拉伸命令来绘制手柄。绘制流程如图 6.14.3 所示。

本案例拉伸部分详细操作过程请参见随书光盘中 video\ch06.14\文件下的语音视频讲解文件"手柄.exe"。

图 6.14.3　手柄

6.15　打断

6.15.1　打断基本概念及操作

使用"打断"命令可以将一个对象断开，或将其截掉一部分。打断的对象可以为直线段、多段线、圆弧、圆、射线或构造线等。执行打断前需要指定打断点，系统在默认情况下将选取对象时单击处的点作为第一个打断点。下面以图 6.15.1 为例说明打断的一般操作过程。

a）打断前　　　　　　　　　　　　b）打断后

图 6.15.1　使用"打断"命令

步骤 01 打开文件 D:\cadxc15\work\ch06.15\break.dwg。

步骤 02 选择下拉菜单 修改(M) ➡ 打断(K) 命令。

或者在命令行输入命令 BREAK 或字母 BR，或者单击 默认 选项卡下"修改"
面板下侧的 [　修改 ▾　] 按钮，在展开的工具栏中单击"打断"命令按钮
🖵 。

步骤 03 在命令行 命令：_break 选择对象： 的提示下，将光标移至矩形边线上点 A 处并
单击，这样便选取了打断对象——矩形，同时矩形上的点 A 也是第一打断点。

步骤 04 在命令行 指定第二个打断点 或 [第一点(F)]： 的提示下，在矩形边线上点 B 处
单击，这样点 B 便是第二打断点，此时系统将点 A 和点 B 之间的线段删除。

◆ 如果选择提示 指定第二个打断点 或 [第一点(F)]： 中的"第一点(F)"选项，
则用户可以指定另外的点作为第一个打断点；在系统
命令：_break 选择对象： 的提示下，通过选取该对象并在其上某处单击，
然后在 指定第二个打断点 或 [第一点(F)]： 的提示下，输入@并按 Enter 键，
则系统便在单击处将对象断开，由于只选取了一个点，所以断开处没有
缺口。

◆ 如果第二点是在对象外选取的，则系统会将该对象位于两个点之间的部分
删除。

◆ 选择"打断于点"按钮 🖵，可将对象在一点处断开成两个对象，该命令是
从 🖵 打断(K) 命令派生出来的。使用该命令时，应先选取要被打断的对象，然
后指定打断点，系统便可在该断点处将对象打断成相连的两部分。

◆ 对圆的打断，系统按逆时针方向将第一断点到第二断点之间的那段圆弧删
除掉。

6.15.2 打断操作实战案例——阀盖

本案例主要利用直线、圆、倒角、圆角、修剪与打断等命令来绘制阀盖。绘制流程如图
6.15.2 所示。

本案例打断部分详细操作过程请参见随书光盘中 video\ch06.15\文件下的语音视频讲解
文件"阀盖.exe"。

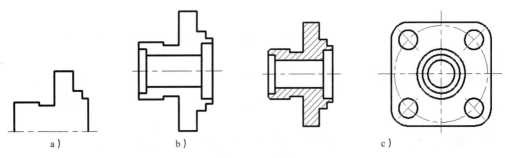

图 6.15.2 阀盖

6.16 分解

6.16.1 分解基本概念及操作

分解对象就是将一个整体的复杂对象（如多段线、块）转换成一个个单一组成的对象。分解多段线、矩形、圆环和多边形，可以把它们简化成多条简单的直线段和圆弧对象，然后就可以分别进行修改。下面以图 6.16.1 所示为例，说明对象的分解。

步骤 01 打开随书光盘文件 D:\cadxc15\work\ch06.16\explode.dwg。

步骤 02 选择下拉菜单 **修改(M)** ➡ **分解(X)** 命令。

> 或者输入命令 EXPLODE 后按 Enter 键；或者单击"分解"按钮 ⬚。

步骤 03 选择多段线为分解对象，并按 Enter 键。

步骤 04 验证结果。完成分解后，再次单击图形中的某个边线，此时只有这条边线加亮，如图 6.16.1b 所示，这说明多段线已被分解。

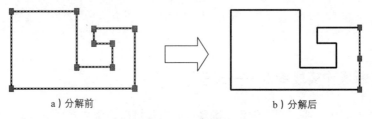

a）分解前　　　　　　　　　　　　b）分解后

图 6.16.1 分解对象

将对象分解后，将出现以下几种情况。

◆　如果原始的多段线具有宽度，在分解后将丢失宽度信息。

◆ 如果分解包含属性的块，将丢失属性信息，但属性定义被保留下来。

◆ 在分解对象后，原来配置成 By Block（随块）的颜色和线型的显示，将有可能发生改变。

◆ 如果分解面域，则面域转换成单独的线和圆等对象。

◆ 某些对象如文字、外部参照以及用 MINSERT 命令插入的块，不能分解。

6.16.2 分解操作实战案例——方头平键

本案例主要利用矩形、偏移与分解命令来绘制方头平键。绘制流程如图 6.12.2 所示。

本案例详细操作过程请参见随书光盘中 video\ch06.16\文件下的语音视频讲解文件"方头平键.exe"。

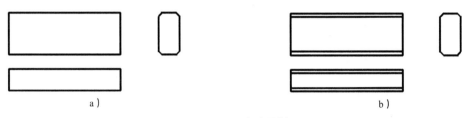

图 6.12.2 方头平键

6.17 合并

6.17.1 合并基本概念及操作

合并对象就是将相似的对象合并为一个对象，可以用来合并的对象包括圆弧、椭圆弧、直线、多段线、样条曲线等。下面以图 6.17.1 所示为例，说明对象的合并。

a）合并前　　　　　　　　　b）合并后

图 6.17.1 合并对象

步骤 **01** 打开随书光盘文件 D:\cadxc15\work\ch06.17\join.dwg。

步骤 **02** 选择下拉菜单 修改(M) ➡ 合并(J) 命令。

或者输入命令 JOIN 后按 Enter 键；或者单击"合并"按钮 ⊞。

步骤 03 选择合并对象。在绘图区域选取图 6.17.1a 中的两端圆弧为要合并的对象，并按 Enter 键。

步骤 04 验证结果。完成合并后，再次单击图形中的某个边线，此时整个对象均加亮，如图 6.17.1b 所示，这说明两段圆弧已被合并。

在进行合并对象时，合并的对象无须位于相同的平面内。

当用合并命令去合并两段圆弧时，合并将从源对象沿逆时针的方向合并圆弧。

6.17.2 合并操作实战案例——圆头平键

本案例主要利用直线、圆弧、矩形与合并命令来绘制圆头平键。绘制流程如图 6.17.2 所示。

本案例详细操作过程请参见随书光盘中 video\ch06.17\文件下的语音视频讲解文件"圆头平键.exe"。

a) 　　　　　　　　　　　　　　　　　　　b)

图 6.17.2　圆头平键

6.18　使用夹点编辑图形

6.18.1　关于夹点

1. 认识夹点

夹点是指对象上的控制点。当选择对象时，在对象上会显示出若干个蓝色小方框，这些小方框就是用来标记被选中对象的夹点，如图 6.18.1 所示。对于不同的对象，用来控制其特征的夹点的位置和数量也不相同。

单击此圆后，在该圆的四个象限点和圆心处会出现蓝色的小方框，这些小方框就是夹点。

图 6.18.1 圆的夹点

2. 控制夹点显示

选择下拉菜单 工具(T) ➡ 选项(N)... 命令，系统弹出"选项"对话框，通过该对话框的 选择集 选项卡可对夹点的显示进行设置。相关选项说明如下。

◆ 夹点尺寸(Z) 区域：控制夹点的显示大小。该项对应 GRIPSIZE 系统变量。

◆ 夹点颜色(C)... 按钮：若单击该按钮，系统会弹出"夹点颜色"对话框，在该对话框 设置 区域分别包括 未选中夹点颜色(U) 下拉列表，用来确定未选中的夹点的颜色，该项对应 GRIPCOLOR 系统变量；选中夹点颜色(C) 下拉列表，用来确定选中的夹点的颜色；悬停夹点颜色(R) 下拉列表，用来决定光标在夹点上停留时夹点显示的颜色，该项对应 GRIPHOVER 系统变量；夹点轮廓颜色(P) 下拉列表，用来确定夹点显示时夹点轮廓颜色。

◆ ☑ 显示夹点(R) 复选框：选中该复选框后，选取对象时在对象上显示夹点。通过选取夹点和使用快捷菜单，可以用夹点来编辑对象，但在图形中显示夹点会明显降低性能，清除此选项可优化性能。

◆ ☑ 在块中显示夹点(B) 复选框：如果选中此复选框，系统将显示块中每个对象的所有夹点。如果不选中此复选框，则将在块的插入点位置显示一个夹点。

◆ ☑ 显示夹点提示(T) 复选框：选中该复选框后，当光标悬停在自定义对象的夹点上时，显示夹点的特定提示。该复选框在标准 AutoCAD 对象上无效。

◆ ☑ 显示动态夹点菜单(U) 复选框：选中该复选框，当光标悬停在多段线或多边形的夹点上时，系统会弹出图 6.18.2 所示的快捷菜单（一），可在快捷菜单中选择相应命令对多段线或多边形进行编辑。

◆ ☑ 允许按 Ctrl 键循环改变对象编辑方式行为(Y) 复选框：选中此复选框后，当使用夹点对多段线或多边形进行编辑时，可按 Ctrl 键对图 6.18.2 所示的命令进行切换。

◆ 选择对象时限制显示的夹点数(M) 文本框：当初始选择集包括多于指定数目的对象时，抑制夹点的显示。有效值的范围是 1～32767，默认值是 100。

6.18.2 使用夹点编辑对象

1. 拉伸模式

当单击对象上的夹点时，系统便直接进入"拉伸"模式，此时可直接对对象进行拉伸、旋转、移动或缩放。在"拉伸"模式时，系统命令行提示图 6.18.3 所示的信息。

图 6.18.2 快捷菜单(一)　　　　　　　　　　图 6.18.3 命令行提示

下面仅以直线、圆弧和圆进行说明。

◆　**直线对象**: 使用直线对象上的夹点，可以移动、拉伸和旋转直线，如图 6.18.4 所示。

单击此中间的夹点，然后移动鼠标，即可移动该直线，移动到指定位置后，再单击以确定新的位置。

单击两端的夹点，然后移动鼠标，可拉伸或转动该直线(转动中心为另一端点)。

图 6.18.4 通过夹点直接编辑直线对象

◆　**圆弧对象**: 使用圆弧对象上的夹点，可以实现对圆弧的拉伸，如图 6.18.5 所示。

单击圆心处的夹点，然后移动鼠标，即可移动该圆弧。

单击此夹点，然后移动鼠标，即可拉伸该圆弧，拉伸到指定位置后单击。也可单击其他两个夹点进行拉伸。

单击此象限夹点，然后移动鼠标，即可缩放该圆弧。

图 6.18.5 通过夹点直接编辑圆弧对象

◆　**圆对象**: 使用圆对象上的夹点，可以实现对圆的缩放和移动，如图 6.18.6 所示。

单击圆心处的夹点，然后移动鼠标，即可移动该圆。

单击此象限夹点，然后移动鼠标，即可缩放该圆。其他三个象限夹点也同样如此。

图 6.18.6 通过夹点直接编辑圆对象

◆　**多段线对象**: 使用多段线上的夹点，可实现对多段线移动、添加/删除顶点、拉伸及圆弧与多段线之间的转换，如图 6.18.7 所示。

单击多段线处此夹点，然后移动鼠标，可实现多段线拉伸或旋转（旋转中心为另一端点）；若将鼠标悬停在该夹点上时，系统会弹出图 6.18.8 所示的快捷菜单（二），可通过快捷菜单中的命令来编辑该多段线。

单击多段线处此夹点，然后移动鼠标，可拉伸该多段线；若将鼠标悬停在该夹点上，会弹出图 6.18.9 所示的快捷菜单（三），可通过快捷菜单中的命令来编辑该多段线。

图 6.18.7　通过夹点直接编辑圆对象

图 6.18.8　快捷菜单（二）

图 6.18.9　快捷菜单（三）

图 6.18.8 所示的快捷菜单（二）中的命令有以下说明。

◆ **拉伸顶点** 命令：当选择该命令时，移动光标，可对多段线进行拉伸。

◆ **添加顶点** 命令：当选择该命令时，用鼠标拖动选中的顶点，可对多段线添加一个顶点，从而在多段线中再添加一段，如图 6.18.10b 所示。

◆ **删除顶点** 命令：当选择该命令时，可删除选中的点，从而在多段线上删除一段，如图 6.18.10c 所示，当多段线只有一段时此命令不可选。

b）添加顶点　　　　　　　　　　a）选择对象　　　　　　　　　c）删除顶点

图 6.18.10　使用夹点编辑多段线（一）

图 6.18.9 所示的快捷菜单（三）中的命令有以下说明。

◆ **拉伸** 命令：当选择该命令时移动光标，可移动该夹点所在的多段线段，从而拉伸多段线上与其相邻的一段多段线，如图 6.18.11 所示。

◆ **添加顶点** 命令：当选择该命令时移动光标，在合适的位置单击，可将多段线该夹点所在的一段转化为两段，如图 6.18.12 所示。

◆ **转换为圆弧** 命令：当选择该命令时移动光标，在合适的位置单击，可将多段线该夹点所在的一段转化为圆弧（图 6.18.13）。当光标悬停在圆弧上的夹点上时，在系统弹出的快捷菜单中选择"转化为直线"命令，可将该圆弧又转换为多段线。

图 6.18.11　选择"拉伸"命令　图 6.18.12　选择"添加顶点"命令　图 6.18.13　选择"转换为圆弧"命令

◆　多边形对象：使用多边形对象的夹点，可以实现对多边形边线的移动、添加/删除顶点、拉伸及圆弧与直线的转换，如图 6.18.14 所示。

单击多变形上此夹点，然后移动鼠标，可将多边形拉伸该边线或旋转（多边形以该点为圆心旋转）；若将鼠标悬停在该夹点上时，系统会弹出图 6.18.8 所示的快捷菜单（二），可通过快捷菜单中命令来编辑该多边形。

单击多段线上此夹点，然后移动鼠标，可平移该边线；若将鼠标悬停在该夹点上时，系统会弹出图 6.18.9 所示的快捷菜单（三），可通过快捷菜单中命令来编辑该多边形。

图 6.18.14　通过夹点直接编辑多边形对象

2.　移动模式

单击对象上的夹点，在命令行的提示下，直接按 Enter 键或输入字母 MO 后按 Enter 键，系统便进入"移动"模式，此时可对对象进行移动。

3.　旋转模式

单击对象上的夹点，在命令行的提示下，连续按两次 Enter 键或输入字母 RO 后按 Enter 键，便进入"旋转"模式。此时，可以把对象绕操作点或新的基点进行旋转。

4.　缩放模式

单击对象上的夹点，连续按三次 Enter 键或输入字母 SC 后按 Enter 键，便进入"缩放"模式，此时可以把对象相对于操作点或基点进行缩放。

5.　镜像模式

单击对象上的夹点，连续按四次 Enter 键或输入字母 MI 后按 Enter 键，便进入"镜像"模式，此时可以将对象进行镜像。

单击夹点，然后右击，通过系统弹出的快捷菜单也可以进入各种编辑模式。

6.18.3　使用夹点编辑图形实战案例——编辑图形

本案例首先利用直线与圆命令绘制图 6.18.15a 所示的图形，然后利用夹点编辑工具编辑成图 6.18.15b 所示的图形。

本案例详细操作过程请参见随书光盘中 video\ch06.18\文件下的语音视频讲解文件"编辑图形.exe"。

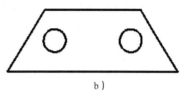

a)   b)

图 6.18.15　编辑图形

6.19　修改对象的特性

在默认的情况下，在某层中绘制的对象，其颜色、线型和线宽等特性都与该层属性设置一致，即对象的特性类型为随层（By Layer）。在实际工作中，经常需要修改对象的特性，这就要求大家应该熟练、灵活地掌握对象特性修改的工具及命令。AutoCAD 2015 提供了以下工具和命令用于修改对象的特性。

6.19.1　使用"特性"面板

处于浮动状态时的"特性"面板如图 6.19.1 所示，用它可以修改所有对象的通用特性，如图层、颜色、线型、线宽和打印样式。当选择多个对象时，面板上的控制项将显示所选择的对象都具有的相同特性（如相同的颜色或线型）。如果这些对象所具有的特性不相同，则相应的控制项为空白。

图 6.19.1　"特性"面板

当只选择一个对象时，则面板上的控制项将显示这个对象的相应特性。

当没有选择对象时，面板上的控制项将显示当前图层的特性，包括图层的颜色、线型、线宽和打印样式。

如要修改某特性，只需在相应的控制项中选择新的选项即可。

6.19.2　使用"特性"窗口

"特性"窗口如图 6.19.2 所示，用它可以修改任何对象的任一特性。选择的对象不同，"特性"窗口中显示的内容和项目也不同。"特性"窗口在绘图过程中可以处于打开状态。

要显示"特性"窗口，可以双击某对象或选择下拉菜单 修改(M) ➡ 特性(P) 命令（或者在命令行中输入 PROPERTIES 命令后按 Enter 键）。

当没有选择对象时，"特性"窗口将显示当前状态的特性，包括当前的图层、颜色、线型、线宽和打印样式等设置。

当选择一个对象时，"特性"窗口将显示选定对象的特性。

当选择多个对象时，"特性"窗口将只显示这些对象的共有特性，此时可以在"特性"窗口顶部的下拉列表中选择一个特定类型的对象，在这个列表中还显示当前所选择的每一种类型的对象的数量。

图 6.19.2 "特性"窗口

在"特性"窗口中，修改某个特性的方法取决于所要修改的特性的类型。归纳起来，可以使用以下几种方法修改特性。

◆　直接输入新值：对于带有数值的特性，如厚度、坐标值、半径和面积等，可以通过输入一个新的值来修改对象的相应特性。

◆　从下拉列表中选择一个新值：对于可以从下拉列表中选择的特性，如图层、线型和打印样式等，可从该特性对应的下拉列表中选择一个新值来修改对象的特性。

◆ 用对话框修改特性值：对于通常需要用对话框设置和编辑的特性，如超级链接、填充图案的名称或文本字符串的内容，可选择该特性并单击后部出现的省略号按钮 ⊡，在显示出来的对象编辑对话框中修改对象的特性。

◆ 使用拾取点按钮修改坐标值：对于表示位置的特性（如起点坐标），可选择该特性并单击后部所出现的拾取点按钮 ⬚，然后在图形中某位置单击以指定一个新的位置。

下面举例来说明"特性"窗口的操作。

如图 6.19.3 所示，通过"特性"窗口将大圆的颜色改为"红色"，图层改为"图层 1"，将小圆圆心端点的坐标改为（1000，800）；将大圆圆心坐标也改为（1000，800），操作步骤如下。

步骤01 打开随书光盘文件 D:\cadxc15\work\ch06.19\drawing1.dwg。

步骤02 选择下拉菜单 修改(M) ➡ 📋 特性(E) 命令，系统弹出"特性"窗口，确认"特性"窗口顶部的"模式"按钮显示为 📋，选择图 6.19.3a 中的大圆对象，此时的"特性"窗口便显示该大圆的特性。

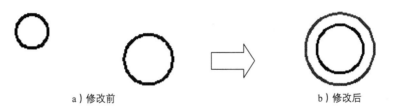

a）修改前   b）修改后

图 6.19.3 通过"特性"窗口修改对象

上面 **步骤02** 的操作可采用另一种简便的方法，只需双击对象即可。

步骤03 修改特性值。单击"特性"窗口中的"颜色"项，单击下三角按钮，在下拉列表中选取"红"；在 几何图形 部分，单击"圆心 X 坐标"项后的文本框，将其值修改为 1000；单击"圆心 Y 坐标"项后的文本框，将其值修改为 800。

步骤04 选择另一修改对象——小圆，此时"特性"窗口便显示该圆的特性。

步骤05 修改其特性值。在 几何图形 部分，单击"圆心 X 坐标"项后的文本框，将其值修改为 1000；单击"圆心 Y 坐标"项后的文本框，将其值修改为 800，最后结果如图 6.19.3b 所示。

6.19.3　匹配对象特性

匹配对象特性就是将图形中某对象的特性和另外的对象相匹配，即将一个对象的某些或所有特性复制到一个或多个对象上，使它们在特性上保持一致。例如，绘制完一条直线，我们要求它与另外一个对象保持相同的颜色和线型，这时就可以使用特性匹配工具来完成。

如图 6.19.4 所示，可以将圆的线型及线宽修改为与直线相同的样式，下面介绍其方法。

图 6.19.4　匹配对象特性举例

步骤 01 打开随书光盘文件 D:\cadxc15\work\ch06.19\drawing2.dwg。

步骤 02 选择下拉菜单 **修改(M)** ➡ **特性匹配(M)** 命令。

 也可以在命令行中输入 MATCHPROP 命令后按 Enter 键。

步骤 03 选择匹配源对象。在系统 选择源对象: 的提示下，选择图 6.19.4a 所示的直线作为参照的源对象。

步骤 04 选择目标对象。在系统 选择目标对象或 [设置(S)]: 的提示下，选择图 6.19.4a 所示的圆作为目标对象，并按 Enter 键，结果如图 6.19.4b 所示。

6.19.4　修改对象特性实战案例——修改盆景花颜色

本案例主要利用特性窗口与特性匹配命令修改盆景花的颜色。修改前后效果如图 6.19.5 所示。

本案例详细操作过程请参见随书光盘中 video\ch06.19\文件下的语音视频讲解文件"修改盆景花颜色.exe"。

a)   b)

图 6.19.5　修改盆景花颜色

6.20　本章综合实战案例

6.20.1　本章综合实战案例 01——衣架挂钩

本案例主要利用直线、圆、圆角、偏移、镜像与修剪等命令绘制衣架挂钩，在绘制此图形时，准确找到各圆的圆心位置是绘制的重点。绘制流程如图 6.20.1 所示。

本案例详细操作过程请参见随书光盘中 video\ch06.20\文件下的语音视频讲解文件"衣架挂钩.exe"。

a)   b)   c)   d)

图 6.20.1　衣架挂钩

6.20.2　本章综合实战案例 02——落地灯

本案例主要利用直线、矩形、多段线、圆弧、样条线与复制等命令绘制落地灯。绘制流程如图 6.20.2 所示。

本案例详细操作过程请参见随书光盘中 video\ch06.20\文件下的语音视频讲解文件"落地灯.exe"。

6.21　思考与练习

1. 选取对象的方式有哪些？针对每一种方式请试举一例说明。

图 6.20.2　落地灯

2. 用于调整对象的编辑命令有哪些？如何进行操作？

3. 用于创建对象副本的编辑命令有哪些？如何进行操作？

4. 用于修改对象的形状及大小的编辑命令有哪些？如何进行操作？

5. 用于修饰及拆分对象的编辑命令有哪些？如何进行操作？

6. 打开随书光盘中文件 D:\cadxc15\work\ch06.21\ch05_ex06.dwg，然后思考：如何为图中的多段线创建单个倒角？要求倒角后的图形仍为多段线。

7. 结合本章所学的内容，绘制图 6.21.1 所示的机械零件的两个视图。

图 6.21.1　绘制机械零件图

第 7 章　标注图形尺寸

7.1　尺寸标注

7.1.1　尺寸标注概述

在 AutoCAD 系统中，尺寸标注用于标明图元的大小或图元间的相互位置，以及为图形添加公差符号、注释等，尺寸标注包括线性标注、角度标注、多重引线标注、半径标注、直径标注和坐标标注等几种类型。

标注样式也就是尺寸标注的外观，比如标注文字的样式、箭头类型、颜色等都属于标注样式。尺寸标注样式由系统提供的多种尺寸变量来控制，用户可以根据需要对其进行设置并保存，以便重复使用此样式，这样就可以提高软件的使用效率。

7.1.2　尺寸标注的组成

如图 7.1.1 所示，一个完整的尺寸标注应由标注文字、尺寸线、尺寸线的终端符号（标注箭头）、尺寸界线及标注起点组成，下面分别进行说明。

图 7.1.1　尺寸标注的元素

◆ 标注文字：用于表明图形大小的数值，标注文字除了包含一个基本的数值外，还可以包含前缀、后缀、公差和其他的任何文字。在创建尺寸标注时，可以控制标注文字字体以及其位置和方向。

◆ 尺寸线：标注尺寸线，简称尺寸线，一般是一条两端带有箭头的线段，用于表明标注的范围。尺寸线通常放置在测量区域中，如果空间不足，则将尺寸线或文字移到测量区域的外部，这取决于标注样式中的放置规则。对于角度标注，尺寸线是一段圆弧。尺寸线应该使用细实线。

◆ 标注箭头：标注箭头位于尺寸线的两端，用于指出测量的开始和结束位置。系统默认使用闭合的填充箭头符号，此外还提供了多种箭头符号，如建筑标记、小斜线箭头、点和斜杠等，以满足用户的不同需求。

◆ 标注起点：标注起点是所标注对象的起始点，系统测量的数据均以起始点为计算点。标注起点通常与尺寸界线的起点重合，也可以利用尺寸变量，使标注起点与尺寸界线的起点之间有一小段距离。

◆ 尺寸界线：尺寸界线是标明标注范围的直线，可用于控制尺寸线的位置。尺寸界线也应该使用细实线。

7.1.3 尺寸标注的注意事项

尺寸标注的注意事项如下。

◆ 在创建一个尺寸标注时，系统将尺寸标注绘制在当前图层上，并使用当前标注样式。用户可以通过修改尺寸变量的值来改变已经存在的尺寸标注样式。

◆ 在默认状态下，AutoCAD 创建的是关联尺寸标注，即尺寸的组成元素（尺寸线、尺寸界线、标注箭头和标注文字）是作为一个单一的对象处理的，并同测量的对象连接在一起。如果修改对象的尺寸，则尺寸标注将会自动更新以反映出所做的修改。EXPLODE 命令可以把关联尺寸标注转换成分解的尺寸标注，一旦分解后就不能再重新把对象同标注相关联了。

◆ 物体的真实大小应以图样上所标注的尺寸数值为依据，与图形的大小及绘图的准确度无关。

◆ 图样中的尺寸以 mm 为单位时，不需要标注计量单位的代号或名称。如采用其他单位，则必须注明相应计量单位的代号或名称，如 m、cm 等。

7.2 尺寸标注样式

7.2.1 新建标注样式

在默认情况下，为图形对象添加尺寸标注时，系统将采用 STANDARD 标注样式，该样式保存了默认的尺寸标注变量的设置。STANDARD 样式是根据美国国家标准协会（ANSI）标注标准设计的，但是又不完全遵循该协会的设计。如果在开始绘制新图形时选择了米制单位，则 AutoCAD 将使用 ISO-25（国际标准化组织）的标注样式。德国工业标准（DIN）和日本工业标准（JIS）样式分别由 AutoCAD 的 DIN 和 JIS 图形样板提供。

用户可以根据已经存在的标注样式定义新的标注样式，这样有利于创建一组相关的标注样式。对于已经存在的标注样式，还可以为其创建一个子样式，子样式中的设置仅用于特定类型的尺寸标注。例如，在一个已经存在的样式中，可以指定一个不同类型的箭头用于角度标注，或一个不同的标注文字颜色用于坐标标注。创建新的标注样式的操作步骤为：选择下拉菜单 格式(O) ➡ ✓ 标注样式(D)... 命令，系统弹出 "标注样式管理器" 对话框；单击该对话框中的 新建(N)... 按钮，在弹出的 "创建新标注样式" 对话框中，输入新标注样式的名称并选择基础样式和适用范围；在 "创建新标注样式" 对话框中，单击 继续 按钮，系统弹出 "新建标注样式" 对话框，在其中可设置新标注样式的各项要素。

"标注样式管理器" 对话框中的各选项说明如下。

◆ 置为当前(U) 按钮：将 样式(S) 列表中的某个标注样式设置为当前使用的样式。

◆ 新建(N)... 按钮：创建一个新的标注样式。

◆ 修改(M)... 按钮：修改已有的某个标注样式。

◆ 替代(O)... 按钮：创建当前标注样式的替代样式。

◆ 比较(C)... 按钮：比较两个不同的标注样式。

7.2.2 尺寸线与尺寸界线的设置

在 "新建标注样式" 对话框中，使用 线 选项卡，可以设置尺寸标注的尺寸线与尺寸界线的颜色、线型和线宽等。对于任何设置进行的修改，都可在预览区域立即看到更新的结果。

1. 尺寸线的设置

在 尺寸线 选项组中，可以进行下列设置。

◆ 颜色(C): 下拉列表框：用于设置尺寸线的颜色，默认情况下，尺寸线的颜色随块。另外也可以使用变量 DIMCLRD 设置尺寸线的颜色。

◆ 线型(L): 下拉列表框：用于设置尺寸线的线型，默认情况下，尺寸线的线型随块。

◆ 线宽(G): 下拉列表框：用于设置尺寸线的宽度，默认情况下，尺寸线的线宽也随块。另外，也可以使用变量 DIMLWD 设置尺寸线的宽度。

◆ 超出标记(N): 文本框：当尺寸线的箭头采用倾斜、建筑标记、小点、积分或无标记等样式时，在该文本框中可以设置尺寸线超出尺寸界线的长度。例如，将箭头设置为建筑常用的斜杠标记时，超出标记值为 0 和不为 0 时的效果如图 7.2.1 所示。另外，也可以使用系统变量 DIMDLE 设置该项。

◆ 基线间距(A): 文本框：创建基线标注时，可在此设置各尺寸线之间的距离，如图 7.2.2 所示。另外，也可以用变量 DIMDLI 设置该项。

图 7.2.1　设置超出标记

图 7.2.2　设置基线间距

◆ **隐藏:** 选项组：通过选中 ☐ 尺寸线 1(M) 或 ☐ 尺寸线 2(D) 复选框，可以隐藏第一段或第二段尺寸线及其相应的箭头，如图 7.2.3 所示。另外，也可以使用变量 DIMSD1 和 DIMSD2 设置该项。

a）隐藏尺寸线 1　　　　　b）隐藏尺寸线 2　　　　　c）隐藏尺寸线 1 和 2

图 7.2.3　隐藏尺寸线

2. 尺寸界线的设置

在 **尺寸界线** 选项组中，可以进行下列设置。

◆ **颜色(R):** 下拉列表框：用于设置尺寸界线的颜色。

◆ **尺寸界线 1 的线型 (I):** 和 **尺寸界线 2 的线型 (T):** 下拉列表框：用于设置尺寸界线 1 和尺寸界线 2 的线型。

◆ **线宽(W):** 下拉列表框：用于设置尺寸界线的宽度。

◆ **超出尺寸线(X):** 文本框：用于设置尺寸界线超出尺寸线的距离，如图 7.2.4 所示。

◆ **起点偏移量(F):** 文本框：用于设置尺寸界线的起点与标注起点的距离，如图 7.2.5 所示。

◆ **☐ 固定长度的尺寸界线(O):** 设置尺寸界线从尺寸线开始到标注原点的总长度。

◆ **隐藏:** 选项组：通过选中 ☐ 尺寸界线 1(1) 或 ☐ 尺寸界线 2(2) 复选框，可以隐藏尺寸界线，如图 7.2.6 所示。

a）超出尺寸线值为 0 　　b）超出尺寸线值为 5

图 7.2.4　设置尺寸界线超出尺寸线的距离

a）起点偏移量为 0 　　b）起点偏移量为 5

图 7.2.5　设置尺寸界线的起点与标注起点的距离

a）隐藏尺寸界线 1 　　b）隐藏尺寸界线 1 和 2

图 7.2.6　隐藏尺寸界线

7.2.3　符号和箭头的设置

在"新建标注样式"对话框中，使用 符号和箭头 选项卡，可以设置标注文字的箭头大小及圆心标记的格式和位置等。

1．箭头的设置

在 箭头 选项组中，可以设置标注箭头的外观样式及尺寸。为了满足不同类型的图形标注需要，系统提供了 20 多种箭头样式，可以从对应的下拉列表中选择某种样式，并在 箭头大小 (I): 文本框中设置其大小。

此外，用户也可以使用自定义箭头。可在选择箭头的下拉列表中选择 用户箭头… 选项，系统弹出"选择自定义箭头块"对话框，在 从图形块中选择: 文本框中输入当前图形中已有的块名，然后单击 确定 按钮，此时系统即以该块作为尺寸线的箭头样式，块的基点与尺寸线的端点重合。

2．圆心标记的设置

在 圆心标记 选项组中，可以设置圆心标记的类型和大小。

◆ ○无(N)、⊙标记(M) 和 ○直线(E) 单选项：用于设置圆或圆弧的圆心标记类型。其中，选中 ⊙标记(M) 单选项，对圆或圆弧绘制圆心标记；选中 ○直线(E) 单选项，对圆或圆弧绘制中心线；选中 ○无(N) 单选项，则不做任何标记。

3. 折断标注的设置

◆ 折断标注 区域中的 折断大小(B): 文本框: 用于设置折断标注的间距大小。

4. 弧长符号的设置

在 弧长符号 选项组中, 可以设置弧长符号。

◆ ○ 标注文字的前缀(P) 单选项: 将弧长符号放在标注文字的前面。
◆ ◉ 标注文字的上方(A) 单选项: 将弧长符号放在标注文字的上方。
◆ ○ 无(O) 单选项: 不显示弧长符号。

5. 半径折弯标注的设置

◆ 半径折弯标注 区域中的 折弯角度(J): 文本框: 确定用于连接半径标注的尺寸界线和尺寸线的横向直线的角度。

6. 线性折弯标注的设置

◆ 线性折弯标注 区域中的 折弯高度因子(F): 文本框: 用于设置文字折弯高度的比例因子。

　　　　线性折弯高度是通过形成折弯角度的两个定点之间的距离确定的,其值为折弯高度因子与文字高度之积。

7.2.4 文字的设置

在 "新建标注样式" 对话框中, 使用 文字 选项卡, 可以设置标注文字的外观、位置和对齐方式等。

1. 文字外观的设置

在 文字外观 选项组中, 用户可以进行如下设置。

◆ 文字样式(Y): 下拉列表框: 用于选择标注的文字样式, 也可以单击其后的 ... 按钮, 在弹出的 "文字样式" 对话框中新建或修改文字样式。
◆ 文字颜色(C): 下拉列表框: 用于设置标注文字的颜色。
◆ 填充颜色(L): 下拉列表框: 用于设置标注中文字背景的颜色。
◆ 文字高度(T): 文本框: 用于设置标注文字的高度。
◆ 分数高度比例(H): 文本框: 用于设置标注文字中的分数相对于其他标注文字的比例, 系统以该比例值与标注文字高度的乘积作为分数的高度。
◆ ☑ 绘制文字边框(F) 复选框: 用于设置是否给标注文字加边框, 如图 7.2.7 所示。

2. 文字位置的设置

在 文字位置 选项组中，用户可以进行如下设置。

◆ 垂直(V)：下拉列表框：用于设置标注文字相对于尺寸线在
垂直方向的位置。其中，选择"居中"选项，可以把标
注文字放在尺寸线中间；选择"上"选项，可以把标注
文字放在尺寸线的上方；选择"外部"选项，可以把标
注文字放在尺寸线上远离标注起点的一侧；选择"JIS"
选项，可以按照日本工业标准（JIS）规则放置标注文字；

图 7.2.7　加边框

选择"下"选项，可以把标注文字放在尺寸线的下方，如图 7.2.8 所示。

图 7.2.8　设置文字垂直位置

◆ 水平(Z)：下拉列表框：用于设置标注文字相对于尺寸线和尺寸界线在水平方向的位置，
其中有"居中""第一条延伸线""第二条延伸线""第一条延伸线上方"及"第二
条延伸线上方"选项。图 7.2.9 显示了上述各位置的情况。

图 7.2.9　设置文字水平位置

◆ 从尺寸线偏移(Q)：文本框：用于设置标注文字与尺寸线之间的距离。如果标注文字在垂直方向位于尺寸线的中间，则表示尺寸线断开处的端点与尺寸文字的间距。若标注文字带有边框，则可以控制文字边框与其中文字的距离。

3. 文字对齐的设置

在 文字对齐(A) 选项组中，用户可以设置标注文字是保持水平还是与尺寸线平行。

◆ ○水平 单选项：使标注文字水平放置。

◆ ⊙与尺寸线对齐 单选项：使标注文字方向与尺寸线方向一致。

◆ ○ISO 标准 单选项：使标注文字按 ISO 标准放置，即当标注文字在尺寸界线之内时，它的方向与尺寸线方向一致，而在尺寸界线之外时将水平放置。

图 7.2.10 显示了上述三种文字对齐方式。

a）水平

b）与尺寸线对齐

c）ISO 标准

图 7.2.10　设置文字位置

7.2.5　尺寸的调整

在"新建标注样式"对话框中，使用 调整 选项卡，可以调整标注文字、尺寸线、尺寸箭头的位置。在 AutoCAD 系统中，当尺寸界线间有足够的空间时，文字和箭头将始终位于尺寸界线之间；否则将按 调整 选项卡中的设置来放置。

1. 调整选项

当尺寸界线之间没有足够的空间来同时放置标注文字和箭头时，通过 调整选项(F) 选项组中的各选项，可以设定如何从尺寸界线之间移出文字或箭头对象，各选项说明如下。

◆ ⊙文字或箭头（最佳效果）单选项：由系统按最佳效果自动移出文字或箭头。

◆ ○箭头 单选项：首先将箭头移出，如图 7.2.11a 所示。

◆ ○文字 单选项：首先将文字移出，如图 7.2.11b 所示。

◆ ○文字和箭头 单选项：将文字和箭头都移出，如图 7.2.11c 所示。

◆ ○文字始终保持在尺寸界线之间 单选项：将文本始终保持在尺寸界线内，箭头可在尺寸界线内，也可在尺寸界线之外。

◆ □若箭头不能放在尺寸界线内，则将其消除 复选框：选中该复选框，系统将抑制箭头显示，如图 7.2.11d 所示。

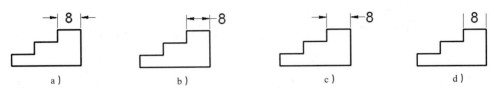

图 7.2.11 文字和箭头的调整

2. 文字位置

在 文字位置 选项组中，可以设置将文字从尺寸界线之间移出时文字放置的位置。图 7.2.12 显示了当文字不在默认位置时的各种设置效果。

◆ ⊙尺寸线旁边(B) 单选项：将标注文字放在尺寸线旁边，如图 7.2.12a 所示。

◆ ⊙尺寸线上方，带引线(L) 单选项：将标注文字放在尺寸线的上方并且加上引线，如图 7.2.12b 所示。

◆ ○尺寸线上方，不带引线(O) 单选项：将标注文字放在尺寸线的上方但不加引线，如图 7.2.12c 所示。

3. 标注特征比例

标注特征比例 选项组的各选项说明如下。

◆ ⊙使用全局比例(S): 单选项：对所有标注样式设置缩放比例，该比例并不改变尺寸的测量值。

◆ ○将标注缩放到布局 单选项：根据当前模型空间视口与图纸空间之间的缩放关系设置比例。

 当选中 □注释性(A) i 复选框时，此标注为注释性标注，⊙使用全局比例(S): 和 ○将标注缩放到布局 选项不亮显。

a）"尺寸线旁边"选项

b）"尺寸线上方，带引线"选项

c）"尺寸线上方，不带引线"选项

图 7.2.12 调整文字位置

4. 优化

在 优化(T) 选项组中，可以对标注文字和尺寸线进行细微调整，该选项组包括以下两个复选框。

◆ □ 手动放置文字(P) 复选框：选中该复选框，则忽略标注文字的水平设置，在创建标注时，用户可以指定标注文字放置的位置。

◆ ☑ 在尺寸界线之间绘制尺寸线(D) 复选框：选中该复选框，则当尺寸箭头放置在尺寸界线之外时，也在尺寸界线之内绘制出尺寸线。

7.2.6 尺寸主单位的设置

在"新建标注样式"对话框中，使用 主单位 选项卡，用户可以设置主单位的格式与精度等属性。

1. 线性标注

在 线性标注 选项组中，用户可以设置线性标注的单位格式与精度，该选项组中各选项说明如下。

◆ 单位格式(U)：下拉列表框：用于设置线性标注的尺寸单位格式，包括"科学""小数""工程""建筑""分数"及"Windows 桌面"选项，其中"Windows 桌面"表示使用 Windows 控制面板区域设置（Regional Settings）中的设置。

◆ 精度(P)：下拉列表框：用于设置线性标注的尺寸的小数位数。

◆ 分数格式(M)：下拉列表框：当单位格式是分数时，可以设置分数的格式，包括"水平""对角"和"非堆叠"三种方式。

◆ 小数分隔符(C)：下拉列表框：用于设置小数的分隔符，包括"逗点""句点"和"空格"三种方式。

◆ 舍入(R)：文本框：用于设置线性尺寸测量值的舍入规则（小数点后的位数由 精度(P)：选项确定）。

◆ 前缀(X)：和 后缀(S)：文本框：用于设置标注文字的前缀和后缀，用户在相应的文本框中输入字符即可（如果输入了一个前缀，在创建半径或直径尺寸标注时，系统将用指定的前缀代替系统自动生成的半径符号或直径符号）。

◆ 测量单位比例 选项组：在 比例因子(R)：文本框中可以设置测量尺寸的缩放比例，标注的尺寸值将是测量值与该比例的积。例如，输入的比例因子为 5，系统将把 1 个单位的尺寸显示成 5 个单位。选中 ☑ 仅应用到布局标注 复选框，系统仅对在布局里创建的标注应用比例因子。

◆ 消零 选项组：选中此选项则不显示尺寸标注中的前导和后续的零（如"0.5"变为"
".5"，"12.5000"变为"12.5"）。

2. 角度标注

在 角度标注 选项组中，可以使用 单位格式(A): 下拉列表框设置角度的单位格式；使用 精度(P):
下拉列表框设置角度值的精度；在 消零 选项组中设置是否消除角度尺寸的前导和后续的零。

7.2.7 尺寸的单位换算

在"新建标注样式"对话框中，使用 换算单位 选项卡可以显示换算单位及设置换算单位的
格式，通常是显示英制标注的等效米制标注，或米制标注的等效英制标注。

在 换算单位 选项卡中选中 ☑显示换算单位(D) 复选框后，系统将在主单位旁边的方括号"[]"
中显示换算单位，如图 7.2.13 所示。用户可以在 换算单位 选项组中设置换算单位的 单位格式(U): 、
精度(P): 、 换算单位倍数(M): 、 舍入精度(R): 、 前缀(F): 及 后缀(S): 项目，其设
置方法和含义与主单位基本相同。

位置 选项组用于控制换算单位的位置，包括 ⊙ 主值后(A) 和
○ 主值下(B) 两种方式，分别表示将换算单位放置在主单位的后面或
主单位的下面。

图 7.2.13　使用换算单位

7.2.8 尺寸公差的设置

在"新建标注样式"对话框中，使用 公差 选项卡，可以设置是否在尺寸标注中显示公差
及设置公差的格式，如图 7.2.14 所示。

在 公差格式 选项组中，可以对主单位的公差进行如下设置。

◆ 方式(M): 下拉列表框：确定以何种方式标注公差，包括"无""对称""极限偏差""极
限尺寸"和"基本尺寸"选项（建议使用 txt 字体），如图 7.2.14 所示。

◆ 精度(P): 下拉列表框：用于设置公差的精度，即小数点位数。

◆ 上偏差(V): 、 下偏差(W): 文本框：用于设置尺寸的上偏差值、下偏差值。

◆ 高度比例(H): 文本框：用于确定公差文字的高度比例因子，系统将该比例因子与主标
注文字高度相乘作为公差文字的高度。

◆ 垂直位置(S): 下拉列表框：用于控制公差文字相对于尺寸文字的位置，包括"下""中"
和"上"三种方式。

◆ 在 消零 选项组中，用于设置是否消除公差值的前导或后续的零。

◆ 在 公差对齐 选项组中，可以设置公差的对齐方式 ⊙ 对齐运算符(G)（通过值的小数分隔

符堆叠偏差值）和 ⊙ 对齐小数分隔符Ⓐ （通过值的运算符堆叠偏差值）。

◆ 当标注换算单位时，用户可以在 换算单位公差 选项组中，设置换算单位公差的精度和
是否消零。

a）"无"　　　　　　b）"对称"　　　　　　c）"极限偏差"

d）"极限尺寸"　　　　　　　　e）"基本尺寸"

图 7.2.14　设置公差格式

7.3　标注尺寸

7.3.1　线性标注

线性标注用于标注图形对象的线性距离或长度，包括"水平标注""垂直标注"和"旋
转标注"三种类型。水平标注用于标注对象上的两点在水平方向的距离，尺寸线沿水平方向
放置；垂直标注用于标注对象上的两点在垂直方向的距离，尺寸线沿垂直方向放置；旋转标
注用于标注对象上的两点在指定方向的距离，尺寸线沿旋转角度方向放置。因此，"水平标
注""垂直标注"并不只用于标注水平直线、垂直直线的长度。在创建一个线性尺寸标注后，
还可为其添加"基线标注"或"连续标注"。下面以图 7.3.1 所示的矩形的长边为例，说明"线
性标注"的操作过程。

a）使用默认的标注文字　　　　　　　b）使用输入的标注文字

图 7.3.1　线性标注

步骤 01　打开文件 D:\cadxc15\work\ch07.03\dimlinear.dwg。

步骤 02　选择命令。选择下拉菜单 标注(N) ➡ 线性(L) 命令。

步骤 03 用端点捕捉的方法指定第一条尺寸界线起点——A 点。其操作方法为：在系统 指定第一个尺寸界线原点或 <选择对象>: 的提示下，输入端点捕捉命令 END 并按 Enter 键，然后将光标移至图 7.3.1 中的点 A 附近，当出现 端点 提示时单击，这样便指定了该矩形的长边或宽边的端点作为第一条尺寸界线的起点。

步骤 04 指定第二条尺寸界线起点——B 点。在系统 指定第二条尺寸界线原点: 的提示下，捕捉图 7.3.1 所示的点 B，此时系统命令行的提示如图 7.3.2 所示。

步骤 05 确定尺寸线的位置和标注文字，这里分如下两种情况。

情况一： 如果尺寸文字采用系统测量值（即 24），可直接在矩形的上方单击一点以确定尺寸线的位置，如图 7.3.1a 所示。

情况二： 如果尺寸文字不采用系统测量值（即 24），可输入字母 T 并按 Enter 键，然后在系统 输入标注文字 <24>: 的提示下，输入数值 30 并按 Enter 键，然后在矩形的上方单击一点以确定尺寸线的位置，如图 7.3.1b 所示。

图 7.3.2　命令行提示

图 7.3.2 所示的命令行中的各选项说明如下。

◆ 指定尺寸线位置 选项：在某位置点处单击以确定尺寸线的位置。注意：当尺寸界线两个原点间的连线不位于水平或垂直方向时，可在指定尺寸界线原点后，将鼠标光标置于两个原点之间，此时上下拖动鼠标即可引出水平尺寸线，左右拖动鼠标则可引出垂直尺寸线。

◆ 多行文字(M)选项：执行该选项后，系统进入多行文字编辑模式，可以使用"文字格式"工具栏和文字输入窗口输入多行标注文字。注意：文字输入窗口中的尖括号"<>"中的数值表示系统测量的尺寸值。

◆ 文字(T)选项：执行该选项后，系统提示 输入标注文字 ，在该提示下输入新的标注文字。

◆ 角度(A)选项：执行该选项后，系统提示 指定标注文字的角度: ，输入一个角度值后，所标注的文字将旋转该角度。

◆ 水平(H)选项：用于标注对象沿水平方向的尺寸。执行该选项后，系统接着提示 指定尺寸线位置或 [多行文字(M)/文字(T)/角度(A)]: ；在此提示下可直接确定尺寸线的位置；也可以先执行其他选项，确定标注文字及标注文字的旋转角度，然后再确定尺寸线位置。

◆ 垂直(V)选项：用于标注对象沿垂直方向的尺寸。

◆ 旋转(R)选项：用于标注对象沿指定方向的尺寸。

7.3.2 对齐标注

对齐标注属于线性尺寸标注，对齐标注的尺寸线与两尺寸界线原点的连线平行对齐。下面以图 7.3.3 所示为例，说明对齐标注的操作过程。

图 7.3.3 对齐标注

步骤01 打开随书光盘文件 D:\cadxc15\work\ch07.03\dimaligned.dwg。

步骤02 选择下拉菜单 标注(N) ➡ 对齐(G) 命令。

步骤03 第一个对齐标注。选择第一条尺寸界线原点——A 点；选择第二条尺寸界线原点——B 点；在斜边的右侧单击一点，以确定尺寸放置的位置。

 在指定尺寸线的位置之前，可以编辑标注文字或修改它的方位角度。

7.3.3 基线标注

基线标注是以某一个尺寸标注的第一尺寸界线为基线，创建另一个尺寸标注。这种方式经常用于机械设计或建筑设计中。例如，在建筑设计中，可以用此方式来标明图中两点间线段的总长及其中各段的长度。注意：基线标注是以一个现有的尺寸为基准来创建的。图 7.3.4 所示是一个线性尺寸的基线标注的例子，下面以此为例说明创建基线标注的一般过程。

图 7.3.4 基线标注

步骤01 打开文件 D:\cadxc15\work\ch07.03\dimbaseline.dwg。

步骤02 首先创建一个线性标注"13"，标注的第一条尺寸界线原点为 A 点，第二条尺寸界线原点为 B 点。

步骤 03 创建基线标注。

（1）选择下拉菜单 标注(N) ➡ 基线(B) 命令。

（2）在命令行 指定第二条尺寸界线原点或 [放弃(U)/选择(S)] <选择>: 的提示下，选取 C 点，此时系统自动选取标注"13"的第一条尺寸界线为基线，创建基线标注"24"。

如果要另外选取基线，可以输入字母 S 并按 Enter 键，在 选择基准标注: 的提示下，选取某个标注后，系统则以该标注的第一条尺寸界线为基线。

（3）系统继续提示 指定第二条尺寸界线原点或 [放弃(U)/选择(S)] <选择>:，单击 D 点，此时系统自动选取标注"13"的第一条尺寸界线为基线，创建基线标注"35"。

（4）按两次 Enter 键结束基线标注。

◆ 根据基线标注的放置走向，AutoCAD 自动地将新建的尺寸文字放置在基线标注尺寸线的上方或下方。

◆ 基线标注的两条尺寸线之间的距离由系统变量 DIMDLI 设定；也可在"标注样式管理器"对话框的 线 选项卡中设置 基线间距(A): 值。

◆ 常常可以用快速标注命令（即选择下拉菜单 标注(N) ➡ 快速标注(Q) 命令）快速创建基线标注。

◆ 角度基线标注的操作方法与上面介绍的线性尺寸基线标注的操作方法基本相同。

7.3.4 连续标注

连续标注是在某一个尺寸标注的第二条尺寸界线处连续创建另一个尺寸标注，从而创建一个尺寸标注链。这种标注方式经常出现在建筑图中（例如在一个建筑物中标注一系列墙的位置）。注意：连续标注须以一个已有的尺寸标注为基础来创建。图 7.3.5 所示的是一个线性尺寸连续标注的例子，下面以此为例说明创建连续标注的一般过程。

步骤 01 打开文件 D:\cadxc15\work\ch07.03\dimcontinue.dwg。

步骤 02 首先创建一个线性标注"13"，标注的第一条尺寸界线原点为 A 点，第二条尺寸界线原点为 B 点。

步骤 03 创建连续标注。选择下拉菜单 标注(N) ➡ 连续(C) 命令；在命令行中指定第二条尺寸界线原点或 [放弃(U)/选择(S)] <选择>: 的提示下，选取 C 点，此时系统自动在标注"13"的第二条尺寸界线处连续标注一个线性尺寸"11"；系统继续提示 指定第二条尺寸界线原点或 [放弃(U)/选择(S)] <选择>: ，选取 D 点，此时系统自动在标注"11"的第二条尺寸界线处连续标注一个线性尺寸"10"；按两次 Enter 键结束连续标注。

 用户也可以输入字母 S 并按 Enter 键，在系统 选择连续标注: 的提示下选取某个标注后，系统则在该尺寸的第二条尺寸界线处连续标注一个线性尺寸。

图 7.3.5　连续标注

◆ AutoCAD 自动地将新建的连续尺寸与前一尺寸对齐放置。
◆ 常常可以用快速标注命令(即选择下拉菜单 标注(N) ➡ 快速标注(Q) 命令)快速创建连续标注。
◆ 角度连续标注的操作方法与上面介绍的线性尺寸连续标注的操作方法基本相同。

7.3.5　坐标标注

使用坐标标注可以标明位置点相对于当前坐标系原点的坐标值，它由 X 坐标(或 Y 坐标)和引线组成。坐标标注常用于机械制图中。

下面以图 7.3.6 所示的图形为例，说明坐标标注的操作过程。

a) 标注前　　　　　b) 设置坐标　　　　　c) 标注后

图 7.3.6　坐标标注

步骤 01 打开随书光盘上的文件 D:\cadxc15\work\ch07.03\dimordinate.dwg。

步骤 02 创建 A 点处的坐标标注。选择下拉菜单 标注(N) ➡ 坐标(O) 命令（或者单击工具栏中的 按钮；或者输入 DIMORDINATE 命令后按 Enter 键）；在系统 指定点坐标: 的提示下，选取 A 点；向上拖动鼠标，然后单击一点，即可创建 A 点处的 X 坐标标注。

 如果向左拖动鼠标，然后单击一点，即可创建 A 点处的 Y 坐标标注。

步骤 03 创建 B 点处的坐标标注。按 Enter 键以再次使用坐标标注命令；在系统 指定点坐标: 的提示下，选取 B 点；向左拖动鼠标，再往上拖动鼠标，然后单击一点以完成 B 点处的带拐角的 X 坐标标注的创建。

步骤 04 参考前面的操作步骤，创建 C 点和 D 点处的坐标标注。

7.3.6 半径标注

半径标注就是标注圆弧和圆的半径尺寸。在创建半径尺寸标注时，其标注外观将由圆弧或圆的大小、所指定的尺寸线的位置以及各种系统变量的设置来决定。例如，尺寸线可以放置在圆弧曲线的内部或外部，标注文字可以放置在圆弧曲线的内部或外部，还可让标注文字与尺寸线对齐。半径标注的创建过程为：选择 标注(N) ➡ 半径(R) 命令（还可以单击工具栏中的 按钮，或者输入命令 DIMRADIUS 后按 Enter 键）；选取要标注的圆弧或圆；单击一点以确定尺寸线的位置（系统按实际测量值标注出圆弧或圆的半径）。

 利用 多行文字(M)、文字(T) 以及 角度(A) 选项可以改变标注文字及文字方向。当通过 多行文字(M) 或 文字(T) 选项重新确定尺寸文字时，只有给输入的尺寸文字加前缀 "R"，才能使标出的半径尺寸有该符号，否则没有此符号。

7.3.7 折弯半径标注

圆弧或圆的中心位于布局之外并且无法在其实际位置显示时，使用 DIMCEN 命令创建折弯半径标注，也称为"缩放的半径标注"。下面以图 7.3.7 所示为例，说明折弯半径标注的一般创建过程。

步骤 01 打开随书光盘文件 D:\cadxc15\work\

图 7.3.7 折弯半径标注

ch07.03\dimjoggde.dwg。

 步骤 02 选择下拉菜单 **标注(N)** ➡ **折弯(J)** 命令。

步骤 03 选择要标注的圆弧或圆。

步骤 04 单击一点以确定图示中心位置（圆或圆弧中心位置的替代）。

步骤 05 单击一点以确定尺寸线位置。另外，利用 **多行文字(M)**、**文字(T)** 以及 **角度(A)** 选项可以改变标注文字及其方向。

步骤 06 最后单击一点以确定折弯位置。

 创建折弯半径标注后，通过编辑夹点可以修改折弯点及中心点的位置。

7.3.8 直径标注

直径标注就是标注圆弧和圆的直径尺寸，其操作过程和方法与半径标注基本相同。图 7.3.8 所示的直径标注的创建过程为：选择下拉菜单 **标注(N)** ➡ **直径(D)** 命令（还可以在工具栏中单击按钮 🚫，或者输入命令 DIMDIAMETER 后按 Enter 键）；选取要标注的圆弧或圆；单击一点以确定尺寸线的位置（系统按实际测量值标注出圆弧或圆的直径）。

利用 **多行文字(M)**、**文字(T)** 以及 **角度(A)** 选项可以改变标注文字及其方向。当通过 **多行文字(M)** 或 **文字(T)** 选项重新确定尺寸文字时，只有给输入的尺寸文字加前缀"％％C"，才能使标出的直径尺寸有直径符号 Ø，否则没有此符号。

7.3.9 绘制圆心标记

选择下拉菜单 **标注(N)** ➡ **圆心标记(M)** 命令（或者在工具栏中单击 ⊕ 按钮；或者输入 DIMCENTER 命令后按 Enter 键），可绘制圆心的标记。圆心的标记可以是短十字线，也可以是中心线（图 7.3.9），这取决于"标注样式管理器"对话框的 **符号和箭头** 选项卡中 **圆心标记** 的设置。

图 7.3.8 直径标注

a）短十字线

b）中心线

图 7.3.9 绘制圆心标记

7.3.10　弧长标注

弧长标注用于测量圆弧或多段线弧线段的长度。弧长标注的典型用法包括测量围绕凸轮的距离或表示电缆的长度。为区别它们是线性标注还是角度标注，默认情况下，弧长标注将显示一个圆弧符号。下面以图 7.3.10 所示为例，说明弧长标注的操作过程。

a)　一般标注　　　　　　　b)　部分标注　　　　　　　c)　添加引线标注

图 7.3.10　弧长标注

步骤 01 打开随书光盘上的文件 D:\cadxc15\work\ch07.03\dimarc.dwg。

步骤 02 选择下拉菜单 标注(N) ➡ 弧长(H) 命令。

步骤 03 选择要标注的弧线段或多段线弧线段。

步骤 04 单击一点，以确定尺寸线的位置，系统则按实际测量值标注出弧长。另外，利用 多行文字(M) 、 文字(T) 以及 角度(A) 选项可以改变标注文字的内容及方向， 部分(P) 选项可以标注部分弧线段的长度，用 引线(L) 选项添加引线对象，引线是按径向绘制的，指向所标注圆弧的圆心。

仅当圆弧(或弧线段)包含角大于 90° 时才会显示 引线(L)]:选项, 无引线(N) 选项可在创建引线之前取消 引线(L)]:选项。要删除引线，必须删除弧长标注，然后重新创建不带引线选项的弧长标注。

7.3.11　角度标注

角度标注工具用于标注两条不平行直线间的角度、圆弧包容的角度及部分圆周的角度，也可以标注三个点（一个顶点和两个端点）的角度。在创建一个角度标注后，还可以创建基线尺寸标注或连续尺寸标注。

1. 标注两条不平行直线之间的角度（图 7.3.11）

步骤 01 打开文件 D:\cadxc15\work\ch07.03\dimangular_a.dwg。

步骤 02 选择命令。选择下拉菜单 标注(N) ➡ 角度(A) 命令。

步骤 03 在系统 选择圆弧、圆、直线或 <指定顶点>: 的提示下，选取一条直线。

步骤 04 在系统 选择第二条直线： 的提示下，选取另一条直线。

步骤 05 在系统 指定标注弧线位置或 [多行文字(M)/文字(T)/角度(A)/象限点(Q)]： 的提示下，单击一点以确定标注弧线的位置，系统按实际测量值标注出角度值。另外，可以利用 多行文字(M)、文字(T) 以及 角度(A) 选项改变标注文字及其方向（此时角的顶点为两条直线的交点）。

2．标注圆弧的包含角（图 7.3.12）

选择下拉菜单 标注(N) ➡ 角度(A) 命令；在 选择圆弧、圆、直线或 <指定顶点>： 的提示下，选取要标注的圆弧；单击一点以确定标注弧线的位置。

 此时角的顶点为圆弧的圆心点。

图 7.3.11　标注两条不平行直线之间的角度

图 7.3.12　标注圆弧的包含角

3．标注圆上某段圆弧的包含角（图 7.3.13）

根据命令行 选择圆弧、圆、直线或 <指定顶点>： 与 指定角的第二个端点： 的提示，依次在圆上选择两个端点，然后在相应的位置单击一点以确定标注弧线的位置。

 系统按实际测量值标注出圆上两个端点间的包角，此时角的顶点为圆的圆心点。

4．根据三个点标注角度（图 7.3.14）

根据命令行 指定角的顶点：、指定角的第一个端点： 与 指定角的第二个端点： 的提示，分别选取三点（图 7.3.14），然后在相应的位置单击一点以确定标注弧线的位置。

 在以上的角度标注中，当通过 多行文字(M)或文字(T)选项重新确定尺寸文字时，只有给新输入的尺寸文字加后缀"％％D"，才能使标注出的角度值有"°"符号。

图 7.3.13 标注圆上某段圆弧的包含角 | 图 7.3.14 根据三个点标注角度

7.3.12 快速标注

运用快速标注功能可以在一步操作中快速创建成组的基线、连续、阶梯和坐标标注，快速标注多个圆、圆弧的半径、直径以及编辑现有标注的布局。下面以图 7.3.15 所示的线性标注为例，说明快速标注的操作过程。

步骤 01 打开随书光盘上的文件 D:\cadxc15\work\ch07.03\qdim.dwg。

步骤 02 选择下拉菜单 标注(N) ➡ ⚡ 快速标注(Q) 命令。

步骤 03 按住 Shift 键依次选择图 7.3.15a 中的直线 1、直线 2、圆、直线 3 和直线 4，按 Enter 键以结束选择。

a）标注前   b）标注后

图 7.3.15 快速标注

步骤 04 命令行提示图 7.3.16 所示的信息，在此提示下，在屏幕上单击一点以确定尺寸线的位置。由于提示后面的尖括号中的默认项为"连续"，所以系统同时标注图 7.3.15b 所示的四个连续尺寸。

图 7.3.16 所示的命令行提示中的各选项说明如下。

图 7.3.16 命令行提示

◆ 连续(C)选项：创建线性尺寸标注链（与连续标注相类似）。

◆ 并列(S)选项：创建一系列并列的线性尺寸标注。

◆ 基线(B)选项：从一个共同基点处创建一系列线性尺寸标注。

◆ 坐标(O)选项：创建一系列的坐标标注。

◆ 半径(R)选项：为所有选择的圆创建半径尺寸标注。

◆ 直径(D)选项：为所有选择的圆或圆弧创建直径尺寸标注。

◆ 基准点(P)选项：为基线和坐标标注设置新基准点。

◆ 编辑(E)选项：通过添加或清除尺寸标注点编辑一系列尺寸标注。

◆ 设置(T)选项：设置关联标注，优先级是"端点"或是"交点"。

7.3.13 公差标注

在机械设计中，经常要创建图 7.3.17 所示的极限偏差形式的尺寸标注，利用多行文字功能可以非常方便地创建这类尺寸标注。下面介绍其操作方法。

步骤 01 打开随书光盘中的文件 D:\cadxc15\work\ch07.03\dimtol.dwg。

步骤 02 选择下拉菜单 标注(N) ➡ 线性(L) 命令。

步骤 03 分别捕捉选择尺寸标注原点点 A 和点 B，如图 7.3.17 所示。

步骤 04 创建标注文字。在命令行输入字母 M(即选择 多行文字(M) 选项)，并按 Enter 键；在系统弹出的文字输入窗口中输入文字字符"%%C40+0.02^-0.03"，此时文字输入窗口如图 7.3.18 所示（如果上极限偏差为 0，则输入主尺寸 40 后，必须空一格然后再输入上偏差 0）；选取全部文字，如图 7.3.19 所示；然后在 文字编辑器 工具栏的"样式"面板中将选取的文字字高设置为 3.5；选取图 7.3.20 所示的公差文字；单击右键，然后在系统弹出的快捷菜单中选择 堆叠 选项，并将公差文字字高设置为 2.5，如图 7.3.21 所示。单击 文字编辑器 工具栏中的"关闭文字编辑器"按钮 以完成操作。

步骤 05 在图形上方选取一点以确定尺寸线的位置。

步骤 06 如果要修改文字标注，可选择下拉菜单 修改(M) ➡ 对象(O)▶ ➡ 文字(T)▶ ➡ 编辑(E)... 命令。

图 7.3.17 极限偏差形式的尺寸标注

Ø40+0.02^ -0.03

图 7.3.18 输入文字

Ø40+0.02^ -0.03

图 7.3.19 选取全部文字

Ø40+0.02^ -0.03

图 7.3.20 选择公差文字

Ø40+0.02 -0.03

图 7.3.21 改变公差形式

7.3.14　多重引线标注

多重引线标注在创建图形中，主要用来标注制图的标准和说明等内容。通常在创建多重引线标注之前要先设置多重引线标注样式，这样便可控制引线的外观，同时可指定基线、引线、箭头和内容的格式。用户可以使用默认的多重引线样式 STANDARD，也可以创建新的多重引线样式。

1.　多重引线标注样式

选择下拉菜单 `格式(O)` ➡ `多重引线样式(I)` 命令，系统弹出"多重引线样式管理器"对话框。该对话框中各选项的相关说明如下。

◆ `样式(S)` 列表框：显示多重引线的列表，当前的样式高亮显示。

◆ `列出(L)` 下拉列表框：用于控制 `样式(S)` 列表的内容。

◆ `置为当前(U)` 按钮：将"样式"列表中选定的多重引线样式设置为当前样式。

◆ `新建(N)...` 按钮：单击此按钮，系统弹出"创建新多重引线样式"对话框，选中此对话框中的 `注释性(A)` 复选框则说明创建的是注释性的多重引线对象；单击"创建新多重引线样式"对话框中的 `继续(O)` 按钮，系统弹出"修改多重引线样式"对话框，在该对话框中定义新的多重引线样式。

◆ `修改(M)...` 按钮：单击此按钮，系统弹出"修改多重引线样式"对话框，在该对话框中可以重新设置已定义的多重引线样式。

◆ `删除(D)` 按钮：单击此按钮，可以删除 `样式(S)` 列表中选定的多重引线样式，但是不能删除图形中正在使用的和已被使用的样式。

"修改多重引线样式"对话框中各选项卡的相关说明如下。

◆ `引线格式` 选项卡：该选项卡用于设置引线和箭头的格式，该选项卡中各选项的功能如下。

● `常规` 选项组：用于控制多重引线的基本外观。

☑ `类型(T)` 下拉列表框：用于设置引线的类型，可以选择为直引线、样条曲线或无引线。

☑ `颜色(C)` 下拉列表框：用于设置引线的颜色。

☑ `线型(L)` 下拉列表框：用于设置引线的线型。

☑ `线宽(I)` 下拉列表框：用于设置引线的线宽。

● `箭头` 选项组：用于控制多重引线箭头的外观。

☑ `符号(S)` 下拉列表框：用于设置多重引线的箭头符号。

☑ `大小(Z)` 文本框：用于设置多重引线箭头的大小。

● `引线打断` 选项组：用于控制将折断标注添加到多重引线时使用的设置。

    ☑ 打断大小 (B):文本框:用于设置选择多重引线后用于标注打断命令的打断大小。

◆ 引线结构 选项卡:用于控制多重引线的约束和基线的设置,该选项卡中各选项的功能如下。

  ● 约束 选项组:用于控制多重引线的约束。

    ☑ ☑ 最大引线点数 (M) 复选框:用于指定多重引线的最大点数。

    ☑ ☑ 第一段角度 (F) 复选框:用于指定多重引线基线中第一个点的角度。

    ☑ ☑ 第二段角度 (S) 复选框:用于指定多重引线基线中第二个点的角度。

  ● 基线设置 选项组:用于多重引线的基线设置。

    ☑ ☑ 设置基线距离 (D) 复选框:用于设置多重引线基线的固定距离。选中 ☑ 自动包含基线 (A) 复选框则可以将水平基线附着到多重引线内容。

  ● 比例 选项组:用于控制多重引线的缩放。

    ☑ ☐ 注释性 (A) 复选框:用于指定多重引线为注释性。如果选中该复选框,则 ○ 将多重引线缩放到布局 (L) 和 ○ 指定比例 (E) 选项不可用。其中, ◉ 指定比例 (E) 单选项用于指定多重引线的缩放比例值, ◉ 将多重引线缩放到布局 (L) 单选项用于根据模型空间视口和图纸空间视口中的缩放比例确定多重引线的比例因子。

◆ 内容 选项卡用于设置多重引线类型和文字选项等内容,该选项卡中各选项的功能如下。

  ● 文字选项 选项组。

    ☑ ☐ 始终左对正 (L) 复选框:使多重引线文字始终左对齐。

    ☑ ☐ 文字加框 (F) 复选框:使用文本框对多重引线的文字内容加框。

    ☑ 单击 默认文字 (D):选项后的 ┉ 按钮,弹出 文字编辑器 工具栏,可以对多行文字进行编辑。

    ☑ 文字样式 (S):下拉列表框:用于指定属性文字的预定义样式。

    ☑ 文字角度 (A):下拉列表框:用于指定多重引线文字的旋转角度。

    ☑ 文字颜色 (C):下拉列表框:用于指定多重引线文字的颜色。

    ☑ 文字高度 (T):文本框:用于指定多重引线文字的高度。

  ● 引线连接 选项组。

    ☑ 连接位置 - 左:下拉列表框:用于控制文字位于引线左侧时,基线连接到多重引线文字的方式。

    ☑ 连接位置 - 右:下拉列表框:用于控制文字位于引线右侧时,基线连接到多重引线文字的方式。

☑ 　基线间距(G)：文本框：用于设置基线和多重引线文字之间的距离。

2. 多重引线标注

图 7.3.22 所示是一个利用多重引线标注的例子，以此为例说明创建多重引线标注的一般过程。

图 7.3.22　多重引线标注

步骤 01　打开随书光盘上的文件 D:\cadxc15\work\ch07.03\qleader.dwg。

步骤 02　选择下拉菜单 标注(N) ➡ 多重引线(E) 命令。

　在命令行输入 QLEADER 命令后按 Enter 键。

步骤 03　在系统 指定引线箭头的位置或 [引线基线优先(L)/内容优先(C)/选项(O)] <选项>: 的提示下，在绘图区选取图 7.3.23 中所示的 A 点。

　在系统 指定引线箭头的位置或 [引线基线优先(L)/内容优先(C)/选项(O)] <选项>: 的提示下，输入字母 O 按 Enter 键，则出现图 7.3.23 所示的命令行提示，该命令行提示中的各选项说明如下。

◆ 引线类型(L)选项：用于选择需要的多重引线类型。

◆ 引线基线(A)选项：用于选择是否需要使用引线基线。

◆ 内容类型(C)选项：用于选择标注的内容类型。

◆ 最大节点数(M)选项：用于设置引线的最大节点数。

◆ 第一个角度(F)选项：用于设置引线中的第一个角度约束值。

◆ 第二个角度(S)选项：用于设置引线中的第二个角度约束值。

◆ 退出选项(X)选项：命令行显示第一个多重引线标注时的命令提示。

步骤 04　在系统 指定引线基线的位置: 的提示下，选取图 7.3.22 中所示的 B 点，此时系统弹出 文字编辑器 选项卡及文字的输入窗口，在文字输入窗口输入"此平面需要淬火处理"，然后单击 文字编辑器 选项卡中的 ✖ （关闭文字编辑器）按钮以完成操作。

图 7.3.23　命令行提示

7.3.15　倾斜标注

线性尺寸标注的尺寸界线通常是垂直于尺寸线的，可以修改尺寸界线的角度，使它们相对于尺寸线产生倾斜，这就是倾斜标注。图 7.3.24 所示是一个线性尺寸的倾斜标注，这里以此为例说明其一般创建过程：首先创建一个线性标注"30"；选择下拉菜单 标注(N) ➡️ 倾斜(Q) 命令（或输入命令 DIMEDIT 后按 Enter 键）；在命令行 选择对象: 的提示下，选取前面创建的线性标注"30"；系统继续提示 选择对象: ，按 Enter 键；在命令行 输入倾斜角度（按 ENTER 表示无）: 的提示下，输入倾斜角度值 60 后按 Enter 键。

 倾斜角是以当前的坐标系为基准度量的。

图 7.3.24　倾斜标注

7.3.16　标注尺寸操作实战案例 01——标注螺栓尺寸

标注图 7.3.25 所示的螺栓尺寸。

本案例的详细操作过程请参见随书光盘中 video\ch07.03\文件下的语音视频讲解文件"标注螺栓尺寸.exe"。

7.3.17　标注尺寸操作实战案例 02——标注圆柱拉伸螺旋弹簧尺寸

标注图 7.3.26 所示的圆柱拉伸螺旋弹簧尺寸。

本案例详细操作过程请参见随书光盘中 video\ch07.03\文件下的语音视频讲解文件"标注圆柱拉伸螺旋弹簧尺寸.exe"。

7.3.18　标注尺寸操作实战案例 03——标注装配机构尺寸

标注图 7.3.27 所示的装配机构尺寸。

本案例详细操作过程请参见随书光盘中 video\ch07.03\文件下的语音视频讲解文件"标注装配机构尺寸.exe"。

图 7.3.25　标注螺栓尺寸

图 7.3.26　标注圆柱拉伸螺旋弹簧尺寸

图 7.3.27　标注装配机构尺寸

7.3.19　标注尺寸操作实战案例 04——标注阀盖尺寸

标注图 7.3.28 所示的阀盖尺寸。

本案例详细操作过程请参见随书光盘中 video\ch07.03\文件下的语音视频讲解文件"标注阀盖尺寸.exe"。

图 7.3.28　标注阀盖尺寸

7.4 标注几何公差

7.4.1 几何公差基本概念及操作

在机械制造过程中，不可能制造出尺寸完全精确的零件，往往加工后的零件中的一些元素（点、线、面等）与理想零件存在一定程度的差异，只要这些差异是在一个合理的范围内，我们就认为其合格。几何公差是标识实际零件与理想零件间差异范围的一个工具。图 7.4.1 所示是一个较为复杂的几何公差。由该图可以看出，几何公差信息是通过特征控制框（几何公差框格）来显示的，每个几何公差的特征控制框至少由两个矩形（方形）框格组成，第一个矩形（方形）框格内放置几何公差的类型符号，如位置度、平行度、垂直度等符号，这些符号都可从 GDT.SHX 字体的支持文件中获得；第二个矩形框格包含公差值，可根据需要在公差值的前面添加一个直径符号，也可在公差值的后面添加最大实体要求等附加符号。

图 7.4.1 几何公差控制框

图 7.4.1 中各符号的说明如下。

A: 几何公差的类型符号。各符号的含义见表 7.4.1。

表 7.4.1 几何公差中各符号的含义

符 号	含 义	符 号	含 义
⌖	位置度	⊥	垂直度
◎	同轴度	∠	角度
⹀	对称度	⌰	圆柱度
//	平行度	○	圆度
▱	平面度	⌒	平面轮廓度
—	直线度	↗	轴向圆跳动
⌒	直线轮廓度	⌲	轴向全跳动
⌀	直径符号	Ⓜ	最大包容条件（MMC）

（续）

符　号	含　义	符　号	含　义
Ⓛ	最小包容条件（LMC）	Ⓢ	不考虑特征尺寸（RFS）
Ⓟ	投影公差		

B: 直径符号。用于指定一个圆形的公差带，并放于公差值前。

C: 第一、第二公差值。一般指定一个公差值。

D: 第一、第二和第三基准字母。基准的个数依实际情况而定。

E: 公差的附加符号。

F: 基准的附加符号。一般可以不指定基准的附加符号。

G: 延伸公差带。指定延伸公差带可以使公差更加明确，一般可以不指定。

1. 不带引线的几何公差的标注

图 7.4.2 所示是一个不带引线的几何公差的标注，下面说明其创建过程。

图 7.4.2　不带引线的几何公差标注

步骤 01 打开文件 D:\cadxc15\work\ch07.04\Part_temp_ A3.dwg。

步骤 02 选择下拉菜单 标注(N)▾ ➡ 田 公差(T)... 命令。

说明　还可以输入命令 TOLERANCE 后按 Enter 键。

步骤 03 系统弹出图 7.4.3 所示的"形位公差"对话框，在该对话框中进行如下操作：

（1）在 符号 选项区域中单击小黑框 ■，系统弹出图 7.4.4 所示的"特征符号"对话框，通过该对话框选择几何公差符号 ∥。

图 7.4.3　"形位（几何）公差"对话框

图 7.4.4　"特征符号"对话框

（2）在 公差 1 选项区域的文本框中，输入几何公差值 0.01。

（3）在 基准 1 选项区域的文本框中，输入基准符号 A。

（4）单击"形位公差"对话框中的 确定 按钮。

步骤 04 在系统 输入公差位置: 的提示下，单击一点 B，确定几何公差的放置位置。

图 7.4.3 所示的"形位公差"对话框中的各区域功能说明如下：

◆ 符号 选项区域：单击该选项区域中的小黑框■，系统弹出图 7.4.4 所示的"特征符号"对话框，在此对话框中可以设置第一个或第二个公差的几何公差符号。

◆ 公差 1 和 公差 2 选项区域：单击该选项区域中前面的小黑框■，可以插入一个直径符号 Ø；在文本框中，可以设置几何公差值；单击后面的小黑框■，系统弹出图 7.4.5 所示的"附加符号"对话框，在此对话框中可以设置公差的附加符号。

◆ 基准 1 、 基准 2 和 基准 3 选项区域：在这些区域前面的文本框中，可以输入基准符号；单击这些选项区域中后面的小黑框■，系统弹出图 7.4.5 所示的"附加符号"对话框，在此对话框中可以设置基准的附加符号。

◆ 高度(H): 文本框：用于设置延伸公差带公差值。延伸公差带控制固定垂直部分延伸区的高度变化，并以位置公差控制公差精度。

◆ 延伸公差带 选项：单击该选项后的小黑框■，可在投影公差带值的后面插入投影公差符号 Ⓟ。

◆ 基准标识符(D): 文本框：用于输入参照字母作为基准标识符号。

　　一般情况下几何公差很少单独使用，通常都会与引线标注一起来标注图形对象。

　　当不需要在几何公差对话框中添加某个符号时，可以单击"特征符号"或"附加符号"对话框后的空白选项。

2. 带引线的几何公差的标注

图 7.4.6 所示是一个带引线的几何公差的标注，其创建的一般过程为：在命令行输入命令 QLEADER 后按 Enter 键；在 指定第一个引线点或 [设置(S)] <设置>: 的提示下按 Enter 键；在系统弹出的"引线设置"对话框中，选中 注释类型 选项组中的 ⊙ 公差(T) 单选项，然后单击此对话框中的 确定 按钮；在 指定第一个引线点或 [设置(S)] <设置>: 的提示下，选取引出点 A；在 指定下一点: 的提示下，选取点 B；在 指定下一点: 的提示下，选取点 C；在系统弹出的"形

位公差"对话框中，选择几何公差符号 `//`，输入公差值 0.01，输入基准符号 A，然后单击 确定 按钮。

图 7.4.5 "附加符号"对话框

图 7.4.6 带引线的形位公差标注

7.4.2 标注几何公差操作实战案例——标注阀盖尺寸（几何公差）

标注图 7.4.7 所示的阀盖尺寸。

本案例详细操作过程请参见随书光盘中 video\ch07.04\文件下的语音视频讲解文件"标注阀盖尺寸（形位公差）.exe"。

图 7.4.7 标注阀盖尺寸

7.5 编辑尺寸标注

7.5.1 修改尺寸标注文字的位置

输入 DIMTEDIT 命令，可以修改指定的尺寸标注文字的位置，执行该命令后，选取一个标注，系统显示图 7.5.1 所示的提示，该提示中的各选项说明如下。

图 7.5.1 执行 DIMTEDIT 命令后的系统提示

◆ 为标注文字指定新位置选项：移动鼠标可以将尺寸文字移至任意需要的位置，然后单击。效果如图 7.5.2a 所示。

◆ 左对齐(L)选项：使标注文字沿尺寸线左对齐，此选项仅对非角度标注起作用。效果如图 7.5.2b 所示。

◆ 右对齐(R)选项：使标注文字沿尺寸线右对齐，此选项仅对非角度标注起作用。效果如图 7.5.2c 所示。

◆ 居中(C)选项：使标注文字放在尺寸线的中间。效果如图 7.5.2d 所示。

◆ 默认(H)选项：系统按默认的位置、方向放置标注文字。效果如图 7.5.2e 所示。

◆ 角度(A)选项：使尺寸文字旋转某一角度。执行该选项后，输入角度值并按 Enter 键。效果如图 7.5.2f 所示。

a）尺寸文本在任意位置　　　b）尺寸文本位于"左"　　　c）尺寸文本位于"右"

d）尺寸文本位于"中心"　　　e）尺寸文本在默认的位置　　　f）尺寸文本旋转一个"角度"

图 7.5.2　修改尺寸标注文字的位置

7.5.2　尺寸标注的编辑

输入 DIMEDIT 命令，可以对指定的尺寸标注进行编辑，执行该命令后，系统提示图 7.5.3 所示的信息，对其中的各选项说明如下。

图 7.5.3　命令行提示

◆ 默认(H)选项：按默认的位置、方向放置尺寸文字。

◆ 操作提示：输入 H 并按 Enter 键，当系统提示选择对象：时，选择某个尺寸标注对象并按 Enter 键。

◆ 新建(N)选项：修改标注文字的内容。

◆ 操作提示：输入 N 并按 Enter 键，系统弹出"文字格式"工具栏和文字输入窗口，在文字输入窗口中输入新的标注文字，然后单击"文字格式"工具栏中的 确定 按钮。当系统提示选择对象：时，选择某个尺寸标注对象并按 Enter 键。

◆ 旋转(R)选项：将尺寸标注文字旋转指定的角度。

◆ 操作提示：输入 R 并按 Enter 键，系统提示 指定标注文字的角度：，输入文字要旋转的角度值并按 Enter 键，在系统 选择对象： 的提示下，选择某个尺寸标注对象并按 Enter 键。

◆ 倾斜(O)选项：使非角度标注的尺寸界线旋转一角度。

◆ 操作提示：输入 O 并按 Enter 键，系统提示 选择对象，选择某个尺寸标注对象，按 Enter 键，系统提示 输入倾斜角度（按 ENTER 表示无）；，输入尺寸界线倾斜的角度值并按 Enter 键。

7.5.3　使用夹点编辑尺寸

当选择尺寸对象时，尺寸对象上也会显示出若干个蓝色小方框，即夹点，可以通过夹点对标注对象进行编辑。例如在图 7.5.4 中，可以通过夹点移动标注文字的位置。该方法是先单击尺寸文字上的夹点，使它成为操作点，然后把尺寸文字拖移到新的位置并单击。同样，选取尺寸线两端的夹点或尺寸界线起点处的夹点，可以对尺寸线或尺寸界线进行移动。

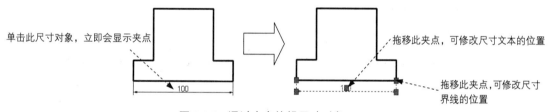

图 7.5.4　通过夹点编辑尺寸对象

7.5.4　使用"特性"窗口编辑尺寸

可以通过"特性"窗口来编辑尺寸，下面举例说明。

双击图 7.5.5a 中的尺寸 100（另一种操作方法是先选择该尺寸，然后选择下拉菜单 修改(M) ➡ 特性(P) 命令），系统立即弹出该尺寸对象的"特性"窗口，通过该"特性"窗口可以编辑该尺寸对象的一些特性，如线型、颜色、线宽、箭头样式等。例如，如果要将图 7.5.5a 中尺寸的箭头 1 变成图 7.5.5b 所示的实心圆点，可单击"特性"对话框中的 箭头 1 项，并单击下三角按钮 ，在下拉列表中选择 点 项，如图 7.5.6 所示。

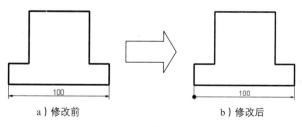

a）修改前　　　　　　　　　　b）修改后

图 7.5.5　编辑尺寸

图 7.5.6　尺寸对象的"特性"窗口

7.5.5　编辑尺寸标注操作实战案例——定位轴

利用本节学习的内容，编辑图 7.5.7a 所示的尺寸至如图 7.5.7b 所示。

本案例详细操作过程请参见随书光盘中 video\ch07.05\文件下的语音视频讲解文件"定位轴.exe"。

图 7.5.7　定位轴

7.6　本章综合实战案例

7.6.1　本章综合实战案例 01——标注吊钩尺寸

本案例主要利用线性标注、半径标注、直径标注、角度标注与连续标注命令标注吊钩尺寸。标注完成如图 7.6.1 所示。

本案例详细操作过程请参见随书光盘中 video\ch07.06\文件下的语音视频讲解文件"标注吊钩尺寸.exe"。

图 7.6.1　标注吊钩尺寸

7.6.2 本章综合实战案例 02——标注阶梯轴尺寸

本案例主要利用线性标注、多重引线标注、几何公差标注与尺寸公差标注等命令标注阶梯轴尺寸。标注完成如图 7.6.2 所示。

本案例详细操作过程请参见随书光盘中 video\ch07.06\文件下的语音视频讲解文件"标注阶梯轴尺寸.exe"。

图 7.6.2　标注阶梯轴尺寸

7.7　思考与练习

1. 一个完整的尺寸标注由哪些元素组成？

2. 定义一个新的标注样式，要求样式名称为 Mydimstyle，文字高度值为 6，尺寸文字从尺寸线偏移的距离值为 1.3，箭头大小为 5，尺寸界线超出尺寸线的距离值为 2，基线标注时基线之间的距离值为 5，其余设置采用系统默认设置。

3. 尺寸标注的类型有哪些？各举一例说明其标注过程。

4. 绘制图 7.7.1 所示的图形，并创建图中的所有标注。

图 7.7.1　绘制图形

第 8 章 创建文字与表格

8.1 文字对象的创建

与一般的几何对象（如直线、圆和圆弧等）相比，文字对象是一种比较特殊的图元。文字功能是 AutoCAD 中一项重要的功能，利用文字功能，用户可以在工程图中非常方便地创建一些文字注释，例如机械制图中的技术要求、装配说明以及建筑工程制图中的材料说明、施工要求等。

8.1.1 设置文字样式

文字样式决定了文字的特性，如字体、尺寸和角度等。在创建文字对象时，系统使用当前的文字样式，我们可以根据需要自定义文字样式和修改已有的文字样式。

选择下拉菜单 格式(O) ➡ 文字样式(S)... 命令（或在命令行输入 STYLE 命令），系统弹出"文字样式"对话框，在该对话框中可以定义和修改文字样式。

"文字样式"对话框主要可以实现以下功能。

1. 设置样式名称

在"文字样式"对话框的 样式(S): 列表中，可以显示文字样式的名称、新建文字样式、重命名已有的文字样式以及将要删除的文字样式。

◆ 样式名列表：列出了图形中选定的文字样式，默认文字样式为 Standard（标准）。

◆ 样式列表过滤器下拉列表：用于指定样式名列表中显示的是所有样式还是正在使用的样式。

◆ 新建(N)...：单击该按钮，系统弹出 "新建文字样式"对话框，在该对话框的 样式名: 文本框中输入新的文字样式名称，然后单击 确定 按钮，新文字样式名将显示在 样式(S): 列表中。

◆ 删除(D)：从样式名列表中选择某个样式名，然后单击 删除(D) 按钮，系统弹出 "acad 警告"对话框，单击按钮 确定 ，删除所选择的文字样式。

如果需要重命名文字样式，可以先将此文字样式选中并右击，在系统弹出的快捷菜单中选择 重命名 命令。用户不能对默认的 Standard 文字样式进行重命名。

 　　用户不能删除已经被使用了的文字样式和默认的 Standard 样式。

2. 设置字体

在 AutoCAD 中，可以使用两种不同类型的字体文件：TrueType 字体和 AutoCAD 编译字体。TrueType 字体是大多数 Windows 应用程序使用的标准字体，Windows 中自带了很多的 TrueType 字体，并且在将其他的应用程序加载到计算机后，还可以得到其他的 TrueType 字体，AutoCAD 也自带了一组 TrueType 字体。TrueType 字体允许修改其样式，如粗体和斜体，但是在显示和打印时要花较长的时间。AutoCAD 编译字体（扩展名为.shx）是很有用的字体文件，这种字体在显示和打印时比较快，但是在外观上受到很多限制。

为了满足非英文版的 AutoCAD 可以使用更多字符的要求，AutoCAD 还支持 Unicode 字符编码标准，这种编码支持的字符最多可达 65 535 个。另外，为了支持像汉字这样的字符，在 AutoCAD 字体中可以使用大字体（BigFonts）这种特殊类型的字体。

在"文字样式"对话框的 字体 选项组中，可以设置文字样式的字体。

◆　在 字体 选项组中，当前文字样式的字体名称作为默认的设置在 字体名(F): 下拉列表中显示出来，单击下拉列表中的下三角按钮 ▼ ，可看到所有加载到系统中的 AutoCAD 编译字体和 TrueType 字体（包括中文字体），从中可选取所需要的字体。如果选取的是 TrueType 字体，则系统自动激活 字体样式(Y): 下拉列表，从该列表中可以选择该 TrueType 字体的不同样式，例如粗体、斜体和常规等。如果选取的是 AutoCAD 编译字体，则该 字体样式(Y): 列表是不可用的，当选中 ☑ 使用大字体(U) 复选框时，原来的 字体名(F): 处变成 SHX 字体(X): ，原来的 字体样式(Y): 区域变成 大字体(B): ，SHX 字体(X): 下拉列表中显示所有加载到系统中的 AutoCAD 编译字体。

◆　在 大小 选项组中，可以设置文字的高度。在 高度(T): 文本框中可以设置文字的高度。如果将文字的高度值设为 0，在使用 TEXT 命令创建文字时，命令行将提示 指定高度 ，要求用户指定文字的高度；如果在 高度(T)： 文本框中输入了文字高度值，则在使用 TEXT 命令创建文字时，不再提示 指定高度 。如果选中 ☑ 注释性(I) i 复选框，则此文字样式主要用于创建注释性文字，以便使缩放注释的过程自动化，并使注释文字在图纸上以正确的大小打印。

当选取 TrueType 字体时，用户可以使用系统变量 TEXTFILL 和 TEXTQLTY 来设置所标注的文字是否填充和文字的光滑程度。其中，当 TEXTFILL 为 0（默认值）时不填充，为 1 时则进行填充；TEXTQLTY 的取值范围是 0～100，默认值为 50，其值越大，文字越光滑，图形输出的时间也越长。

3. 设置文字效果

在"文字样式"对话框中的 效果 选项组中，可以设置文字的显示效果。

◆ ☑ 颠倒(E) 复选框：用于设置是否将文字倒过来书写，效果如图 8.1.1 所示。
◆ ☑ 反向(K) 复选框：用于设置是否将文字反向书写，效果如图 8.1.2 所示。

颠倒　　　　颠倒　　　　　　　　反向　　　　向反

　a）颠倒前　　　　b）颠倒后　　　　　　a）反向前　　　　b）反向后

　　图 8.1.1　文字样式为颠倒　　　　　　　图 8.1.2　文字样式为反向

◆ ☑ 垂直(V) 复选框：用于设置是否将文字垂直书写，效果如图 8.1.3 所示。但垂直效果对 TrueType 字体无效。

　a）垂直前　　　　b）垂直后

图 8.1.3　文字样式为垂直

◆ 宽度因子(W)： 文本框：用于设置文字字符的宽度和高度之比。当比例值为 1 时，将按默认的高宽比书写文字；当比例值小于 1 时，字符会变窄；当比例值大于 1 时，字符会变宽，效果如图 8.1.4 所示。

◆ 　倾斜角度(O)：文本框：用于设置文字字符倾斜的角度。角度为 0° 时不倾斜，角度为
正值时向右倾斜，为负值时向左倾斜，效果如图 8.1.5 所示。

| a）宽度比例为 1 | b）宽度比例为 2 | a）倾斜角度为 0° | b）倾斜角度为 45° |

图 8.1.4　文字样式为宽度比例　　　　　　图 8.1.5　文字样式为倾斜角度

4. 预览与应用文字样式

"文字样式"对话框的"预览"区域用于显示选定的文字样式的效果，设置文字样式后，
应该单击 应用(A) 按钮，这样以后在创建文字对象时，系统便使用该文字样式。

8.1.2　创建单行文字

单行文字可以由字母、单词或完整的句子组成。用这种方式创建的每一行文字都是一个
单独的 AutoCAD 文字对象，可对每行文字单独进行编辑操作。

1. 创建单行文字的一般操作过程

下面以图 8.1.6 为例，说明用指定起点的方法创建单行文字的一般步骤。

步骤 01 选择下拉菜单 绘图(D) ➡ 文字(X)▶ ➡ 单行文字(S) 命令，如图 8.1.7 所示。

或者在命令行输入命令 DTEXT 或字母 DT。

图 8.1.6　指定文字的起点　　　　　　　　图 8.1.7　子菜单

创建多行文字对象
创建单行文字对象

步骤 02 指定文字的起点。在图 8.1.8 所示的命令行 指定文字的起点或 [对正(J)/样式(S)]：
的提示下，在绘图区的任意一点 A 处单击，这样 A 点便是文字的起点。

步骤 03 指定文字高度。在命令行 指定高度 <2.5000>： 的提示下，输入文字高度值 15 后
按 Enter 键。

此处，系统提示用户当前的文字样式为 "Standard"，当前的文字高度值为 2.5，文字无注释性等。

命令: _text
当前文字样式:● "Standard" 文字高度: 2.5000 注释性: 否 对正: 左
AI ▾ TEXT 指定文字的起点 或 [对正(J) 样式(S)]:

图 8.1.8 命令行提示（一）

　　或者在 指定高度 <2.5000>: 的提示下，选取一点 B，则线段 AB 的长度就是文字的高度。

步骤 04 指定文字的旋转角度。在命令行 指定文字的旋转角度 <0>: 的提示下，如果直接按 Enter 键，表示不对文字进行旋转。如果输入旋转角度值 30 后按 Enter 键，则表示将文字旋转 30°。

　　或者在 指定文字的旋转角度 <0>: 的提示下，选取一点 C，则线段 AC 与 X 轴的角度就是文字的旋转角度。

步骤 05 如果创建的文字是英文字符，则直接在此输入即可；如果创建的文字是汉字，则需先将输入方式切换到中文输入状态，然后输入文字。

步骤 06 结束命令。按两次 Enter 键结束操作。

2. 设置文字对正方式

在图 8.1.8 所示的命令行提示下，如果选择 对正(J)，则系统的提示信息如图 8.1.9 所示，选择其中一种选项，即可设置相应的对正方式。下面分别介绍各选项。

指定文字的起点 或 [对正(J)/样式(S)]: j
AI ▾ TEXT 输入选项 [左(L) 居中(C) 右(R) 对齐(A) 中间(M) 布满(F) 左上(TL) 中上(TC) 左上(TR) 左中(ML) 正中(MC) 右中(MR) 左下(BL) 中下(BC) 右下(BR)]: |

图 8.1.9 命令行提示（二）

➤ 对齐(A) 选项

该选项要求确定所创建的文字行基线的起始点与终点位置，系统将会在这两点之间对齐文字。两点之间连线的角度决定文字的旋转角度；对于字高、字宽，根据两点间的距离与字符的多少，按设定的字符宽度比例自动确定。下面以图 8.1.10 为例，说明用对齐的方法创建单行文字的操作步骤。

文字对齐
A ┼ ┼ B

图 8.1.10 "对齐（A）"选项

步骤 01 选择下拉菜单 绘图(D) ➡ 文字(X)▶ ➡ 单行文字(S) 命令。

步骤 02 设置文字对正方式。在图 8.1.9 所示的命令行提示下，输入字母 J 后按 Enter 键；输入字母 A 后按 Enter 键；在命令行 指定文字基线的第一个端点： 的提示下，单击 A 点；在 指定文字基线的第二个端点： 的提示下，单击 B 点。

步骤 03 输入要创建的文字。输入完文字后，按两次 Enter 键结束操作。

➤ 布满(F) 选项

该选项提示指定两个点，在两点间对齐文字。与"对齐"方式不同的是，用户可以根据自己需要指定的文字高度，然后系统通过拉伸或压缩字符使指定高度的文字行位于两点之间，如图 8.1.11 所示。

➤ 居中(C) 选项

该方式要求指定一点，系统把该点作为所创建文字行基线的中点来对齐文字，如图 8.1.12 所示。

布 满
A ┼ ┼ B

图 8.1.11 "布满（F）"选项

居中对正
┼
A

图 8.1.12 "居中（C）"选项

➤ 中间(M) 选项

该方式与"居中"方式相似。但是该方式将把指定点作为所创建文字行的中间点，即该点既位于文字行沿基线方向的水平中点，又位于文字指定高度的垂直中点，如图 8.1.13 所示。

➤ 右(R) 选项

该方式要求指定一点，系统将该点作为文字行的右端点，文字行向左延伸，其长度完全取决于输入的文字数目，如图 8.1.14 所示。

中间┼对正

图 8.1.13 "中间（M）"选项

右对正┼

图 8.1.14 "右对齐（R）"选项

➤ 其他选项

假想单行文字上有图 8.1.15 所示的三条直线，即顶线、中线和底线，其他对正选项与这三条假想的直线有关。

图 8.1.15　调整方式中参照的三条线

3. 设置文字样式

在命令行 指定文字的起点或 [对正(J)/样式(S)]: 的提示下，输入字母 S 并按 Enter 键，则可以选择新的文字样式用于当前的文字。在命令行 输入样式名或 [?] <Standard>: 的提示下，此时可输入当前要使用的文字样式的名称；如果输入 "?" 后按两次 Enter 键，则显示当前所有的文字样式；若直接按 Enter 键，则使用默认样式。其他对齐样式如图 8.1.16 所示。

a）"左上（TL）"选项　　　　b）"中上（TC）"选项　　　　c）"右上（TR）"选项

d）"左中（ML）"选项　　　　e）"正中（MC）"选项　　　　f）"右中（MR）"选项

g）"左下（BL）"选项　　　　h）"中下（BC）"选项　　　　i）"右下（BR）"选项

图 8.1.16　其他对齐选项

4. 创建文字时的注意事项

在创建文字对象时，还应注意以下几点。

◆ 在输入文字过程中，可随时在绘图区任意位置点单击，改变文字的位置点。

◆ 在输入文字时，如果发现输入有误，则只需按一次 Backspace 键，就可以把该文字删除，同时光标也退回一个字符。

◆ 在输入文字的过程中，不论采用哪种文字对正方式，在屏幕上动态显示的文字都临时沿基线左对齐排列。结束命令后，文字将按指定的排列方式重新生成。

◆ 如果需要标注一些特殊字符，比如在一段文字的上方或下方加画线，标注"°"（度）、"±""Ø"符号等，由于这些字符不能从键盘上直接输入，因此系统提供了相应的控制符以实现这些特殊的标注要求。控制符由两个百分号（％％）和紧接其后的一个英文字符（不分大小写）构成，注意百分号％必须是英文环境下的百分号。常见的控制符列举如下。

- ％％D：标注"度"（°）的符号。例如，要创建文字"60°"，则须在命令行输入"60％％D"，其中英文字母D采用大小写均可。

- ％％P：标注"正负公差"（±）的符号。例如，要创建文字"60±2"，则须输入"60％％P2"；要创建文字"60°±2°"，则须输入"60％％D％％P2％％D"。

- ％％C：标注"直径"（Ø）的符号。例如，要创建文字"Ø60.50"，则须输入"％％C60.50"。

- ％％％：标注"百分号"（％）的符号。例如，要创建"60％"，则须输入"60％％％"。

- ％％U：打开或关闭文字下画线。例如，要创建文字"注意与说明"，则须输入"％％U注意％％U与％％U说明％％U"。

- ％％O：打开或关闭文字上画线。

％％O和％％U分别是上画线、下画线的开关，即当第一次出现此符号时，表明开始画上画线或下画线；而当第二次出现对应的符号时，则结束画上画线或下画线。读者在运用这些控制符时，应注意创建的是单行文字还是多行文字。

8.1.3 创建多行文字

多行文字是指在指定的文字边界内创建一行或多行文字或若干段落文字，系统将多行文字视为一个整体的对象，可对其进行整体的旋转、移动等编辑操作。在创建多行文字时，首先需要指定矩形的两个对角点以确定文字段边界。矩形的第一个角点决定多行文字默认的附着位置点，矩形的宽度决定一行文字的长度，超过此长度后文字会自动换行。下面以图8.1.17为例说明创建多行文字的步骤。

步骤 01 选择下拉菜单 绘图(D) ➡ 文字(X) ➡ 多行文字(M)... 命令。

或者在命令行输入命令 MTEXT 或字母 MT，或者在工具栏中单击 A 按

AutoCAD具有功能强大、易于掌握、使用方便、体系结构开放等特点，能够绘制平面图形与三维图形、进行图形的渲染以及打印输出图样，用AutoCAD绘图速度快、精度高，而且便于个性化设计。

图 8.1.17　多行文字

步骤 02 设置多行文字的矩形边界。

在绘图区中的某一点 A 处单击，以确定矩形框的第一角点，在另一点 B 处单击以确定矩形框的对角点，系统以该矩形框作为多行文字边界。此时系统弹出图 8.1.18 所示的"文字编辑器"工具栏和图 8.1.19 所示的文字输入窗口。

命令行中各选项说明如下。

◆ **高度(H)**选项：用于指定新的文字高度。

◆ **对正(J)**选项：用于指定矩形边界中文字的对正方式和文字的走向。

◆ **行距(L)**选项：用于指定行与行之间的距离。

◆ **旋转(R)**选项：用于指定整个文字边界的旋转角度。

◆ **样式(S)**选项：用于指定多行文字对象所使用的文字样式。

◆ **宽度(W)**选项：通过输入或选取图形中的点指定多行文字对象的宽度。

◆ **栏(C)**选项：用于设置栏的类型和模式等。

图 8.1.18　"文字编辑器"工具栏

图 8.1.18 所示的"文字编辑器"工具栏中的各项说明如下。

A: 选择文字样式	B: 选择或输入文字高度	C: 下画线
D: 粗体	E: 斜体	F: 上画线
G: 背景遮罩	H: 选择文字的字体	I: 选择文字的颜色
J: 大小写	K: 宽度因子	L: 追踪
M: 倾斜角度	N: 匹配	O1: 对正
O2: 行距	O3: 项目符号和编号	P1: 段落
P2: 左对齐	P3: 居中	P4: 右对齐
P5: 对正	P6: 分散对齐	Q: 分栏
R: 符号	S: 字段	T: 拼写检查
U: 编辑词典	V: 查找和替换	W: 标尺
X: 更多	Y1: 放弃	Y2: 重做
Z: 关闭文字编辑器		

步骤 03 输入文字。

（1）在字体下拉列表中选择字体"楷体_GB2312"；在文字高度下拉列表中输入数值 8。

（2）切换到某种中文输入状态，在文字输入窗口（图 8.1.19）中输入图 8.1.20 所示的文字后，在空白位置单击完成操作。

如果输入英文文本，则单词之间必须有空格，否则不能自动换行。

在向文字窗口中输入文字的同时可以编辑文字，用户可使用鼠标或者键盘上的按键在窗口中移动文字光标，还可以使用标准的 Windows 控制键来编辑文字。通过"文字格式"工具栏可以实现文字样式、文字字体、文字高度、加粗和倾斜等的设置，通过文字输入窗口的滑块可以编辑多行文字的段落缩进、首行缩进、多行文字对象的宽度和高度等内容，用户可以单击标尺的任一位置自行设置制表符。

使用快捷菜单

在文字输入窗口的标尺上右击，系统弹出快捷菜单，如果选择其中的 **段落...** 命令（或者双击文字输入窗口的标尺），则系统就弹出"段落"对话框，可以在该对话框中设置制表符、段落的对齐方式、段落的间距和行距以及段落的缩进等内容。

首行缩进

用户设置的制表位

更改制表符样式

段落缩进

文字显示区

设置多行文字对象的高度

设置多行文字对象的宽度

图 8.1.19　文字输入窗口

技术要求

1.铸件不得有沙眼、气孔。

2.未注圆角半径R2.5。

3.未注倒角C1.5。

4.未注尺寸公差按照GB/T18204-m。

图 8.1.20　技术要求

"段落"对话框中各选项组的相关说明如下。

◆ 制表位 选项组。

● ⊙ L 单选项：设置左对齐制表符。

● ○ ⊥ 单选项：设置居中对齐制表符。

● ○ ⌐ 单选项：设置右对齐制表符。

● ○ ⊥ 单选项：设置小数点制表符，当选中此单选项时，下拉列表高亮显示，可以将小数点设置为句点、逗号和空格样式。

● 添加(A) 按钮：在 制表位 选项组的文本框中输入 0 ~ 250 000 的数值，通过此按钮可以设置制表位的位置。

● 删除(D) 按钮：可以删除添加的制表位。

◆ 左缩进 选项组。

● 第一行(F) 文本框：用来设置第一行的左缩进值。

● 悬挂(H) 文本框：用来设置段落的悬挂缩进值。

◆ 右缩进 选项组：用来设定整个选定段落或当前段落的右缩进值。

◆ □ 段落对齐(P) 复选框：当选中此复选框时可以设置当前段落或选定段落的各种对齐方式。

◆ □ 段落间距(N) 复选框：当选中此复选框时可以设置当前段落或选定段落的前后间距。

◆ □ 段落行距⑥ 复选框：当选中此复选框时可以设置当前段落或选定段落中各行的间距。

如果选择 设置多行文字宽度… 命令，系统弹出"设置多行文字宽度"对话框，在 宽度 文本框中可以设置多行文字的宽度；如果在快捷菜单中选择 设置多行文字高度 命令，则系统弹出"设置多行文字高度"对话框，在 高度 文本框中可以设置多行文字的高度。

多行文字是由任意数目的文字行或段落组成，多行文字的宽度由绘制的矩形所决定，在垂直方向上可以进行无限的延伸。

8.1.4 插入外部文字

在 AutoCAD 系统中，除了可以直接创建文字对象外，还可以向图形中插入使用其他的文字处理程序创建的 ASCII 或 RTF 文本文件。系统提供三种不同的方法插入外部的文字：多行文字编辑器的输入文字功能、拖放功能以及复制和粘贴功能。

1. 利用多行文字编辑器的输入文字功能

在文字输入窗口右击，从系统弹出的快捷菜单中选择 输入文字(I)… 命令，系统弹出"选择文件"对话框，在其中选择 ASCII 或 RTF 格式的文件，然后单击 打开(O) 按钮即可输入文字。

输入的文字将插入在文字窗口中当前光标位置处。除了 RTF 文件中的制表符转换为空格以及行距转换为单行以外，输入的文字将保留原有的字符格式和样式特性。

2. 拖动文字进行插入

拖动文字进行插入就是利用 Windows 的拖放功能将其他软件中的文本文件插入到当前图形中。如果拖放扩展名为.TXT 的文件，AutoCAD 将把文件中的文字作为多行文字对象进行插入，并使用当前的文字样式和文字高度。如果拖放的文本文件具有其他的扩展名，则 AutoCAD 将把它作为 OLE 对象处理。

在文字窗口中放置对象的位置点即为其插入点。文字对象的最终宽度取决于原始文件的每一行的断点和换行位置。

3. 复制和粘贴文字

利用 Windows 的剪贴板功能，将外部文字进行复制，然后粘贴到当前图形中。

8.1.5 文字对象的创建操作实战案例——技术要求

本案例主要利用单行文字与多行文字命令来创建技术要求。

本案例详细操作过程请参见随书光盘中 video\ch08.01\文件夹下的语音视频讲解文件"技术要求.exe"。

8.2 文字的编辑

文字与其他的 AutoCAD 对象相似，可以使用大多数修改命令（如复制、移动、镜像和旋转等）进行编辑。单行文字和多行文字的修改方式基本相同，只是单行文字不能使用 EXPLODE 命令来分解，而用该命令可以将多行文字分解为单独的单行文字对象。另外，系统还提供了一些特殊的文字编辑功能，下面分别对这些功能进行介绍。

8.2.1 使用 DDEDIT 命令编辑文字

使用 DDEDIT 命令可以编辑文字本身的特性及文字内容。最简单的启动 DDEDIT 命令的方法是双击想要编辑的文字对象，系统立即显示出编辑文字的对话框。也可以使用以下任何一种方法启动这个命令：

◆ 选择下拉菜单 修改(M) ➡ 对象(O)▶ ➡ 文字(T)▶ ➡ 编辑(E)... 命令。

◆ 在命令行中，输入命令 DDEDIT 或字母 ED，然后按 Enter 键。

◆ 双击要编辑的多行文字。

执行该命令时，系统首先提示选取一个文字对象。根据所选取对象的不同类型，DDEDIT 命令将显示不同的对话框。

选择下拉菜单 修改(M) ➡ 对象(O)▶ ➡ 文字(T)▶ ，系统弹出图 8.2.1 所示的子菜单。

➢ 编辑单行文字

下面以编辑图 8.2.2 中所示的单行文字为例，说明其操作步骤。

步骤 01 打开随书光盘中的文件 D:\cadxc15\work\ch08.02\ddedit.dwg。

步骤 02 选择下拉菜单 修改(M) ➡ 对象(O)▶ ➡ 文字(T)▶ ➡ 编辑(E)... 命令。

步骤 03 编辑文字。

（1）在命令行 选择注释对象或 [放弃(U)]: 的提示下，选择要编辑的文字。

（2）将"计算机辅助设计"改成"Autocad"后，按两次 Enter 键结束操作。

A² 编辑(E)...	—— 编辑文字、标注文字和属性定义
A 比例(S)	—— 保持选定文字对象位置不变，对其进行放大或缩小
A 对正(J)	—— 保持选定文字对象位置不变，更改其对正点

图 8.2.1 子菜单

计算机辅助设计 ⇨ Autocad

a）修改前　　　　　　　　　b）修改后

图 8.2.2 编辑单行文字

➢ 编辑多行文字

如果选取多行文字对象进行编辑，则系统将显示与创建单行文字时相同的界面，用户可以在文字输入窗口中进行编辑和修改。如果要修改文字的大小或字体属性，则须先选中要修改的文字，再选择新的字体或输入新的字高值。

8.2.2 使用"特性"窗口编辑文字

单击要编辑的文字，然后右击，在系统弹出的快捷菜单中选择 ☐ 特性(S) 命令，即可打开文字"特性"窗口。利用"特性"窗口除了可以修改文字内容以外，还可以修改文字的其他特性，如文字的颜色、图层、线型、线宽、高度、旋转角度、行距、线型比例、方向（水平和垂直显示）以及对正方式等。

如果要修改多行文字对象的文字内容，则最好单击 内容 项中的 ⋯ 按钮（当选择内容区域时，此按钮才变成可见的），然后在创建文字时的界面中编辑文字。

8.2.3 缩放文字

如果使用 SCALE 命令缩放文字，在选取多个文字对象时，就很难保证每个文字对象都保持在原来的初始位置。SCALETEXT 命令很好地解决了这一问题，它可以在一次操作中缩放一个或多个文字对象，并且使每个文字对象在比例缩放的同时位置保持不变。下面以缩放图 8.2.3 中所示的文字为例，说明其操作步骤。

比例缩放 ⇨ 比例缩放

a）缩放前　　　　　　　　　b）缩放后

图 8.2.3 缩放文字

步骤 **01** 打开随书光盘中的文件 D:\cadxc15\work\ch08.02\scaletext.dwg。

步骤 **02** 选择下拉菜单 修改(M) ➡ 对象(O) ▶ ➡ 文字(T) ▶ ➡ A 比例(S) 命令。

说明　或者在命令行输入 SCALETEXT。

步骤 03 系统命令行提示 选择对象：，选取欲缩放的文字，按 Enter 键结束选取。

步骤 04 系统命令行提示图 8.2.4 所示的信息，在此提示下直接按 Enter 键。

```
选择对象：
[现有(E)/左对齐(L)/居中(C)/中间(M)/右对齐(R)/左上(TL)/中上(TC)/右上(TR)/左中(M
L)/正中(MC)/右中(MR)/左下(BL)/中下(BC)/右下(BR)] <现有>：
```

图 8.2.4　命令行提示

步骤 05 在命令行 指定新模型高度或 [图纸高度(P)/匹配对象(M)/比例因子(S)] <2.5>： 的提示下，输入新高度值 10 后，按 Enter 键。至此完成缩放操作。

说明

◆ 可以通过图 8.2.4 中的选项指定比例缩放文字的基点位置。指定的基点位置将分别应用到每个选择的文字对象上。例如，如果选择"中间（M）"选项，则分别对每个文字对象基于对象的中间点进行缩放。这不会改变文字对齐方式。如果要基于原插入点缩放每个文字对象，可以选择"现有"选项。

◆ 如果选择 指定新模型高度或 [图纸高度(P)/匹配对象(M)/比例因子(S)] <2.5>： 提示中的"匹配对象（M）"选项，系统会提示"选择具有所需高度的文字对象"为目标对象，然后将所选文字对象的高度都匹配成目标文字的高度。如果选择"比例因子（S）"选项，则所选文字对象都将按相同的比例因子缩放。

8.2.4　对齐文字

对齐文字命令（即 JUSTIFYTEXT 命令）可以在不改变文字对象位置的情况下改变一个或多个文字对象的对齐方式。可以选择下面任何一种方法来启动该命令：

◆ 单击 注释 选项卡中 文字 面板上的"对正"按钮 A¦ 对正 。

◆ 选择下拉菜单 修改(M) ➡ 对象(O) ▶ ➡ 文字(T) ▶ ➡ A¦ 对正(T) 命令。

◆ 在命令行中输入命令 JUSTIFYTEXT，并按 Enter 键。

可通过 15 种选项中的任何一种指定新的对齐方式。指定的对齐方式分别作用于每个选择的文字对象，文字对象的位置并不会改变，只是它们的对齐方式（以及它们的插入点）会发生改变。

8.2.5 查找与替换文字

AutoCAD 系统提供了查找和替换文字的功能,可以在单行文字、多行文字、块的属性值、尺寸标注中的文字以及表格文字、超链接说明和超链接文字中进行查找和替换操作。查找和替换功能既可以定位模型空间中的文字,也可以定位图形中任何一个布局中的文字,还可以缩小查找范围在一个指定的选择集中查找。如果正在处理一个部分打开的图形,则该命令只考虑当前打开的这一部分图形。要使用查找和替换功能,可以选择以下任何一种方法。

◆ 终止所有活动命令,在绘图区域右击,然后选择 查找(F)... 命令。

◆ 选择下拉菜单 编辑(E) ➡ 查找(F)... 命令。

◆ 在命令行中输入命令 FIND,然后按 Enter 键。

执行 FIND 命令后,系统将显示"查找和替换"对话框。在 查找内容(W): 文本框中输入要查找的文本,并且可以在 替换为(I): 文本框中输入要替换的文字。

在 查找位置(H): 下拉列表中,可以指定是在整个图形中查找还是在当前选择集中查找。单击"选择对象"按钮 + 可以定义一个新的选择集。此外,如果要进一步设置搜索的规则,可单击 ⊙ 按钮以显示 搜索选项 和 文字类型 两个选项组,可设置确切的文字类型查找范围。

单击"查找和替换"对话框中的 查找(F) 按钮开始查找后,可单击 替换(R) 按钮替换所找到的匹配文字,或者单击 全部替换(A) 按钮以替换所有匹配的文字。

8.3 表格

AutoCAD 2015 提供了自动创建表格的功能,这是一个非常实用的功能,其应用非常广泛,利用该功能可创建机械制图中的零件明细表、齿轮参数说明表等。

8.3.1 定义表格样式

表格样式决定了一个表格的外观,它控制着表格中的字体、颜色以及文本的高度、行距等特性。在创建表格时,可以使用系统默认的表格样式,也可以自定义表格样式。

1. 新建表格样式

选择下拉菜单 格式(O) ➡ 表格样式(B)... 命令(或在命令行中输入命令 TABLESTYLE 后按 Enter 键),系统弹出"表格样式"对话框,在该对话框中单击 新建(N)... 按钮,系统弹出"创建表格样式"对话框,在该对话框的 新样式名(N): 文本框中输入新的表格样式名,在 基础样式(S): 下拉列表中选择一种基础样式作为模板,新样式将在该样式的基础上进行修改。

单击 继续 按钮，系统弹出图 8.3.1 所示的对话框，可以通过该对话框设置单元格格式、表格方向、边框特性和文字样式等内容。

图 8.3.1 "新建表格样式"对话框

图 8.3.1 所示的"新建表格样式"对话框中的各选项说明如下。

◆ 起始表格 选项组：用户可以在图形中指定一个表格用作样例来设置此表格样式的格式。单击 选择起始表格(E) 区域后的 按钮，然后选择一个表格作为表格样式的起始表格，这样就可指定要从该表格复制到表格样式的结构和内容；单击 选择起始表格(E) 区域后的 按钮，可以将表格从当前指定的表格样式中删除。

◆ 常规 选项组：通过选择 表格方向(D) 下拉列表中的 向上 和 向下 选项来设置表格的方向。选择 向上 选项时，标题行和列表行位于表格底部，表格读取方向为自下而上；选择 向下 选项时，标题行和列表行位于表格顶部，表格读取方向为自上而下。

◆ 单元样式 选项组：定义新的单元样式或修改现有单元样式，可创建任意数量的单元样式。单元样式 下拉列表包括 标题 、 表头 、 数据 、 管理单元样式... 、 创建新单元样式... 选项，其中 标题 、 表头 、 数据 选项可以通过 常规 选项卡、 文字 选项卡和 边框 选项卡进行设置，可以通过 单元样式预览 区域进行预览。单元样式 区域中的 按钮用于创建新的单元样式， 按钮用于管理单元样式。

◆ 常规 选项卡。

● 特性 区域中 填充颜色(F) 下拉列表：用于设置单元格中的背景填充颜色。

● 特性 区域中 对齐(A) 下拉列表：用于设置单元格中的文字对齐方式。

- 单击 特性 区域中 格式(0): 后的 ... 按钮，从系统弹出的"表格单元格式"文本框中设置表格中的"百分比"、"常规"或"点"的数据类型和格式。
- 特性 区域中 类型(T) 下拉列表：用于指定单元样式为标签或数据。
- 在 页边距 区域的 水平(Z) 文本框中输入数据，以设置单元中的文字或块与左右单元边界之间的距离。
- 在 页边距 区域的 垂直(V) 文本框中输入数据，以设置单元中的文字或块与上下单元边界之间的距离。

◆ 文字 选项卡。

- 文字样式(S): 下拉列表：用于选择表格内"数据"单元格中的文字样式。用户可以单击 文字样式(S): 后的 ... 按钮，从系统弹出的"文字样式"对话框中设置文字的字体、效果等。
- 文字高度(I) 文本框：用于设置单元格中的文字高度。
- 文字颜色(C): 下拉列表：用于设置单元格中的文字颜色。
- 文字角度(G) 文本框：用于设置单元格中的文字角度值，默认的文字角度值为 0。可以输入−359 ~ 359 的任意角度值。

◆ 边框 选项卡。

- 特性 区域中 线宽(L): 下拉列表：用于设置应用于指定边界的线宽。
- 特性 区域中 线型(N): 下拉列表：用于设置应用于指定边界的线型。
- 特性 区域中 颜色(C): 下拉列表：用于设置应用于指定边界的颜色。
- 选中 特性 区域中的 ☑双线(U) 复选框可以将表格边界设置为双线。在 间距(P): 文本框中输入数值设置双线边界的间距，默认间距为 1.125。
- 特性 区域中的 8 个边界按钮用于控制单元边界的外观。

2. 设置表格样式

在图 8.3.1 所示的"新建表格样式"对话框中，可以使用 常规 选项卡、文字 选项卡、边框 选项卡分别设置表格的数据、标题和表头对应的样式。设置完新的样式后，如果单击 置为当前(U) 按钮，那么在以后创建表格时，新的样式将成为默认的样式。

8.3.2 插入表格

下面通过对图 8.3.2 所示表格的创建，来说明在绘图区插入空白表格的一般方法。

步骤 01 选择样板文件。选择下拉菜单 文件(F) ➜ 🔲 新建(N)... 命令，在弹出的"选择样板"对话框中，找到文件 D:\ cadxc15\system_file\part_temp_A3.dwg，然后单击 打开⑩ 按钮。

步骤 02 选择下拉菜单 绘图⑪ ➡ 表格... 命令，系统弹出"插入表格"对话框。

步骤 03 设置表格。在 表格样式设置 选项组中，选择 Standard 表格样式；在 插入方式 选项组中，选中 ⊙ 指定插入点⑪ 单选项；在 列和行设置 选项组的 列数⑫ 文本框中输入数值 7，在 列宽⑪ 文本框中输入数值20，在 数据行数⑪ 文本框中输入数值4，在 行高⑯ 文本框中输入数值 1；单击 确定 按钮。

步骤 04 确定表格放置位置。在命令行 指定插入点: 的提示下，选择绘图区中合适的一点作为表格放置点。

步骤 05 系统弹出图 8.3.3 所示的 文字编辑器 选项卡，同时表格的标题单元加亮，文字光标在标题单元的中间。此时用户可输入标题文字，然后单击 文字编辑器 选项卡中的"关闭文字编辑器" 按钮 ✕ 以完成操作。

图 8.3.2 创建表格

图 8.3.3 "文字编辑器"选项卡

8.3.3 编辑表格

对插入的表格可以进行编辑，包括修改行宽、列宽、删除行、删除列、删除单元、合并单元以及编辑单元中的内容等。下面接 8.3.2 节创建的表格，通过对图 8.3.4 所示的标题栏的创建，来说明编辑表格的一般方法。

步骤 01 删除最上面的两行（删除标题行和页眉行）。

（1）选取行。在标题行的表格区域中单击选中标题行，同时系统弹出"表格"对话框，按住 Shift 键选取第二行，此时最上面的两行显示夹点（图 8.3.5）。

（2）删除行。在选中的区域内右击，在弹出的快捷菜单中选择 行 ▶ ➡ 删除 命令（或单击"表格"对话框中的 按钮）。

在每行的数字上右击时，在弹出的快捷菜单中选择 删除行 命令；在选中的区域内右击时，在弹出的快捷菜单中选择 行 ▶ ➡ 删除 命令。

		比例	数量	材料	(图样代号)
(图样名称)					
制图			(公司名称)		
审核					

图 8.3.4　创建标题栏

图 8.3.5　选取表格最上面的两行

步骤 02 按 Esc 键退出表格编辑。

步骤 03 统一修改表格中各单元的宽度。

（1）双击表格，弹出"特性"窗口。

（2）在绘图区域中通过选取图 8.3.6 所示的区域选取表格，然后在 水平单元边距 文本框中输入数值 0.5 后按 Enter 键，在 垂直单元边距 文本框中输入数值 0.5 后按 Enter 键（通过"窗口"方式选取后的表格如图 8.3.6 所示）。在空白区域单击取消表格边界选取。

图 8.3.6　选取表格后

 说明

编辑表格有以下五种方法。

◆ 选中表格，右击，从弹出的快捷菜单中选择 特性(S) 命令，在"特性"窗口中修改表格属性。

◆ 双击表格，弹出表格的"特性"窗口，在此窗口中修改表格。

◆ 双击表格某单元，可以在相应的单元中添加内容。

◆ 选中表格或其中的某单元，右击，从弹出的快捷菜单中选择相应的编辑操作命令。

◆ 选中表格，通过拖动夹点来修改表格尺寸或移动表格。

（3）框选整个表格后，在 表格高度 文本框中输入数值 28 后按 Enter 键。

步骤 04 编辑第一列的列宽。

（1）选取对象。选取第一列或第一列中的任意单元。

（2）设定宽度值。在"特性"窗口的 单元宽度 文本框中输入数值 15 后按 Enter 键。

步骤 05 参照 **步骤 04** 的操作，完成其余列宽的修改，从左至右列宽值依次为 15、25、20、15、15、20 和 30。

步骤 06 合并单元。

（1）选取图 8.3.7 所示的单元。在左上角的单元中单击，按住 Shift 键不放，在欲选区域的右下角单元中单击。

图 8.3.7　选取要合并的单元格

（2）右击，在弹出的快捷菜单中选择 合并 ▶ ➡ 全部 命令（或单击 合并单元 按钮，选择下拉菜单中的 合并全部 选项）。

（3）参照前面的操作，完成图 8.3.8 所示的单元的合并。

图 8.3.8　合并单元

步骤 07 填写标题栏。双击表格单元，然后输入相应的文字，结果如图 8.3.9 所示。

步骤 08 分解表格。选择下拉菜单 修改(M) ➡ 分解(X) 命令，选择表格为分解对象，按 Enter 键结束命令。

(图样名称)			比例	数量	材料	(图样代号)
制图						
审核				(公司名称)		

图 8.3.9　填写标题栏

步骤 09 转换线型。将标题栏中最外侧的线条所在的图层切换至"轮廓线层"，其余线条为"细实线层"。

◆ 在选取整个表格时，可以单击表格任意位置处的线条，也可以采用"窗口"或"窗交"的方式进行选取。

◆ 选取表格单元时，在单元内部单击即可。

◆ 通过拖移夹点来编辑表格时，各夹点所对应的功能如图 8.3.10 所示。

图 8.3.10　利用夹点修改表格

8.3.4　表格操作实战案例——轴承座零件明细表

零件明细表是机械装配图中必不可少的要素，本案例通过绘制图 8.3.11 所示的零件明细表，希望读者掌握表格相关命令的用法。

本案例详细操作过程请参见随书光盘中 video\ch08.03\文件夹下的语音视频讲解文件"轴承座零件明细表.exe"。

6	螺钉	2			
5	垫圈	2			
4	支撑座盖	1			
3	上轴瓦	1			
2	下轴瓦	1			
1	支撑座	1			
序号	名称	数量	材料	重量	备注

图 8.3.11　轴承座零件明细表

8.4　本章综合实战案例

8.4.1　本章综合实战案例 01——技术要求

本案例主要利用单行文字与多行文字命令来创建图 8.4.1 所示的技术要求。

本案例详细操作过程请参见随书光盘中 video\ch08.04\文件夹下的语音视频讲解文件"技术要求.exe"。

8.4.2 本章综合实战案例 02——减速器零件明细表

绘制图 8.4.2 所示的减速器零件明细表。

本实例详细操作过程请参见随书光盘中 video\ch08.04\文件夹下的语音视频讲解文件"减速器零件明细表.exe"。

8.4.3 本章综合实战案例 03——标题栏

绘制图 8.4.3 所示的标题栏。

本案例详细操作过程请参见随书光盘中 video\ch08.04\文件夹下的语音视频讲解文件"标题栏.exe"。

21	键	1	Q235	
19	挡油环	1	Q235	
18	螺栓	12	45	
17	齿轮	1	45	
16	齿轮轴	1	45	
15	小轴承端盖	4	HT15.1	
14	齿轮轴	1	45	
13	齿轮	1	45	
12	定距环	1	Q235	
11	轴承	4	HT2I.1	
10	小端盖垫片	4	S1F	
9	大轴承端盖	2	HT15.1	
8	轴	1	45	
7	轴承	2	HT2I.1	
6	油阀子装配	1		
5	油标	1	Q235	
4	视源盖子装配	1		
3	箱盖	1	HT2I.1	
2	箱盖紧固件子装配	S		
1	箱体	1	HT2I.1	
序号	零件名称	数量	材料	备注

技术要求

1.铸件不得有沙眼、气孔。
2. 未注圆角半径R5。
3. 未注倒角1x45°。
4. 尺寸为$\phi 50^{+0.003}_{-0.005}$的孔需要抛光处理。

图 8.4.1 技术要求　　　　　　　　　　图 8.4.2 减速器零件明细表

标记	处分	分区		签名	年 月 日	（材料标记）			（单位名称）
设计	签名	年 月 日	标准化	签名	年 月 日				（图样名称）
审核						阶段标记	重量	比例	
工艺			批准			共 张 第 张			（图样代号）

图 8.4.3 标题栏

8.5　思考与练习

1. 单行文字的对齐方式有哪些？其各自的含义是什么？

2. 如何设置文字样式？如何创建多行文字？

3. 在 AutoCAD 2015 中，如何设置表格样式？

4. 创建图 8.5.1 所示的文字，其中"技术要求"为单行文字，其字体为黑体，字高值为 9；其他文字为多行文字，其字体为宋体，字高值为 4。

5. 创建图 8.5.2 所示的带文字的表格。

技术要求

1. 铸件不得有气孔、砂眼，表面应光滑。
2. 自由尺寸公差按现行国标。
3. 零件的内外表面发蓝。
4. 未注倒角为C1。
5. 未注圆角为R3。
6. 方框内的尺寸为检验尺寸。

图 8.5.1　创建文字

零件明细表			
序号	零件名称	材料	重量/kg
1	机体	铸铁	100
2	端盖	铸铁	9.5
3	轴套	黄铜	3.2
4	主轴	42Cr	12.5
5	定位销	45钢	0.05
6	紧固螺钉	结构钢	0

图 8.5.2　创建表格

第 **9** 章　图块及其属性

9.1　使用块

9.1.1　块的概念

块一般由几个图形对象组合而成，AutoCAD 将块对象视为一个单独的对象。块对象可以由直线、圆弧、圆等对象以及定义的属性组成。系统会将块定义自动保存到图形文件中，另外用户也可以将块保存到硬盘上。

概括起来，AutoCAD 中的块具有以下几个特点。

◆ 可快速生成图形，提高工作效率。把一些常用的重复出现的图形做成块保存起来，使用它们时就可以多次插入到当前图形中，从而避免了大量的重复性工作，提高了绘图效率。例如，在机械设计中，可以将表面粗糙度和基准符号做成块。

◆ 可减小图形文件大小，节省存储空间。当插入块时，事实上只是插入了原块定义的引用，AutoCAD 仅需要记住这个块对象的有关信息（如块名、插入点坐标及插入比例等），而不是块对象的本身。通过这种方法，可以明显减小整个图形文件的大小，这样既满足了绘图要求，又能节省磁盘空间。

◆ 便于修改图形，既快速又准确。在一张工程图中，只要对块进行重新定义，图中所有对该块引用的地方均进行相应的修改，不会出现任何遗漏。

◆ 可以添加属性，为数据分析提供原始的数据。在很多情况下，文字信息（如零件的编号和价格等）要作为块的一个组成部分引入到图形文件中，AutoCAD 允许用户为块创建这些文字属性，并可在插入的块中指定是否显示这些属性，还可以从图形中提取这些信息并将它们传送到数据库中，为数据分析提供原始的数据。

9.1.2　创建块

步骤 01 选择下拉菜单 **绘图(D)** ➡ **块(K)** ➡ **创建(M)...** 命令，如图 9.1.1 所示，此时系统弹出图 9.1.2 所示的"块定义"对话框。

也可以在命令行中输入命令 BLOCK 后按 Enter 键。

图 9.1.1 子菜单

步骤 02 命名块。在"块定义"对话框的 名称(N): 文本框中输入块的名称（如 aaa）。

 输入块的名称后不要按 Enter 键。

步骤 03 指定块的基点。在"块定义"对话框中单击 基点 选项组中的 拾取点(K) 旁边的 按钮，切换到绘图区选择一点，也可以直接在 X 、 Y 和 Z 文本框中输入"基点"的坐标。

步骤 04 选择组成块的对象。在"块定义"对话框的 对象 选项组中，单击 选择对象(T) 左侧的 按钮，可以切换到绘图区选择组成块的对象，然后按 Enter 键；也可以单击"快速选择"按钮 ，使用系统弹出的图 9.1.3 所示的"快速选择"对话框，设置所选择对象的过滤条件。

步骤 05 单击对话框中的 确定 按钮，完成块的创建。

图 9.1.2 "块定义"对话框

图 9.1.3 "快速选择"对话框

图 9.1.2 所示的"块定义"对话框中各选项说明如下。

◆ 对象 选项组。

● ○保留(R) 单选项：表示在所选对象当前的位置上，仍将所选对象中的图元保留为单独的对象。

- ⊙ 转换为块(C) 单选项：表示将所选对象转换为新块的一个实例。

- ○ 删除(D) 单选项：表示创建块后，从绘图区中删除所选的对象。

◆ 方式 选项组。

- □ 注释性(A) 复选框：选中此复选框， □ 使块方向与布局 匹配(B) 选项会高亮显示，使创建后的块具有注释性。

- ☑ 按统一比例缩放(S) 复选框：指定块参照是否按统一比例缩放。

- ☑ 允许分解(P) 复选框：指定块参照是否可以被分解。

◆ 设置 选项组。

- 块单位(U): 下拉列表：用于指定块参照插入单位。

- 说明 文本框：用于输入块的文字说明信息。

- 超链接(L)... 按钮：打开插入超链接对话框，可以使用该对话框将某个超链接与块定义相关联。

◆ ☑ 在块编辑器中打开(O) 复选框：单击"块定义"对话框的 确定 按钮后，在块编辑器中打开当前的块定义。

9.1.3 插入块

创建图块后，在需要时就可以将它插入到当前的图形中。在插入一个块时，必须指定插入点、缩放比例和旋转角度。块的插入点对应于创建块时指定的基点。当将图形文件作为块插入时，图形文件默认的基点是坐标原点(0,0,0)；也可以打开原始图形，选择 绘图(D) ➡ 块(K)▶ ➡ ■ 基点(B) (BASE) 命令重新定义它的基点。

下面介绍插入块的一般操作步骤。

步骤 01 选择下拉菜单 插入(I) ➡ 📦 块(B)... 命令，系统弹出"插入"对话框。

> 也可以在命令行中输入 INSERT 命令后按 Enter 键。

步骤 02 选取或输入块的名称。在"插入"对话框的 名称(N): 下拉列表中选择或输入块名称，也可以单击其后的 浏览(B)... 按钮，从系统弹出的"选择图形文件"对话框中选择保存的块或图形文件。

如果用户要插入当前图形中含有的块，应从 名称(N) 下拉列表中选取，当前图形中所有的块都会在该列表中列出；如果要插入保存在磁盘上的块，可单击 浏览(B)... 按钮在磁盘上选取。一旦保存在磁盘上的某个块插入到当前图形中后，当前图形就会包含该块，如果需要再次插入该块，就可以从 名称(N) 下拉列表中选取了。

步骤 03 设置块的插入点。在"插入"对话框的 插入点 选项组中，可直接在 X 、Y 和 Z 文本框中输入点的坐标来给出插入点，注意输入坐标值后不要按 Enter 键；也可以通过选中 ☑ 在屏幕上指定(S) 复选框，在屏幕上指定插入点位置。

步骤 04 设置插入块的缩放比例。在"插入"对话框的 比例 选项组中，可直接在 X 、Y 和 Z 文本框中输入所插入的块在这三个方向上的缩放比例值（默认均为 1），注意输入比例值后不要按 Enter 键；也可以通过选中 ☐ 在屏幕上指定(E) 复选框，在屏幕上指定。此外，该选项组中的 ☐ 统一比例(U) 复选框用于确定所插入块在 X、Y 和 Z 三个方向的插入比例是否相同，选中 ☐ 统一比例(U) 复选框时表示比例相同，此时只需在 X 文本框中输入比例值即可。

步骤 05 设置插入块的旋转角度。在"插入"对话框的 旋转 选项组中，可在 角度(A): 文本框中输入插入块的旋转角度值，注意输入旋转角度值后不要按 Enter 键；也可以选中 ☐ 在屏幕上指定(C) 复选框，在屏幕上指定旋转角度。

步骤 06 确定是否分解块（此步为可选操作）。选中 ☐ 分解(D) 复选框可以将插入的块分解成一个个单独的基本对象。

◆ 使用 BLOCK 命令（选择下拉菜单 绘图(D) ➡ 块(K)▶ ➡ 创建(M)... 命令）创建的块只能由块所在的图形使用，而不能由其他图形使用。如果希望在其他图形中也能够使用该块，则需要使用 WBLOCK 命令创建块。

◆ 在插入一个块时，组成块的原始对象的图层、颜色、线型和线宽将采用其创建时的定义。例如，如果组成块的原始对象是在 0 层上绘制的，并且颜色、线型和线宽均配置成 ByLayer（随层），当把块放置在当前图层——0层上时，这些对象的相关特性将与当前图层的特性相同；而如果块的原始对象是在其他图层上绘制的，或者其颜色、线型和线宽的设置都是指定的，则当把块放置在当前图层——0 层上时，块将保留原来的设置。

◆ 如果要控制块插入时的颜色、线型和线宽，则在创建块时，须在图 9.1.3 所示的对话框内把组成块的原始对象的颜色、线型和线宽设置成为 ByBlock（随块），并在插入块时，再将"对象特性"选项板（可以选择对象后右击，从弹出的快捷菜单中选择 ▣ 特性(P) 命令）中的颜色、线型和线宽设置成 ByLayer（随层）。

步骤 **07** 在 插入点 选项组中如果选中 ☑ 在屏幕上指定(S) 复选框，单击对话框中的 [确定] 按钮后，系统自动切换到绘图窗口，在绘图区某处单击指定块的插入点，至此便完成了块的插入操作。

9.1.4 写块

用 BLOCK 命令创建块时，块仅可以用于当前的图形中。但是在很多情况下，需要在其他图形中使用这些块的实例，WBLOCK（写块）命令即用于将图形中的全部或部分对象以文件的形式写入磁盘，并且可以像在图形内部定义的块一样，将一个图形文件插入图形中。写块的操作步骤如下。

步骤 **01** 新建一个空白文件，在绘图区中绘制需要写成块的图形对象（如圆对象），在命令行输入命令 WBLOCK 并按 Enter 键，此时系统弹出"写块"对话框。

步骤 **02** 定义组成块的对象来源。在"写块"对话框的 源 选项组中，有三个单选项（即 ◯ 块(B)、 ◯ 整个图形(E) 和 ◉ 对象(O)），用来定义写入块的来源，根据实际情况选取其中之一。
定义写入块来源的三个选项说明如下。

◆ ◯ 块(B) 单选项：选取某个用 BLOCK 命令创建的块作为写入块的来源。所有用 BLOCK 命令创建的块都会列在其后的下拉列表中。

◆ ◯ 整个图形(E) 单选项：选取当前的全部图形作为写入块的来源。选择此选项后，系统自动选取全部图形。

◆ ◉ 对象(O) 单选项：选取当前的图形中的某些对象作为写入块的来源。选择此选项后，可根据需要使用 基点 选项组和 对象 选项组来设置块的插入基点和组成块的对象。

步骤 **03** 设定写入块的保存路径和文件名。在 目标 选项组的 文件名和路径(F)：下拉列表中，输入块文件的保存路径和名称；也可以单击下拉列表后面的 ⋯ 按钮，在系统弹出的"浏览图形文件"对话框中设定写入块的保存路径和文件名。

步骤 **04** 设置插入单位（此步为可选操作）。在 插入单位(U)：下拉列表中选择从 AutoCAD

设计中心拖动块时的缩放单位。

步骤 05 单击"写块"对话框中的 确定 按钮，完成块的写入操作。

通过创建块命令创建的块只能在定义该图块的内部文件中使用，通过写块命令创建的块可以在任何一个图形文件中使用。

9.1.5 使用块操作实战案例——标注轴类零件剖切符号

本案例主要利用创建块与插入块命令，标注图 9.1.4 所示的剖切符号。

本案例详细操作过程请参见随书光盘中 video\ch09.01\文件夹下的语音视频讲解文件"标注轴类零件剖切符号.exe"。

图 9.1.4 标注轴类零件剖切符号

9.2 使用块属性

9.2.1 块属性的特点

属性是一种特殊的对象类型，它由文字和数据组成。用户可以用属性来跟踪诸如零件材料和价格等数据。属性可以作为块的一部分保存在块中，块属性由属性标记名和属性值两部分组成，属性值既可以是变化的，也可以是不变的。在插入一个带有属性的块时，AutoCAD将把固定的属性值随块添加到图形中，并提示输入哪些可变的属性值。

对于带有属性的块，可以提取属性信息，并将这些信息保存到一个单独的文件中，这样就能够在电子表格或数据库中使用这些信息进行数据分析，并可利用它们来快速生成如零件明细表或材料表等内容。

另外，属性值还可以设置成可见或不可见。不可见属性就是不显示和不打印输出的属性，而可见属性就是可以看到的属性。不管使用哪种方式，属性值都一直保存在图形中，当提取它们时，都可以把它们写到一个文件中。

9.2.2　定义和编辑块属性

1. 定义带有属性的块

下面介绍如何定义带有属性的块，操作步骤如下。

步骤 01 选择下拉菜单 绘图(D) ➡ 块(K)▶ ➡ 定义属性(D)... 命令，此时系统将弹出图 9.2.1 所示的"属性定义"对话框。

 也可以在命令行中输入 ATTDEF 命令后按 Enter 键。

步骤 02 定义属性模式。在 模式 选项组中，设置有关的属性模式。

模式 选项组中的各模式选项说明如下。

◆ ☑ 不可见(I) 复选框：选中此复选框表示插入块后不显示其属性值，即属性不可见。

◆ ☑ 固定(C) 复选框：选中此复选框，表示属性为定值，可在 属性 选项组的 默认(L): 文本框中指定该值，插入块时，该属性值随块添加到图形中。如果未选中该选项，表示该属性值是可变的，系统将在插入块时提示输入其值。

图 9.2.1　"属性定义"对话框

◆ ☑ 验证(V) 复选框：选中此复选框，当插入块时，系统将显示提示信息，让用户验证所输入的属性值是否正确。

◆ ☑ 预设(P) 复选框：选中此复选框，则在插入块时，系统将把 属性 选项组的 默认(L): 文本框中输入的默认值自动设置成实际属性值。但是与属性的固定值不同，预置的属性值在插入后还可以进行编辑。

◆ ☑ 锁定位置(K) 复选框：选中此复选框后，块参照中属性的位置就被锁定。

◆ ☑ 多行(U) 复选框：选中此复选框，则 边界宽度(W): 文本框亮显，可以在此文本框中输入数值以设置文字的边界宽度；也可以单击该复选框后的 ✛ 按钮，然后在绘图区中指定两点以确定文字的边界宽度。

步骤 03 定义属性内容。在 属性 选项组的 标记(T): 文本框中输入属性的标记；在 提示(M): 文本框中输入插入块时系统显示的提示信息；在 默认(L): 文本框中输入属性的值。

 单击 默认(L): 文本框后的 图标，系统弹出"字段"对话框，可将属性值设置为某一字段的值，这项功能可为设计的自动化提供极大的帮助。

步骤 04 定义属性文字的插入点。在 插入点 选项组中，可直接在 X:、Y: 和 Z: 文本框中输入点的坐标；也可以选中 在屏幕上指定(O) 复选框，在绘图区中拾取一点作为插入点。确定插入点后，系统将以该点为参照点，按照在 文字设置 选项组中设定的文字特征来放置属性值。

步骤 05 定义属性文字的特征选项。在 文字设置 选项组中设置文字的放置特征。此外，在"属性定义"对话框中如果选中 在上一个属性定义下对齐(A) 复选框，表示当前属性将采用上一个属性的文字样式、字高及旋转角度，且另起一行按上一个属性的对正方式排列；如果选中 锁定位置(K) 复选框，则表示锁定块参照中属性的位置（注意：在动态块中，由于属性的位置包括在动作的选择集中，因此必须将其锁定）。

图 9.2.1 所示"属性定义"对话框的 文字设置 选项组中各选项的说明如下。

◆ 对正(J): 下拉列表：用于设置属性文字相对于参照点的排列形式。

◆ 文字样式(S): 下拉列表：用于设置属性文字的样式。

◆ 文字高度(E): 文本框：用于设置属性文字的高度。可以直接在文本框中输入高度值，也可以单击 按钮，然后在绘图区中指定两点以确定文字高度。

◆ 旋转(R): 文本框：用于设置属性文本的旋转角度。可以直接在文本框中输入旋转角度值，也可以单击 按钮，然后在绘图区中指定两点以确定角度。

◆ 边界宽度(W): 文本框：用于指定创建多行文字时的边界宽度。

步骤 06 单击对话框中的 确定 按钮，完成属性定义。

 在创建带有附加属性的块时，需要同时选择块属性作为块的成员对象。

2. 编辑块属性

要编辑块的属性，可以参照如下操作步骤。

 此操作在随书光盘提供的样板文件上进行。

步骤 01 选择下拉菜单 修改(M) ➡ 对象(O)▶ ➡ 属性(A)▶ ➡ 块属性管理器(B)...命令（或单击"块定义"选项卡 属性 面板中的 按钮），系统弹出图 9.2.2 所示的"块属性管理器"对话框。

图 9.2.2 "块属性管理器"对话框

选择下拉菜单 修改(M) ➡ 对象(O)▶ ➡ 属性(A)▶ ➡ 单个(S)...命令（或者单击"块定义"选项卡 属性 面板中的 按钮），系统会弹出"增强属性编辑器"对话框，在此对话框中可以对单个块进行编辑。

步骤 02 单击"块属性管理器"对话框中的 编辑(E)... 按钮，系统弹出图 9.2.3 所示的"编辑属性"对话框。

步骤 03 在"块属性管理器"对话框中，编辑修改块的属性。

步骤 04 编辑完成后，单击对话框中的 确定 按钮。

图 9.2.2 所示的"块属性管理器"对话框中各选项的相关说明如下。

◆ 在属性列表区域显示被选中块的每个属性特性，在其中某个块的属性上双击，系统弹出"编辑属性"对话框，可在此修改其属性。

◆ 按钮：单击此按钮选择要编辑属性的块。

◆ 块(B)：下拉列表：在此下拉列表中可以选择要修改属性的块。

◆ 同步(Y) 按钮：更新具有当前定义的属性特性的选定块的全部实例，但不会改变每个块中属性的值。

◆ 上移(U) 按钮：在提示序列的早期阶段移动选定的属性标签，当块的属性被固定时，此按钮不亮显，该按钮不可用。

◆ 下移(D) 按钮：在提示序列的后期阶段移动选定的属性标签，当块的属性设定为常量时，此按钮不亮显，该按钮不可用。

◆　删除(R) 按钮：从块定义中删除选定的属性，只有一个属性的块不能被删除。

◆　设置(S)... 按钮：单击此按钮，系统弹出图 9.2.4 所示的"块属性设置"对话框，在此对话框中可以进行块属性的设置。

◆　编辑(E)... 按钮：单击此按钮，系统弹出图 9.2.3 所示的"编辑属性"对话框，在此对话框中可以编辑块的属性。

 当定义的块中含有多个属性时，"块属性管理器"对话框中的 上移(U) 、 下移(D) 、 删除(R) 和 应用(A) 按钮才会亮显。

图 9.2.3　"编辑属性"对话框

图 9.2.4　"块属性设置"对话框

"编辑属性"对话框中各选项卡的相关说明如下。

◆　属性 选项卡：用来定义块的属性。

◆　文字选项 选项卡：用来设置属性文字的显示特性。

　●　文字样式(S): 下拉列表：用于设置属性文字的文字样式。

　●　对正(J): 下拉列表：用于设置属性文字的对正方式。

　●　□ 反向(K) 复选框：用于设置是否反向显示文字。

　●　□ 倒置(E) 复选框：用于设置是否倒置显示文字。

　●　高度(I): 文本框：用于设置属性文字的高度。

　●　宽度因子(W): 文本框：用于设置属性文字的字符间距，输入小于 1.0 的值将压缩文字，输入大于 1.0 的值则放大文字。

　●　旋转(R): 文本框：用于设置属性文字的旋转角度。

　●　倾斜角度(O): 文本框：用于设置属性文字相对其垂直轴线的倾斜角度。

◆　特性 选项卡：用来设置属性所在的图层以及属性的颜色、线宽和线型。

- **图层(L)** 下拉列表：用于选择属性所在的图层。
- **线型(T)** 下拉列表：用于选择属性文字的线型。
- **颜色(C)** 下拉列表：用于选择属性文字的颜色。
- **线宽(W)** 下拉列表：用于选择属性文字的线宽。
- **打印样式(S)** 下拉列表：用于选择属性的打印样式。

9.2.3 使用块属性操作实战案例——标注法兰盘表面粗糙度符号

利用本节学习的内容，标注图 9.2.5 所示的表面粗糙度符号。

本实例详细操作过程请参见随书光盘中 video\ch09.02\文件夹下的语音视频讲解文件"标注法兰盘表面粗糙度符号.exe"。

图 9.2.5 标注法兰盘表面粗糙度符号

9.3 本章综合实战案例

9.3.1 本章综合实战案例 01——电气图

本案例主要利用多段线、直线、文字、定义带属性的块与插入块等命令绘制电气图，在绘制此图形时，创建带有多个属性的块是绘制的重点。绘制流程如图 9.3.1 所示。

本案例详细操作过程请参见随书光盘中 video\ch09.03\文件夹下的语音视频讲解文件"电气图.exe"。

图 9.3.1 电气图

9.3.2 本章综合实战案例 02——建筑平面图

本案例主要利用多线、多线的编辑、创建带属性的块、插入块、镜像与修剪命令绘制建筑平面图。绘制流程如图 9.3.2 所示。

本案例块操作部分详细操作过程请参见随书光盘中 video\ch09.03\文件夹下的语音视频讲解文件"建筑平面图.exe"。

图 9.3.2 建筑平面图

9.4　思考与练习

　1. 先简述块的特点，然后举例说明创建块与插入块的一般操作步骤。

　2. 块属性的特点是什么？如何定义块属性？

　3. 外部参照与块有何区别？如何附着和裁剪外部参照？

　4. 先创建图 9.4.1 所示的表面粗糙度符号图形，再根据该图形创建一个块 BL1；然后利用所创建的块 BL1，使用 INSERT 命令在图 9.4.2 中标注表面粗糙度符号。最后回答：使用块来创建重复图形与使用复制（COPY）命令来创建重复图形相比，有什么区别和优势？

图 9.4.1　定义块　　　　　　　　图 9.4.2　标注表面粗糙度符号

第 10 章　二维绘图实战案例

10.1　二维绘图实战案例 01——单人床

本案例主要利用矩形、直线、样条曲线、圆、修剪、图案填充与插入块等命令绘制单人床。绘制流程如图 10.1.1 所示。

本案例详细操作过程请参见随书光盘中 video\ch10\文件夹下的语音视频讲解文件"单人床.exe"。

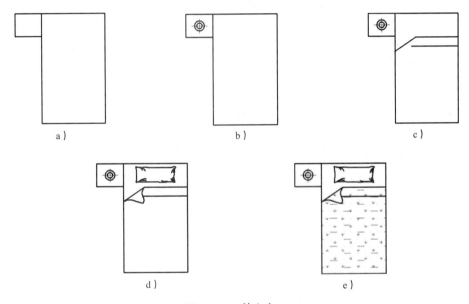

图 10.1.1　单人床

10.2　二维绘图实战案例 02——机械零件平面图

本案例主要利用直线、圆、圆弧、修剪与圆角等命令绘制机械零件平面图，在绘制此图形时，找到重点圆及圆弧的圆心位置是绘制的重点。绘制流程如图 10.2.1 所示。

本案例详细操作过程请参见随书光盘中 video\ch10\文件夹下的语音视频讲解文件"机械零件平面图.exe"。

图 10.2.1　机械零件平面图

10.3　二维绘图实战案例 03——手动开关控制电路

本案例主要利用直线、文字、阵列、复制、修剪、创建与插入块等命令绘制手动开关控制的点动、长动控制电路图，在绘制此图形时，准确、合理地运用对象捕捉的相关功能是绘制的重点。绘制流程如图 10.3.1 所示。

本案例详细操作过程请参见随书光盘中 video\ch10\文件夹下的语音视频讲解文件"手动开关控制的点动、长动控制电路.exe"。

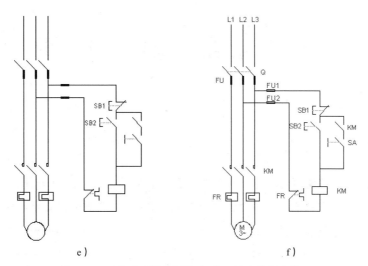

图 10.3.1　手动开关控制的点动、长动控制电路

第11章 轴测图

11.1 概述

11.1.1 轴测图的基本概念

◆ 轴测图：将空间物体连同确定其位置的直角坐标系，沿不平行于任一坐标平面的方向，用平行投影法投射在选定的单一投影面上所得到的富有立体感的平面图形。

◆ 轴测轴：在轴测投影中，直角坐标轴（OX、OY、OZ）在轴测投影面上的投影。

◆ 轴向伸缩系数：轴测轴上的单位长度与相应直角坐标轴上单位长度的比值（OX、OY、OZ 的轴向伸缩系数分别用 p1、ql、rl 表示，简化伸缩系数分别用 p、q、r 表示）。

◆ 轴间角：两轴测轴之间的夹角。

11.1.2 轴测图的特点

由于轴测图是用平行投影法得到的，因此具有以下特点。

◆ 物体上相互平行的直线，它们的轴测投影仍相互平行；物体上平行于坐标轴的线段，在轴测图上仍平行于相应的轴测轴。

◆ 物体上平行于坐标轴的线段，其轴测投影与原线段长度之比，等于相应的轴向伸缩系数。

◆ 物体上不平行于坐标轴的线段，可以用坐标法确定其两个端点然后用连线画出。

◆ 物体上不平行于轴测投影面的平面图形，在轴测图中变成原图形的类似形。如长方形的轴测投影为平行四边形，圆形的轴测投影为椭圆等。

11.1.3 轴测图的分类

轴测图根据投影方向与投影面垂直与否，分为正轴测图和斜轴测图两类；根据轴向伸缩系数的不同，又分为三类。

◆ 按照投影方向与轴测投影面的夹角的不同，轴测图分为两类。

● 正轴测图 —— 轴测投影方向与轴测投影面垂直时所得到的轴测图。

● 斜轴测图 —— 轴测投影方向与轴测投影面倾斜时所得到的轴测图。

◆ 按照轴向伸缩系数的不同，轴测图分为三类。

● 正（或斜）等轴测图：简称正（或斜）等测，p1 = ql = rl。

● 正（或斜）二等轴测图：简称正（或斜）二测，pl = rl ≠ ql。

● 正（或斜）三等轴测图：简称正（或斜）三测，p1 ≠ ql ≠ rl。

11.2 轴测图的绘制

11.2.1 轴测图绘制的一般步骤及操作

轴测图属于二维平面图形，其绘制方法与前面介绍的二维图形的绘制方法基本相同，利用简单的绘图命令，如绘制直线命令、绘制椭圆命令、绘制矩形命令等，并结合图形编辑命令，如修剪命令、复制命令、移动命令等，就可以完成轴测图的绘制。

绘制轴测图的一般过程如下。

◆ 设置绘图环境。在绘制轴测图之前，需要根据轴测图的大小及复杂程度，设置图形界限及图层。

◆ 启用等轴测捕捉模式，绘制并编辑轴测图。

◆ 对轴测图进行尺寸标注。

◆ 保存图形。

1. 选用样板文件

使用随书光盘上提供的样板文件。选择下拉菜单 文件(F) ➡ 新建(N)...命令，在弹出的"选择样板"对话框中，找到文件 D:\cadxc15\work\ch11.02\Part_temp_A3.dwg，然后单击 打开(O) 按钮。

2. 绘制轴测图前的设置

步骤01 选择下拉菜单 工具(T) ➡ 绘图设置(F)...命令，系统弹出"草图设置"对话框，单击 捕捉和栅格 选项卡；在 捕捉类型 选项组中选取 ⊙ 栅格捕捉(R) 中的 ⊙ 等轴测捕捉(M) 选项，单击 对象捕捉 选项卡，选中 ☑ 启用对象捕捉 (F3) (O) 和 ☑ 启用对象捕捉追踪 (F11) (K) 复选框；在 对象捕捉模式 选项组中选取 □ ☑ 端点(E)、△ ☑ 中点(M)、○ ☑ 圆心(C)、◇ ☑ 象限点(Q)、✕ ☑ 交点(I)、σ ☑ 切点(N)、✕ ☑ 最近点(R)、∕ ☑ 平行线(L)选项，其余的全部不选，单击 确定 按钮以完成设置。

步骤02 确认状态栏中的 ⌐ （正交模式）按钮处于显亮状态。

步骤03 按功能键 F5，可切换等轴测图平面 < 等轴测平面 俯视 >、< 等轴测平面 右视 > 与 < 等轴测平面 左视 >，其鼠标指针状态分别如图 11.2.1~图 11.2.3 所示。

图 11.2.1　俯视

图 11.2.2　右视

图 11.2.3　左视

3. 绘制轴测图

下面以图 11.2.4 所示为例，说明绘制轴测图的一般方法与步骤。

图 11.2.4　绘制轴测图

任务 01　绘制图 11.2.5 所示的正方体

步骤 01　绘制图 11.2.6 所示的等轴测矩形 1。

（1）选择下拉菜单 绘图(D) ➡ 直线(L) 命令，在绘图区单击一点（点 A）作为直线的起点。

（2）结合"正交"功能，绘制图 11.2.6 中所示的直线 1，将光标向右上方移动，输入数值 100，按 Enter 键确认。

（3）绘制图 11.2.6 所示的直线 2，将光标向左上方移动，输入数值 100，按 Enter 键确认。

（4）绘制图 11.2.6 所示的直线 3，将光标向左下方移动，输入数值 100，按 Enter 键确认。

（5）绘制图 11.2.6 所示的直线 4，将光标移动至点 A 处单击，并按 Enter 键完成绘制。

若当前所处平面不为＜等轴测平面　俯视＞（鼠标指针如图 11.2.2 所示的状态），则需通过 F5 键切换到俯视平面。

图 11.2.5　绘制正方体

图 11.2.6　等轴测矩形 1

步骤 02　绘制图 11.2.7 所示的等轴测矩形 2。

复制图形，将等轴测平面切换到右视。选择下拉菜单 修改(M) ➡ 复制(Y) 命令，选取图 11.2.6 所示的图形为复制对象并按 Enter 键，选取点 A 作为基点，结合正交命令，将光标向上方移动，并在命令行中输入数值 100 后按两次 Enter 键结束复制命令，结果如图 11.2.7 所示。

等轴测矩形 2 与等轴测矩形 1 形状、大小相同，可直接采用复制的方法绘制。正交模式下，复制方向与当前鼠标指针所指方向一致（图 11.2.8），可通过 F5 键切换轴测图平面以达到所需要的方向。

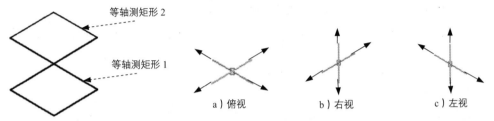

图 11.2.7　等轴测矩形 2　　　　图 11.2.8　正交模式下三个视图中可出现的复制方向

步骤 03　绘制三条直线，选择下拉菜单 绘图(D) ➡ 直线(L) 命令，绘制图 11.2.9 所示的直线 1、直线 2 与直线 3。

步骤 04　删除图 11.2.10 所示的两条直线，完成正方体部分的绘制。

图 11.2.9　绘制三条直线

图 11.2.10　删除多余线段

任务 02　绘制图 11.2.11 所示的中心线

步骤 01　切换图层。在"图层"工具栏中选择"中心线层"。

步骤 02　绘制图 11.2.12 所示的中心线。

（1）绘制中心线 1，选择下拉菜单 绘图(D) ➡ 直线(L) 命令，结合"正交"功能，绘制图 11.2.13 所示的中心线 1，选取图 11.2.13 所示直线 1 的中点作为中心线 1 的起点，选取直线 2 的中点作为中心线 1 的终点。

图 11.2.11　中心线

图 11.2.12　绘制中心线

图 11.2.13　中心线 1

（2）绘制中心线 2，选择图 11.2.14 所示的点 A 作为中心线 2 的终点。

（3）绘制图 11.2.15 所示的中心线 3 与中心线 4。

（4）按 F5 键切换至＜等轴测平面 左视＞平面，绘制图 11.2.16 所示的中心线 5 与中心线 6。

图 11.2.14　中心线 2

图 11.2.15　中心线 3 与中心线 4

图 11.2.16　中心线 5 与中心线 6

步骤 03 拉长中心线，效果如图 11.2.17 所示。

拉长中心线时，注意通过 F5 键切换轴测图平面以便控制拉长方向。

任务 03 绘制图 11.2.17 所示的等轴测圆

步骤 01 切换图层。在"图层"工具栏中选择"轮廓线层"。

步骤 02 绘制等轴测圆。

（1）绘制图 11.2.17 所示等轴测圆 1。用 **绘图(D)** ➡ **椭圆(E)▶** ➡ **轴、端点(E)** 命令，在命令行中输入 I（选项中的

图 11.2.17　等轴测圆

等轴测图(I)：）后按 Enter 键，以 A 点为圆心，绘制半径为 50 的等轴测圆 1。

（2）绘制图 11.2.17 所示等轴测圆 2。按 F5 键切换至＜等轴测平面 俯视＞平面，用 绘图(D) ➡ 椭圆(E)▶ ➡ 轴、端点(E) 命令，在命令行中输入 I(选项中的 等轴测图(I):）后按 Enter 键，以 B 点为圆心，绘制半径为 50 的等轴测圆 2。

（3）绘制图 11.2.17 所示等轴测圆 3。按 F5 键切换至＜等轴测平面 右视＞平面，用 绘图(D) ➡ 椭圆(E)▶ ➡ 轴、端点(E) 命令，在命令行中输入 I(选项中的 等轴测图(I):）后按 Enter 键，以 C 点为圆心，绘制半径为 50 的等轴测圆 3。

11.2.2　轴测图的绘制操作实战案例——绘制基座

利用本节学习的内容绘制图 11.2.18 所示的基座，绘制流程如图 11.2.18 所示。

本案例详细操作过程请参见随书光盘中 video\ch11.02\文件下的语音视频讲解文件"基座.exe"。

图 11.2.18　基座

11.3　轴测图的标注

11.3.1　轴测图标注的一般步骤及操作

下面以图 11.3.1 所示为例，说明标注轴测图的一般方法与步骤。

图 11.3.1　标注轴测图

任务 01 创建图 11.3.2 所示的尺寸标注

步骤 01 打开文件 D:\cadxc15\work\ch11.03\正方体. dwg。

步骤 02 创建图 11.3.2 所示的对齐标注尺寸 1。将图层切换至"尺寸线层",选择下拉菜单 **标注(N)** ➡ **对齐(G)** 命令,选取图 11.3.3 所示的两个端点作为尺寸界线原点,在绘图区的空白区域中单击以确定尺寸放置的位置。

步骤 03 参见 **步骤 02** 的操作,创建其余的对齐标注(图 11.3.4)。

图 11.3.2　对齐标注尺寸 1

选取这两个端点
图 11.3.3　定义尺寸界限原点

图 11.3.4　标注其余尺寸

任务 02 编辑尺寸

步骤 01 编辑顶轴测图中尺寸线与 X 轴平行的尺寸(图 11.3.5a 所示尺寸)。选择 **标注(N)** ➡ **倾斜(Q)** 命令,选取图 11.3.5 所示的尺寸为编辑对象并按 Enter 键,在命令行中输入倾斜角度-30 后按 Enter 键结束命令。结果如图 11.3.5b 所示。

a)编辑前

b)编辑后

图 11.3.5　编辑尺寸

　　在轴测图中创建尺寸时,为保证图形的立体感,标注时先使用对齐标注命令进行标注,再通过编辑标注命令中的"倾斜"选项将标注倾斜适当的角度,使其平行于轴测轴。在各个轴测面上进行标注时,尺寸的倾斜角度有以下规律。

　　右轴测面内的标注,若尺寸线与 X 轴(正等轴测轴坐标系如图 11.3.6 所示)平行,则标注的倾斜角度为 90°。

　　左轴测面内的标注,若尺寸线与 Z 轴平行,则标注的倾斜角度为 30°。

顶轴测面内的标注，若尺寸线与 Z 轴平行，则标注的倾斜角度为 30°。

左轴测面内的标注，若尺寸线与 Y 轴平行，则标注的倾斜角度为 30°。

右轴测面内的标注，若尺寸线与 Y 轴平行，则标注的倾斜角度为-90°。

顶轴测面内的标注，若尺寸线与 X 轴平行，则标注的倾斜角度为-30°。

故标注时，根据不同的情况，编辑尺寸。

图11.3.6　正等轴测轴坐标系

  利用 标注(N) ➡ 倾斜(Q) 命令，同时按F5功能键切换到要标注的轴测面，可直接完成轴测图的标注，此方法需在"正交"模式下进行。

步骤 02 参照**步骤 01**的操作，选取图 11.3.7a 所示顶轴测面上与 Y 轴平行的尺寸，将倾斜角度值设置为 30。

a）编辑前　　　　　　　　　　　　　　　b）编辑后

图 11.3.7　编辑尺寸

步骤 03 参照**步骤 01**的操作，选取图 11.3.8 所示右轴测面上与 Z 轴平行的尺寸，将倾斜角度值设置为 30，结果如图 11.3.8b 所示。

a）编辑前　　　　　　　　　　　　　　　b）编辑后

图 11.3.8　编辑尺寸 3

任务 03 调整尺寸文字方向

步骤 01 设置文字样式 1。选择下拉菜单 **格式(O)** ➡ **✎ 文字样式(S)...** 命令，系统弹出"文字样式"对话框，在对话框中单击 **新建(N)...** 按钮，输入样式名"正 30 度"，单击 **确定** 按钮，在 **倾斜角度(O):** 对话框中输入数值 30，单击 **应用(A)** 按钮。

步骤 02 设置文字样式 2。在"文字样式"对话框中单击 **新建(N)...** 按钮，输入样式名"负 30 度"，单击 **确定** 按钮，在 **倾斜角度(O):** 对话框中输入数值-30，单击 **应用(A)** 按钮，单击 **确定** 按钮。

步骤 03 选取图 11.3.9 所示的尺寸，选择下拉菜单 **修改(M)** ➡ **☐ 特性(P)** 命令，在"特性"对话框的 **文字** 区域中的 **文字样式** 下拉列表中选择 **正30度** 选项，结果如图 11.3.9 所示。

步骤 04 选取图 11.3.10 所示的尺寸，选择下拉菜单 **修改(M)** ➡ **☐ 特性(P)** 命令，在"特性"对话框的 **文字** 区域中的 **文字样式** 下拉列表中选择 **负30度** 选项，结果如图 11.3.10 所示。

步骤 05 参照 **步骤 04**，将图 11.3.11 所示的尺寸，在"特性"对话框中的 **样式** 下拉列表中均选择 **负30度** 选项，结果如图 11.3.11 所示。

图 11.3.9　调整文字方向 1　　图 11.3.10　调整文字方向 2　　图 11.3.11　调整文字方向 3

11.3.2　轴测图的标注操作实战案例——标注基座

利用本节学习的内容标注图 11.3.12 所示的尺寸。

图 11.3.12　标注基座

任务 01 创建图 11.3.13 所示的尺寸标注

步骤 01 打开文件 D:\cadxc15\work\ch11.03\轴测图标注. dwg。

步骤 02 创建图 11.3.13 所示的对齐标注。将图层切换至"尺寸线层",选择下拉菜单

标注(N) ➡ 对齐(G) 命令,选取图 11.3.14 所示的两个椭圆的圆心作为尺寸界线原点,在绘图区的空白区域中单击以确定尺寸放置的位置。

步骤 03 参见 **步骤 02** 的操作,创建其余的对齐标注(图 11.3.15)。

图 11.3.13 标注尺寸

选取这两个椭圆圆心

图 11.3.14 定义尺寸界限原点

图 11.3.15 标注其余尺寸

任务 02 创建图 11.3.16 所示的尺寸标注

步骤 01 按 F5 键切换至 < 等轴测平面 俯视 > 平面,绘制图 11.3.17 所示的两条辅助线。

图 11.3.16 标注尺寸

放大图

绘制这两条线

图 11.3.17 绘制辅助线

步骤 02 创建对齐标注。选择下拉菜单 标注(N) ➡ 对齐(G) 命令,选取图 11.3.18 所示两个点作为尺寸界线原点,在绘图区的空白区域中单击以确定尺寸放置的位置。

放大图

选取这两个点

图 11.3.18 标注尺寸

步骤 03 修剪辅助线,选择下拉菜单 修改(M) ➡ 修剪(T) 命令,对多余的线段进行修

剪，结果如图 11.3.19 所示。

图 11.3.19　修剪多余线段

任务 03　创建图 11.3.20 所示的直径尺寸

步骤 01　绘制图 11.3.21 所示的两条辅助线。

图 11.3.20　标注尺寸　　　　图 11.3.21　绘制辅助线

步骤 02　创建直径标注。选择下拉菜单 标注(N) ➡ 对齐(G) 命令，选取图 11.3.22 所示的两个点，在命令行输入 T（选择提示中的 文字(T) 选项）并按 Enter 键，输入%%C27 后按 Enter 键，在绘图区的空白区域单击以确定尺寸放置的位置。

图 11.3.22　标注直径尺寸

步骤 03　删除两条辅助线。

任务 04　创建图 11.3.23 所示的直径尺寸

步骤 01　确认状态栏中的 ⌐（正交模式）按钮处于关闭状态。绘制图 11.3.24 所示的两条多段线（见视频文件）。

图 11.3.23 标注尺寸　　　　　　　　　　　图 11.3.24 标注直径尺寸

步骤 02 创建图 11.3.25 所示的多行文字。输入文字 "4-%%C10",文字高度为 5.0。

步骤 03 旋转上一步创建的多行文字,旋转角度为-30°,并将多行文字移动至合适的位置,结果如图 11.3.25 所示。

图 11.3.25 创建多行文字　　　　　　　　　图 11.3.26 半径尺寸

任务 05 创建图 11.3.26 所示的半径尺寸

步骤 01 创建尺寸。确认状态栏中的 ▣(正交模式)按钮处于关闭状态。

(1)设置引线样式。在命令行输入 QLEADER 后按 Enter 键;在命令行中输入 S 后按 Enter 键,系统弹出"引线设置"对话框,在 注释 选项卡中的 注释类型 选项组中选取 ⊙ 多行文字(M) 选项,单击 确定 按钮。

(2)创建引线标注。选取图 11.3.27 所示的圆弧以确定引线的起点,将光标向右上方移动一定距离并单击;在命令行中输入文字高度 5.0 后按 Enter 键;输入 R10 后按两次 Enter 键,完成半径标注,结果如图 11.3.28 所示。

步骤 02 分解引线。选择下拉菜单 修改(M) ➡ 分解(X) 命令,选择图 11.3.28 所示的引线为分解对象,按 Enter 键完成分解。

图 11.3.27 定义起点　　　　　　　　　　图 11.3.28 标注结果

步骤 03 分解多段线。选择下拉菜单 **修改(M)** ➡ **分解(X)** 命令，选择图 11.3.29 所示的多段线为分解对象，按 Enter 键完成分解。

步骤 04 编辑直线，选择图 11.3.30 所示的直线，再选择直线右端点，按 Tab 键，输入长度值 15，再按 Tab 键，输入角度值 30，按 Enter 键完成编辑。

图 11.3.29　分解多段线　　　　　　　　图 11.3.30　编辑直线

 移动时可单击状态栏中的正交模式按钮，将其关闭。

步骤 05 旋转上一步创建的多行文字，旋转角度为 -30°，并将多行文字移动至合适的位置，结果如图 11.3.31a 所示。

任务 06 编辑尺寸线

步骤 01 编辑顶轴测图中尺寸线与 X 轴平行的尺寸(图 11.3.31a 所示尺寸)。选择 **标注(N)** ➡ **倾斜(Q)** 命令，选取尺寸"42、70、90"为编辑对象并按 Enter 键，在命令行中输入倾斜角度 -30 后按 Enter 键结束命令。结果如图 11.3.31b 所示。

a) 编辑前　　　　　　　　　　　　　b) 编辑后

图 11.3.31　编辑尺寸 1

步骤 02 参照 **步骤 01** 的操作，选取图 11.3.32a 所示顶轴测面上与 Y 轴平行的尺寸，将倾斜角度值设置为 30。

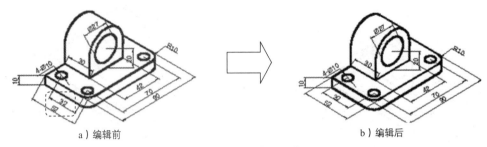

图 11.3.32 编辑尺寸 2

(步骤 **03**) 参照 (步骤 **01**) 的操作，选取图 11.3.33 所示右轴测面上与 Z 轴平行的尺寸，将倾斜角度值设置为 30，结果如图 11.3.33b 所示。

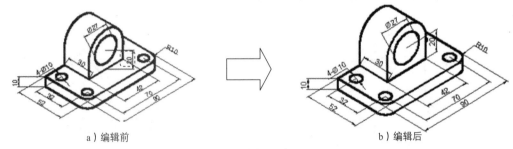

图 11.3.33 编辑尺寸 3

(步骤 **04**) 参照 (步骤 **01**) 的操作，选取图 11.3.34a 所示右轴测面上与 X 轴平行的尺寸，将倾斜角度值设置为 90，结果如图 11.3.34b 所示。

图 11.3.34 编辑尺寸 4

(步骤 **05**) 参照 (步骤 **01**) 的操作，选取图 11.3.35a 所示左轴测面上与 Y 轴平行的尺寸，将倾斜角度值设置为-90，结果如图 11.3.35b 所示。

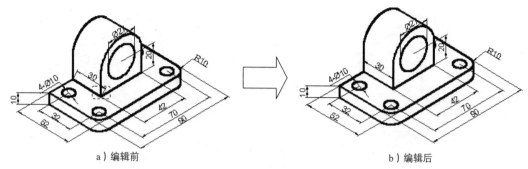

a）编辑前　　　　　　　　　　　　　　　b）编辑后

图 11.3.35　编辑尺寸 5

步骤 06 参照 **步骤 01** 的操作，选取图 11.3.36a 所示左轴测面上与 Y 轴平行的尺寸，将倾斜角度值设置为-30，结果如图 11.3.36b 所示。

a）编辑前　　　　　　　　　　　　　　　b）编辑后

图 11.3.36　编辑尺寸 6

任务 07 调整尺寸文字方向

步骤 01 设置文字样式 1。选择下拉菜单 格式(O) ➡ ✐ 文字样式(S)... 命令，系统弹出 "文字样式" 对话框，在对话框中单击 新建(N)... 按钮，输入样式名 "正 30 度"，单击 确定 按钮，在 倾斜角度(O): 对话框中输入数值 30，单击 应用(A) 按钮。

步骤 02 设置文字样式 2。选择下拉菜单 格式(O) ➡ ✐ 文字样式(S)... 命令，系统弹出 "文字样式" 对话框，在对话框中单击 新建(N)... 按钮，输入样式名 "负 30 度"，单击 确定 按钮，在 倾斜角度(O): 对话框中输入数值-30，单击 应用(A) 按钮。

步骤 03 选取图 11.3.37 所示的 3 个尺寸，选择下拉菜单 修改(M) ➡ ▣ 特性(P) 命令，在 "特性" 对话框的 文字 区域中的 文字样式 下拉列表中选择 正30度 选项，结果如图 11.3.38 所示。

步骤 04 选取图 11.3.38 所示的 5 个尺寸，选择下拉菜单 修改(M) ➡ ▣ 特性(P) 命令，在 "特性" 对话框的 文字 区域中的 文字样式 下拉列表中选择 负30度 选项，结果如图 11.3.39 所示。

步骤 05 参照 **步骤 04** ，将图 11.3.39 所示的两个多行文字，在图 11.3.40 所示的 "特性"

对话框中的 样式 下拉列表中均选择 正30度 选项，结果如图 11.3.41 所示。

图 11.3.37　调整文字方向 1

图 11.3.38　调整文字方向 2

图 11.3.39　调整文字方向 3

图 11.3.40　"特性"对话框

步骤 06 选取图 11.3.41 所示的多行文字，在图 11.3.40 所示的"特性"对话框中的下拉列表中选择 顶30度 选项，结果如图 11.3.42 所示。

图 11.3.41　调整文字方向 4

图 11.3.42　最终结果

11.4　本章综合实战案例

11.4.1　本章综合实战案例 01——封盖

本案例主要利用直线、椭圆与修剪等命令绘制封盖。绘制流程如图 11.4.1 所示。

本案例详细操作过程请参见随书光盘中 video\ch11.04\文件下的语音视频讲解文件"封盖.exe"。

a)   b)   c)   d)

图 11.4.1　封盖

11.4.2　本章综合实战案例 02——把叉

本案例主要利用直线、椭圆与修剪等命令绘制把叉。绘制流程如图 11.4.2 所示。

本案例详细操作过程请参见随书光盘中 video\ch11.04\文件下的语音视频讲解文件"把叉.exe"。

a)   b)   c)   d)

图 11.4.2　把叉

11.5　思考与练习

1. 轴测投影是如何得出来的？它与多面正投影有什么区别？

2. 完成图 11.5.1 所示的基架轴测图。

3. 完成图 11.5.2 所示的基座轴测图（尺寸自拟）。

图 11.5.1　基架

图 11.5.2　基座

第 **12** 章　三维网格面的绘制

12.1　概述

在传统的绘图中，二维图形是一种常用的表示物体形状的方法。这种方法只有当绘图者和看图者都能理解图形中表示的信息时，才能获得真实物体的形状和形态。另外，三维对象的每个二维视图是分别创建的，由于缺乏内部的关联，发生错误的概率就会很高，特别是在修改图形对象时，必须分别修改每一个视图。创建三维图形就能很好地解决这些问题，只是其创建过程要比二维图形复杂得多。创建三维图形有以下几个优点。

- ◆ 便于观察：可从空间中的任意位置、任意角度观察三维图形。
- ◆ 快速生成二维图形：可以自动地创建俯视图、主视图、侧视图和辅助视图。
- ◆ 渲染对象：经过渲染的三维图形更容易表达设计者的意图。
- ◆ 满足工程需求：根据生成的三维模型，可以进行三维干涉检查、工程分析以及从三维模型中提取加工数据。

12.2　三维坐标系

三维模型需要在三维坐标系下进行创建，可以使用右手定则来直观地了解 AutoCAD 如何在三维空间中工作。伸出右手，想象拇指是 X 轴，食指是 Y 轴，中指是 Z 轴。按直角伸开拇指和食指，并让中指垂直于手掌，这三个手指现在正分别指向 X、Y 和 Z 的正方向，如图 12.2.1 所示。

还可以使用右手规则确定正的旋转方向，如图 12.2.1 所示，把拇指放到要绕其旋转的轴的正方向，向手掌内弯曲手的中指、无名指和小拇指，这些手指的弯曲方向就是正的旋转方向。

在三维坐标系下，同样可以使用直角坐标或极坐标来定义点。此外，在绘制三维图形时，还可使用柱坐标和球坐标来定义点。

图 12.2.1　坐标轴的确定

1. 直角坐标

当工作于三维空间时，可以使用绝对坐标（相对于坐标系坐标原点）来指定点的 X、Y、Z 坐标。例如，要指定一个沿 X 轴正向 8 个单位、沿 Y 轴正向 6 个单位、沿 Z 轴正向 2 个单位的点，可以指定坐标为（8,6,2），也可以使用相对坐标（相对于最后的选择点）来指定坐标。

2. 柱坐标

柱坐标是通过定义某点在 XY 平面中距原点（绝对坐标）或前一点（相对坐标）的距离，在 XY 平面中与 X 轴的夹角以及 Z 坐标值来指定一个点，如图 12.2.2 所示。举例如下。

◆ 绝对柱坐标（20<45,50）的含义：在 XY 平面中与原点的距离为 20，在 XY 平面中与 X 轴的角度为 45°，Z 坐标为 50。

◆ 相对柱坐标（@20<45,50）的含义：在 XY 平面中与前一点的距离为 20，在 XY 平面中与 X 轴的角度为 45°，Z 坐标为 50。

3. 球坐标

点的球坐标具有三个参数：它相对于原点（绝对坐标）或前一点（相对坐标）的距离，在 XY 平面上与 X 轴的夹角，与 XY 平面的夹角（图 12.2.3），举例如下。

图 12.2.2　柱坐标　　　　　　　　图 12.2.3　球坐标

◆ 绝对球坐标（20<45<50）的含义：相对于原点的距离为 20，在 XY 平面上与 X 轴的夹角为 45°，与 XY 平面的夹角为 50°。

◆ 相对球坐标（@20<45<50）的含义：相对于前一点的距离为 20，在 XY 平面上与 X 轴的夹角为 45°，与 XY 平面的夹角为 50°。

　　　　在所有的 AutoCAD 文件中，都有一个唯一的固定不变的三维坐标系，我们把这个坐标系称为世界坐标系，此坐标系用户无法删除。

12.3 观察三维图形

12.3.1 使用三维动态观察器

使用三维动态观察器可以在三维空间动态地观察三维对象。选择下拉菜单 视图(V)

➡ 动态观察(B) ➡ 自由动态观察(F) 命令后，系统将显示图 12.3.1 所示的观察球，在圆
的四个象限点处带有四个小圆，这便是三维动态观察器。

图 12.3.1 三维动态观察器

观察器的圆心点就是要观察的点（目标点），观察的出发点相当于相机的位置。查看时，
目标点是固定不动的，通过移动鼠标可以使相机在目标点周围移动，从不同的视点动态地观
察对象。结束命令后，三维图形将按新的视点方向重新定位。

在观察器中，光标的形状也将随着所处的位置而改变，可有以下几种情况。

◆ 当光标位于观察球的内部时，光标图标显示为 ⊕。此时单击并拖动光标，可以自
   由地操作视图，在目标的周围移动视点。

◆ 当光标位于观察球以外区域时，光标图标显示为 ⊙。此时单击并绕着观察球拖动
   光标，视图将围绕着一条穿过观察球球心且与屏幕正交的轴旋转。

◆ 当光标位于观察球左侧或右侧的小圆中时，光标图标显示为 ⊕。单击并拖动光标，
   可以使视图围绕着通过观察球顶部和底部的假想的垂直轴旋转。

◆ 当光标位于观察球顶部或底部的小圆中时，光标图标显示为 ⊕。单击并拖动光标，
   可以使视图围绕着通过观察球左边和右边假想的水平轴旋转。

◆ 在各种显示状态下，按住中键不放，可移动视图的显示位置。

> 在启用了三维导航工具时，按数字键 1、2、3、4 和 5 来切换三维动态的观
> 察方式。

12.3.2 设置视点进行观察

视点是指在三维空间中观察图形对象的方位。当在三维空间中观察图形对象时，往往需要从不同的方位来查看三维对象上不同的部位，因此变换观察的视点是必不可少的。

为了方便本节的学习，首先打开随书光盘上的文件 D:\cadxc15\work\ch12.02\3d_view.dwg。

在 AutoCAD 中，用户可以在命令行输入-VPOINT 命令设置观察视点。执行-VPOINT 命令后，系统命令行提示图 12.3.2 所示的信息，在此提示下可以选择如下三种操作方法之一。

```
命令: 指定对角点:
命令: VPOINT
当前视图方向:  VIEWDIR=0.0000,0.0000,1.0000
指定视点或 [旋转(R)] <显示指南针和三轴架>:
```

图 12.3.2　命令行提示

◆　操作方法一

指定视点：输入一个三维点的坐标，如（1,1,1），然后按 Enter 键。此时系统即以该点与坐标原点的连线方向作为观察方向，并在屏幕上按该方向显示图形的投影。

◆　操作方法二

旋转（R）：输入 R 并按 Enter 键，在 输入 XY 平面中与 X 轴的夹角 的提示下，输入角度值（如 135）并按 Enter 键；接着在 输入与 XY 平面的夹角 的提示下，输入该角度值（如75）并按 Enter 键，这样便可设置观察的方向。

◆　操作方法三

使用坐标球和三轴架：在图 12.3.2 所示的提示下，直接按 Enter 键（或选择下拉菜单 视图(V) ➡ 三维视图(D) ▶ ➡ 视点(V) 命令），系统将暂时清除屏幕上的图形，只显示图12.3.3 所示的坐标球和三轴架，移动鼠标时，坐标球中的小光标也跟着移动。坐标球的圆心表示北极（0,0,1），内环是赤道（n,n,0），外环是南极（0,0,–1）。因此，当光标位于内环之内时，相当于视点在球体的上半球体，将从上向下观察三维模型，方向（东、北、西或南）由从圆心到光标的角度决定；当光标位于内环与外环之间时，表示视点在球体的下半球体，将从下向上观察三维模型；如果光标正好位于内环上，将从赤道向下观察三维模型；如果光标位于外环上，将从模型底部竖直向上观察模型。当移动坐标球中的光标时，三轴架的方向也随之改变，可以进一步协助设置当前的视点。

另外，用户还可以利用对话框来设置视点，其操作方法为：选择下拉菜单 视图(V) ➡ 三维视图(D) ▶ ➡ 视点预设(I)... 命令（或在命令行中输入 DDVPOINT 命令），系统弹出图 12.3.4所示的"视点预设"对话框，利用该对话框，可以更加形象直观地设置视点。

在"视点预设"对话框中，● 绝对于 WCS(W) 和 ○ 相对于 UCS(U) 两个单选项用来确定新的观察角度是相对于世界坐标系还是相对于当前的用户坐标系。在左、右两个图像之中用实线指示出当前的视角,数值显示在其下面的文本框里。左边的图像用于设置 XY 平面内的观察角度,右边的图像用于设置相对于 XY 平面的观察角度,用户可以单击图像中的分隔线,将观察角度值设置为 45°的整数倍;也可以在 X 轴(A): 和 XY 平面(P): 文本框内输入相应的角度值。

设置为平面视图(V) 按钮用于设置模型的平面视图。确定完视点后,单击 确定 按钮,系统即按该视点显示三维图形。

图 12.3.3　坐标球和三轴架

图 12.3.4　"视点预设"对话框

12.3.3　快速设置预定义的视点

AutoCAD 提供了十种预定义的视点:俯视、仰视、左视、右视、主视、后视、西南等轴测(S)、东南等轴测(E)、东北等轴测(N)和西北等轴测(W)。当选择下拉菜单 视图(V) ➡ 三维视图(D) ▶ 下的子菜单中的各命令（图 12.3.5）时,可以快速地切换到某一个特殊的视点。

视点预设(I)...	—— 设置三维观察方向
视点(V)	—— 在模型空间中显示定义观察方向的坐标球和三轴架
平面视图(P) ▶	—— 设置平面视图
俯视(T)	—— 将视点设置在上面
仰视(B)	—— 将视点设置在下面
左视(L)	—— 将视点设置在左面
右视(R)	—— 将视点设置在右面
前视(F)	—— 将视点设置在前面
后视(K)	—— 将视点设置在后面
西南等轴测(S)	—— 将视点设置为西南等轴测
东南等轴测(E)	—— 将视点设置为东南等轴测
东北等轴测(N)	—— 将视点设置为东北等轴测
西北等轴测(W)	—— 将视点设置为西北等轴测

图 12.3.5　子菜单

选择上面十种预定义的视点，均会引起用户坐标系（UCS）的改变。

12.3.4 平面视图

当从默认的视点（0,0,1）观察图形时，就会得到模型的平面视图。要显示平面视图，可以使用以下方法。

选择下拉菜单 视图(V) ➡ 三维视图(D)▶ ➡ 平面视图(P) 中的 当前 UCS(C) 子命令或者 世界 UCS(W) 子命令，如图 12.3.6 所示。

图 12.3.6 "平面视图"子菜单

图 12.3.6 所示的"平面视图"子菜单中各命令的说明如下。

◆ 当前 UCS(C)：显示指定的用户坐标系的平面视图。

◆ 世界 UCS(W)：显示世界坐标系的平面视图。

◆ 命名 UCS(N)：显示以前保存的用户坐标系的平面视图。

 这三个命令不能用于图纸空间。

12.3.5 显示样式

在 AutoCAD 中，三维实体的显示样式有很多种，主要包括消隐、三维线框、二维线框、概念与真实等。

1. 消隐

在默认状态下，系统是以线框方式显示对象的。消隐是指消除三维对象的线框图中隐藏在其他表面后的线条，增强三维对象的立体感。选择下拉菜单 视图(V) ➡ 消隐(H) 命令（或在命令行中输入 HIDE 命令），可执行消隐操作，图 12.3.7 显示了图形消隐前后的效果。

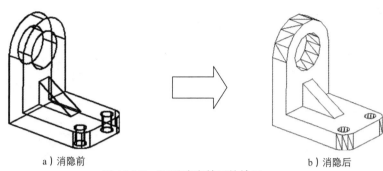

a）消隐前   b）消隐后

图 12.3.7   图形消隐前后的效果

2. 视觉样式

视觉样式是一组设置，用来控制边和面的显示。在默认情况下 AutoCAD 中系统提供了五种不同的视觉样式，选择下拉菜单 视图(V) ➡ 视觉样式(S) （或在命令行中输入 VSCURRENT 命令），在系统弹出的图 12.3.8 所示的下拉菜单中选择一种合适的视觉样式即可。

◆ 二维线框。显示用直线和曲线表示边界的对象。光栅和 OLE 对象、线型和线宽均可见，效果如图 12.3.9 所示。

图 12.3.8   "视觉样式"子菜单

图 12.3.9   二维线框

◆ 三维线框。显示用直线和曲线表示边界的对象。效果如图 12.3.10 所示。

◆ 三维隐藏。显示用三维线框表示的对象并隐藏表示后向面的直线。效果如图 12.3.11 所示。

图 12.3.10   三维线框

图 12.3.11   三维隐藏

◆ 真实。着色多边形平面间的对象，并使对象的边平滑化。将显示已附着到对象的材质。效果如图 12.3.12 所示。

◆ 概念。着色多边形平面间的对象，并使对象的边平滑化。着色使用古氏面样式，是一种冷色和暖色之间的转场而不是从深色到浅色的转场。效果缺乏真实感，但是可以更方便地查看模型的细节。效果如图 12.3.13 所示。

图 12.3.12　真实　　　　　　　　　　　　图 12.3.13　概念

12.4　三维对象的分类

前面几章主要介绍了二维对象的创建和编辑，后面几章将主要介绍三维对象的创建、编辑和外观处理。这里有必要弄清三维对象的特点和分类。

在 AutoCAD 中，二维对象的创建、编辑、尺寸标注等都只能在三维坐标系的 XY 平面中进行，如果赋予二维对象一个 Z 轴方向的值，即可得到一个三维曲面对象，这是创建三维对象最简单的方法。当然创建三维对象还有许多方法，按照创建方法和结果的不同，可将三维模型分为线框模型、曲面模型和实体模型三种类型。

1. 线框模型

线框模型是通过线对象（直线和曲线）来表达三维形体模型的（图 12.4.1），它是对三维形体最简单的一种描述。如果要创建一个线框模型，就必须对线框模型中的每个线对象单独定位和绘制，因此这种建模方式最为耗时。另外，由于线框模型中包含的信息很少，只含有线的信息，不含面和体的信息，因此不仅不能对其进行消隐、着色和渲染处理，也不能对其进行剖切操作，而且线框模型中纵横交错的线很容易造成理解上的歧义，因而在实际应用中使用得比较少。

2. 曲面模型

曲面模型是通过线对象和面对象来表达三维形体模型的（图 12.4.2），因为这种模型中含有面的信息，所以曲面模型具有一定的立体感。创建曲面模型，主要是定义面，有时还要定义边线。可以对曲面模型进行表面面积计算、表面布尔运算等操作，也可对其进行消隐、着色等外观处理，但曲面模型没有质量、重心等属性。因此它在产品造型设计、服装款式设计、建筑设计等领域有一定的应用。曲面模型可以用线框的形式进行显示。

3. 实体模型

实体模型是三种模型中最高级的一种模型类型。实体模型是由多个面围成的一个密闭的三维形体，并且该密闭的三维形体中充满了某种密度的材料（图 12.4.3），所以可以把实体模型想象为一个充满某种材料的封闭曲面模型。实体模型不仅具备曲面模型所有的特点，而且还具有体积、质量、重心、回转半径和惯性矩等属性特征。可以对实体模型进行渲染处理，实体模型也可以用线框的形式进行显示。由于实体模型包含的信息最多，在实际应用中非常广泛，本书将重点介绍实体模型的创建、编辑和渲染功能。

图 12.4.1 线框模型

图 12.4.2 曲面模型

图 12.4.3 实体模型

12.5 创建三维基本元素

12.5.1 点

点对象是三维图形里面最小的单元，在第 2 章中已经介绍了二维点的绘制，其实，三维点的绘制与二维点的绘制方法非常类似，下面以图 12.5.1 所示的图形为例，讲解三维点绘制的一般过程。

步骤 01 打开随书光盘上的文件 D:\cadxc15\work\ch12.05\point01.dwg。

步骤 02 选择下拉菜单 绘图(D) ➡ 点(O) ➡ 单点(S) 命令，如图 12.5.2 所示。

或者在命令行中输入 POINT 命令后按 Enter 键。

图 12.5.1 创建单点

图 12.5.2 创建点对象下拉菜单

步骤 03 此时系统命令行提示图 12.5.3 所示的信息，在此提示下在绘图区某处单击（也可以在命令行输入点的坐标），系统便在指定位置绘制图 12.5.1 所示的点对象。

此处第一行提示当前所绘点的样式与大小

图 12.5.3　命令行提示

 　　在三维图形中，由于其他点对象、线对象、多边形对象、圆弧类对象的绘制方法与二维基本相同，所以不再赘述。

12.5.2　三维多段线

三维多段线在概念与组成上与二维多段线没有太大的区别，都可以创建直线段、圆弧段或者两者的组合线段。只是三维多段线是空间线，而二维多段线是在一个平面内的。下面以图 12.5.4 所示的图形为例，讲解三维多段线绘制的一般过程。

步骤 01 打开随书光盘上的文件 D:\cadxc15\work\ch12.05\3dploy.dwg。

步骤 02 选择下拉菜单 绘图(D) ➡ 三维多段线(3) 命令。

 　　或者在命令行中输入 3DPLOY 命令后按 Enter 键。

图 12.5.4　绘制三维多段线

步骤 03 指定三维多段线的第一点。在命令行 指定多段线的起点: 的提示下，将光标置于图 12.5.5 所示的第一位置点 A 处并单击。

图 12.5.5　操作过程

步骤 04 指定三维多段线的第二点。系统命令行提示图 12.5.6 所示的信息，将鼠标光标移至第二位置点 B 处，然后单击。

步骤 05 指定三维多段线的第三点。系统命令行提示图 12.5.7 所示的信息，将鼠标光标
移至第三位置点 C 处，然后单击。

| 命令: |
| 命令: 3dpoly |
| 指定多段线的起点: |
| 指定直线的端点或 [放弃(U)]: |

图 12.5.6　命令行提示 1

| 命令: 3dpoly |
| 指定多段线的起点: |
| 指定直线的端点或 [放弃(U)]: |
| 指定直线的端点或 [放弃(U)]: |

图 12.5.7　命令行提示 2

步骤 06 指定三维多段线的第四点。系统命令行提示图 12.5.8 所示的信息，将鼠标光标
移至第四位置点 D 处，然后单击。

| 指定多段线的起点: |
| 指定直线的端点或 [放弃(U)]: |
| 指定直线的端点或 [放弃(U)]: |
| 指定直线的端点或 [闭合(C)/放弃(U)]: |

图 12.5.8　命令行提示 3

步骤 07 按 Enter 键结束操作。至此完成图 12.5.4 所示三维多段线的绘制。

12.5.3　螺旋线

螺旋线是一种开口的二维或者三维螺旋线，在建模或者造型过程中会经常用到。下面
以图 12.5.9 所示为例，说明绘制螺旋线的一般过程。

图 12.5.9　螺旋线

步骤 01 打开随书光盘文件 D:\cadxc15\work\ch12.05\helix.dwg。

步骤 02 选择螺旋命令。选择下拉菜单 绘图(D) ➡ 螺旋(I) 命令。

进入螺旋命令还有两种方法，即单击工具选项板"建模"选项卡中的"圆柱
形螺旋" 圆柱形螺旋 或者"二维螺旋"按钮 二维螺旋；或在命令行中输入 HELIX
命令后按 Enter 键。

步骤 03 定义底面中心点。在命令行 指定底面的中心点: 的提示下，输入点的坐标为

（30,30,0）。

步骤 04 定义底面半径。在命令行 _{指定底面半径或 [直径(D)] <46.5224>}:的提示下，输入底面半径为 20。

步骤 05 定义顶面半径。在命令行 _{指定顶面半径或 [直径(D)] <20.0000>}:的提示下，输入顶面半径也为 20。

步骤 06 定义螺旋的圈数。系统命令行提示图 12.5.10 所示的信息，在命令行中输入 T，然后定义圈数为 3。

```
指定底面的中心点: 30,30,0
指定底面半径或 [直径(D)] <46.5224>: 20
指定顶面半径或 [直径(D)] <20.0000>:
指定螺旋高度或 [轴端点(A)/圈数(T)/圈高(H)/扭曲(W)] <0.0000>:
```

图 12.5.10　命令行提示

步骤 07 定义螺旋的高度。系统命令行提示图 12.5.10 所示的信息，在命令行中输入螺旋的高度为 80。

图 12.5.10 所示的命令行提示中的选项说明如下。

◆ 轴端点(A)选项：用于指定螺旋轴的端点位置。轴端点可以是三维空间中的任意位置，该端点定义了螺旋的长度与方向。

◆ 圈数(T)选项：用于指定螺旋的圈数或者旋转数。在 AutoCAD 中系统能够创建的最大圈数为 500。

◆ 圈高(H)选项：用于指定螺旋的螺距。

◆ 扭曲(W)选项：用于指定螺旋线的旋向是顺时针还是逆时针。系统默认是逆时针。

步骤 08 按 Enter 键结束操作。至此完成图 12.5.9 所示的螺旋线的绘制。

12.5.4　三维面

三维面是指通过空间中任意的 3 个或者 4 个点来绘制一个面。下面以图 12.5.11 所示的图形为例，讲解绘制三维面的一般过程。

图 12.5.11　绘制三维面

步骤 01 打开随书光盘上的文件 D:\cadxc15\work\ch12.05\3dface.dwg。

步骤 02 选择三维面命令。选择下拉菜单 绘图(D) ➡ 建模(M)▶ ➡ 网格(M) ➡

三维面(F)命令。

说明
进入三维面命令还有一种方法，即在命令行中输入 3DFACE 命令后按 Enter 键。

步骤 03 定义第一点。在命令行 命令：_3dface 指定第一点或 [不可见(I)]: 的提示下，选取图 12.5.11 所示的 A 点。

步骤 04 定义第二点。在命令行 指定第二点或 [不可见(I)]: 的提示下，选取图 12.5.11 所示的 B 点。

步骤 05 定义第三点。在命令行 指定第三点或 [不可见(I)] <退出>: 的提示下，选取图 12.5.11 所示的 C 点。

步骤 06 在系统 指定第四点或 [不可见(I)] <创建三侧面>: 的提示下，按两次 Enter 键结束操作，至此完成三维面的绘制。

12.5.5　三维网格

三维网格是指通过指定空间中的多个点来创建三维网格，将这些点按照指定的顺序来确定三维网格曲面的空间位置。下面以图 12.5.12 所示的图形为例，讲解三维网格绘制的一般过程。

步骤 01 打开随书光盘上的文件 D:\cadxc15\work\ch12.05\3dmesh.dwg。

步骤 02 选择三维网格命令。在命令行中输入 3DMESH 命令后按 Enter 键。

图 12.5.12　绘制三维网格

步骤 03 定义 M 方向上的网格数量。在命令行 输入 M 方向上的网格数量: 的提示下输入 M 方向上的网格数量为 4。

步骤 04 定义 N 方向上的网格数量。在命令行 输入 N 方向上的网格数量: 的提示下输入 N 方向上的网格数量为 3。

步骤 05 在系统 为顶点 (0,0) 指定位置: 的提示下输入（10,5,5）后按 Enter 键。

步骤 06 参照上一步，为三维曲面创建其余顶点，各顶点的坐标可参照图 12.5.13 所示。

图 12.5.13　定义其余顶点

步骤 07 按 Enter 键结束操作，至此完成三维网格的绘制。

12.5.6　多面网格

多面网格是指通过指定空间中的多个点来创建空间平面。下面以图 12.5.14 所示的图形为例，讲解绘制多面网格的一般过程。

图 12.5.14　绘制多面网格

步骤 01 打开随书光盘上的文件 D:\cadxc15\work\ch12.05\pface.dwg。

步骤 02 选择多面网格命令。在命令行中输入 PFACE 命令后按 Enter 键。

步骤 03 指定顶点 1 的位置。在命令行 为顶点 1 指定位置: 的提示下输入（0,0,0），然后按 Enter 键。

步骤 04 指定其余顶点的位置。在命令行的提示下依次输入顶点 2~顶点 8 的坐标，分别为（20,0,0）、（20,50,0）、（0,50,0）、（0,0,20）、（20,0,20）、（0,70,20）、（20,70,20）。

步骤 05 在系统 为顶点 9 或 <定义面> 指定位置: 的提示下直接按 Enter 键结束顶点的输入。

步骤 06 定义面 1 上的顶点。在系统 输入顶点编号或 [颜色(C)/图层(L)]: 的提示下，输入 1 后按 Enter 键，在系统 输入顶点编号或 [颜色(C)/图层(L)] <下一个面>: 的提示下输入 2 后按 Enter 键，然后输入 6 后按 Enter 键，最后输入 5 后按 Enter 键。

步骤 07 定义面 2 上的顶点。在系统 输入顶点编号或 [颜色(C)/图层(L)] <下一个面>:

的提示下直接按 Enter 键，然后参照上一步依次将 1、2、3、4 点作为面 2 上的点。

步骤 08 定义面 3 上的顶点。具体操作可参照上一步，顶点的加入顺序为 3、4、7、8。

步骤 09 按两次 Enter 键结束操作，至此完成多面网格的绘制。

12.6　平移网格

12.6.1　平移网格基本概念及操作

平移网格是指将截面轮廓沿着给定的方向路径扫掠来创建的网格。下面以图 12.6.1 所示的图形为例，讲解创建平移网格的一般过程。

图 12.6.1　创建平移网格

步骤 01 打开随书光盘上的文件 D:\cadxc15\work\ch12.06\tabsurf.dwg。

步骤 02 设定旋转方向上网格线的数量。将系统变量 SURFTAB1 的值设置为 30。

步骤 03 选择平移网格命令。选择 绘图(D) ➡ 建模(M)▶ ➡ 网格(M) ➡ 平移网格(T) 命令。

步骤 04 选择轮廓曲线。在命令行 选择用作轮廓曲线的对象： 的提示下选取图 12.6.1a 所示的轮廓。

步骤 05 选择方向矢量。在命令行 选择用作方向矢量的对象： 的提示下选取图 12.6.1a 所示的方向线（靠近下方选取），至此完成平移网格的绘制。

> 在定义方向矢量时，选取的位置不同拉伸的方向也会不同，当在靠近直线下方选取时，拉伸的方向向上；当靠近上方选取时，拉伸的方向向下。
>
> 在绘制平移网格时，平移网格的分段数由系统变量 SURFTAB1 来决定，变量的值越大，分段越精细。

12.6.2　平移网格操作实战案例——螺栓

利用本节学习的内容绘制图 12.6.2 所示的螺栓，绘制流程如图 12.6.2 所示。

本案例详细操作过程请参见随书光盘中 video\ch12.06\文件下的语音视频讲解文件"螺栓.exe"。

图 12.6.2 螺栓

12.7 旋转网格

12.7.1 旋转网格基本概念及操作

旋转网格是指将截面绕着一条中心轴旋转一定的角度来创建与旋转曲面近似的网格。下面以图 12.7.1 所示的图形为例，讲解创建旋转网格的一般过程。

步骤 01 打开随书光盘上的文件 D:\cadxc15\work\ch12.07\revsurf.dwg。

步骤 02 设定旋转方向上网格线的数量。将系统变量 SURFTAB1 的值设置为 30，将系统变量 SURFTAB2 的值设置为 6。

图 12.7.1 创建旋转网格

步骤 03 选择旋转网格命令。选择下拉菜单 绘图(D) ➡ 建模(M) ▶ ➡ 网格(M) ➡ 旋转网格(M) 命令。

步骤 04 选择要旋转的对象。在命令行 选择要旋转的对象： 提示下选取图 12.7.1a 所示的截面。

步骤 05 选择旋转轴。在命令行 选择定义旋转轴的对象： 的提示下选取图 12.7.1a 所示的中心轴。

步骤 06 定义旋转的起始角与包含角。在命令行 指定起点角度 <0>： 的提示下按 Enter 键，

在命令行 指定包含角 (+=逆时针，−=顺时针) <360>: 的提示下按 Enter 键结束操作，至此完成旋转网格的绘制。

12.7.2 旋转网格操作实战案例——帽子

利用本节学习的内容绘制图 12.7.2 所示的帽子，绘制流程如图 12.7.2 所示。

本案例详细操作过程请参见随书光盘中 video\ch12\ ch12.07\文件下的语音视频讲解文件"帽子.exe"。

a）

b）

图 12.7.2　帽子

12.8　直纹网格

12.8.1　直纹网格基本概念及操作

直纹网格可以理解为将两条曲线轮廓线（截面线串）用一系列直线连接而成的网格。下面以图 12.8.1 所示的图形为例，讲解创建直纹网格的一般过程。

轮廓 2

轮廓 1

a）创建前

b）创建后

图 12.8.1　创建直纹网格

步骤 01 打开随书光盘上的文件 D:\cadxc15\work\ch12.08\rulesurf.dwg。

步骤 02 设定旋转方向上网格线的数量。将系统变量 SURFTAB1 的值设置为 30。

步骤 03 选择直纹网格命令。选择下拉菜单 绘图(D) ➡ 建模(M) ➡ 网格(M) ➡ 直纹网格(R) 命令。

步骤 04 选择第一条定义曲线。在命令行 选择第一条定义曲线: 的提示下选取图 12.8.1a

所示的轮廓 1。

步骤 05 选择第二条定义曲线。在命令行 选择第二条定义曲线: 的提示下选取图 12.8.1a 所示的轮廓 2，至此完成直纹网格的绘制。

12.8.2 直纹网格操作实战案例——三维五角星

利用本节学习的内容绘制图 12.8.2 所示的三维五角星，绘制流程如图 12.8.2 所示。

本案例详细操作过程请参见随书光盘中 video\ch12.08\文件下的语音视频讲解文件"三维五角星.exe"。

a）　　　　　　　　　　　　　　b）

图 12.8.2　三维五角星

12.9　边界网格

12.9.1　边界网格基本概念及操作

边界网格是以四条边界对象为骨架进行形状控制，且通过这些曲线自然过渡生成的网格。下面以图 12.9.1 所示的图形为例，讲解创建边界网格的一般过程。

a）创建前　　　　　　　　　　　　　b）创建后

图 12.9.1　创建边界网格

步骤 01 打开随书光盘上的文件 D:\cadxc15\work\ch12.09\edgesurf.dwg。

步骤 02 设定旋转方向上网格线的数量。将系统变量 SURFTAB1 的值设置为 30。

步骤 03 选择边界网格命令。选择下拉菜单 绘图(D) ➡ 建模(M) ➡ 网格(M) ➡ 边界网格(D) 命令。

步骤 04 选择边界对象 1。在命令行 选择用作曲面边界的对象 1: 的提示下选取图 12.9.1a 所示的边界 1。

步骤 05 选择边界对象 2。在命令行 选择用作曲面边界的对象 2: 的提示下选取图 12.9.1a 所示的边界 2。

步骤 06 选择边界对象 3。在命令行 选择用作曲面边界的对象 3: 的提示下选取图 12.9.1a 所示的边界 3。

步骤 07 选择边界对象 4。在命令行 选择用作曲面边界的对象 4: 的提示下选取图 12.9.1a 所示的边界 4，至此完成边界网格的绘制，如图 12.9.1b 所示。

12.9.2　边界网格操作实战案例 01——乒乓球台（中间拦网）

利用本节学习的内容绘制图 12.9.2 所示的乒乓球台中间拦网，绘制流程如图 12.9.2 所示。

本案例中间拦网部分详细操作过程请参见随书光盘中 video\ch12.09\文件下的语音视频讲解文件"乒乓球台（中间拦网）.exe"。

a)　　　　　　　　　　　　　　　　　　b)

图 12.9.2　乒乓球台（中间拦网）

12.9.3　边界网格操作实战案例 02——手机后壳部分

利用本节学习的内容绘制图 12.9.3 所示的手机后壳部分，绘制流程如图 12.9.3 所示。

本案例详细操作过程请参见随书光盘中 video\ch12.09\文件下的语音视频讲解文件"手机后壳部分.exe"。

a)　　　　　　　　　　　　　　　　　　b)

图 12.9.3　手机后壳部分

12.10 平面曲面

12.10.1 平面曲面基本概念及操作

平面曲面是没有深度参数的二维平面。在创建平面曲面时，系统提供了两种创建平面曲面的方法，下面将分别介绍。

1. 创建矩形平面曲面

下面以图 12.10.1 所示的图形为例，讲解矩形平面曲面绘制的一般过程。

步骤 01 打开随书光盘上的文件 D:\cadxc15\work\ch12.10\planesurf01.dwg。

步骤 02 选择平面曲面命令。选择下拉菜单 绘图(D) ➡ 建模(M)▶ ➡ 曲面(F) ➡ 平面(L) 命令。

图 12.10.1 创建矩形平面曲面

进入平面曲面命令还有一种方法，即在命令行中输入 PLANESURF 命令后按 Enter 键。

步骤 03 在命令行 指定第一个角点或 [对象(O)] <对象>: 的提示下，将鼠标光标移至图 12.10.1 所示 A 点的位置并单击。

步骤 04 在命令行 指定其他角点: 的提示下，将鼠标光标移至图 12.10.1 所示 B 点的位置并单击。

2. 通过指定对象创建平面曲面

下面以图 12.10.2 所示的图形为例，讲解通过指定对象创建平面曲面的一般过程。

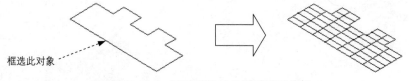

框选此对象

图 12.10.2 通过指定对象创建平面曲面

步骤 01 打开随书光盘上的文件 D:\cadxc15\work\ch12.10\planesurf02.dwg。

步骤 02 选择平面曲面命令。选择下拉菜单 绘图(D) ➡ 建模(M)▶ ➡ 曲面(F) ➡ 平面(L) 命令。

步骤 03 在命令行 指定第一个角点或 [对象(O)] <对象>: 的提示下，按 Enter 键。

步骤 04 在命令行 选择对象: 的提示下，选取图 12.10.2 所示的对象。

步骤 05 按 Enter 键结束操作，至此完成按照指定对象创建平面曲面的创建。

12.10.2 平面曲面操作实战案例——封闭三维五角星底面

利用本节学习的内容封闭三维五角星底面，绘制流程如图 12.10.2 所示。

本案例绘制图 12.10.2 所示的详细操作过程请参见随书光盘中 video\ch12.10\文件下的语音视频讲解文件"封闭三维五角星底面.exe"。

a)   b)

图 12.10.2 封闭三维五角形底面

12.11 本章综合实战案例

12.11.1 本章综合实战案例 01——夹持器部分结构

本案例主要利用直线命令绘制夹持器部分结构的线框结构，然后利用本章学习的边界网格、三维面、平面曲面等命令绘制出三维网格结构。绘制流程如图 12.11.1 所示。

本案例详细操作过程请参见随书光盘中 video\ch12.11\文件下的语音视频讲解文件"夹持器部分结构.exe"。

a)   b)   c)   d)

图 12.11.1 夹持器部分结构

12.11.2　本章综合实战案例 02——花篮

本案例主要利用直线与圆弧命令绘制花篮的线框结构，然后利用本章学习的边界网格、平移网格、平面曲面等命令绘制出三维网格结构。绘制流程如图 12.11.2 所示。

本案例详细操作过程请参见随书光盘中 video\ch12.11\文件下的语音视频讲解文件"花篮.exe"。

a)　　　　　　　b)　　　　　　　c)　　　　　　　d)

图 12.11.2　花篮

12.12　思考与练习

1. 在三维空间中，如何用柱坐标和球坐标定义点？试各举一例进行说明。

2. 在 AutoCAD 2015 中，观察三维图形有哪些方法和工具？

3. 打开文件 D:\cadxc15\work\ch12.12\3d_view.dwg，再使用下拉菜单 视图(V) 下 三维视图(D) ▶ 子菜单中的 俯视(T) 、 仰视(B) 、 左视(L) 、 右视(R) 、 前视(F) 、 后视(K) 、 西南等轴测(S) 、 东南等轴测(E) 、 东北等轴测(N) 和 西北等轴测(W) 命令，分别对打开的三维模型进行查看，然后比较这些命令的区别。

4. 简述线框模型、曲面模型和实体模型的概念和区别。

第 **13** 章　三维实体的绘制

13.1　创建基本的三维实体对象

13.1.1　基本三维实体对象的基本概念及操作

1. 长方体

在 AutoCAD 中，我们可以创建实心的长方体，且长方体的底面与当前用户坐标系的 XY 平面平行。可以使用以下几种方法创建实心长方体。

◆　指定长方体的中心点或一个角点，然后指定第二个角点和高度。

◆　指定长方体的中心点或一个角点，然后选取立方体选项，再指定立方体的长度。

◆　指定长方体的中心点或一个角点，然后指定长度、宽度和高度。

下面将采用第三种方法来创建图 13.1.1 所示的一个长、宽、高分别为 50、30、45 的长方体，操作过程如下。

步骤 01　选择下拉菜单 绘图(D) ➡ 建模(M) ➡ 长方体(B) 命令。

步骤 02　在 指定第一个角点或 [中心(C)]: 的提示下，在绘图区选择一点。

步骤 03　在 指定其他角点或 [立方体(C)/长度(L)]: 的提示下，输入字母 L 后按 Enter 键，即采用给定长、宽、高的方式来绘制长方体。

步骤 04　在 指定长度: 的提示下，输入长度值 50，并按 Enter 键。

步骤 05　在 指定宽度: 的提示下，输入宽度值 30，并按 Enter 键。

步骤 06　在 指定高度或 [两点(2P)]: 的提示下，输入高度值 45，并按 Enter 键。

步骤 07　调整视点观察图形。选择下拉菜单 视图(V) ➡ 三维视图(D) ➡ 西南等轴测(S) 命令，设置西南等轴测视点观察图形。

2. 圆柱体

在 AutoCAD 中，CYLINDER 命令用于创建以圆或椭圆作为底面的圆柱体（图 13.1.2）。当创建一个圆柱体时，首先要指定圆或椭圆的尺寸（与绘制圆及椭圆的方法相同），然后需要指定圆柱体的高度。

说明　输入的正值或负值既定义了圆柱体的高度，又定义了圆柱体的方向。

3. 圆锥体

选择下拉菜单 ➡ 建模(M)▶ ➡ 🔺圆锥体(O) 命令可以创建图 13.1.3 所示的圆锥体。当创建一个圆锥体时，首先要指定底面圆或椭圆的尺寸（与绘制圆及椭圆的方法相同），然后需要指定圆锥体的高度。

> **说明** 输入的正值或负值既定义了圆锥体的高度，又定义了圆锥体的方向。

图 13.1.1　长方体

图 13.1.2　圆柱体

图 13.1.3　圆锥体

4. 球体

在 AutoCAD 中，SPHERE 命令用于创建一个球体，且球体的纬线平行于 XY 平面，中心轴平行于当前用户坐标系的 Z 轴。图 13.1.4 所示就是一个球体的例子，操作过程如下。

步骤 01 设定网格线数。在命令行中输入 ISOLINES 并按 Enter 键，输入数值 30 后按 Enter 键。

> **说明** 系统变量 ISOLINES 用来确定对象每个面上的网格线数。

步骤 02 创建球体对象。选择下拉菜单 绘图(D) ➡ 建模(M)▶ ➡ ⚪球体(S) 命令；在指定中心点或 [三点(3P)/两点(2P)/切点、切点、半径(T)]：的提示下，在绘图区选择一点；在指定半径或 [直径(D)]：的提示下，输入球体的半径值 100 并按 Enter 键。

5. 棱锥体

选择下拉菜单 绘图(D) ➡ 建模(M)▶ ➡ 🔺棱锥体(Y) 命令可以创建图 13.1.5 所示的棱锥体。棱锥体的底面平行于当前用户坐标系的 XY 平面，当创建一个棱锥体时，首先要指定底面正多边形的尺寸（与绘制多边形的方法相同），然后需要指定棱锥体的高度。

图 13.1.4　球体

图 13.1.5　棱锥体

6. 楔体

选择下拉菜单 [绘图(D)] ➡ [建模(M)▶] ➡ [◢ 楔体(W)] 命令可以创建图 13.1.6 所示的楔体。楔体的底面平行于当前用户坐标系的 XY 平面，并沿 X 轴方向变细。楔体的高度是沿 Z 轴方向的高度，可以是正值也可以是负值。

7. 圆环体

选择下拉菜单 [绘图(D)] ➡ [建模(M)▶] ➡ [◎ 圆环体(T)] 命令可以创建图 13.1.7 所示的圆环体。圆环体由两个半径确定，一个半径是从圆环的中心到圆管的中心的距离，另一个半径是圆管的中心到外表面的距离。创建的圆环体平行于当前用户坐标系的 XY 面，且中心轴与 Z 轴平行。

图 13.1.6　楔体

图 13.1.7　圆环体

13.1.2　基本三维实体对象操作实战案例 01——球头手柄

本案例主要利用圆柱体与球体命令来绘制球头手柄，绘制流程如图 13.1.8 所示。

本案例详细操作过程请参见随书光盘中 video\ch13.01\文件下的语音视频讲解文件"球头手柄.exe"。

a)　　　　　　　　　　　　　　　　　　b)

图 13.1.8　球头手柄

13.1.3　基本三维实体对象操作实战案例 02——三通管

本案例主要利用圆柱体与布尔运算命令来绘制三通管，绘制流程如图 13.1.9 所示。

本案例详细操作过程请参见随书光盘中 video\ch13.01\文件下的语音视频讲解文件"三通管.exe"。

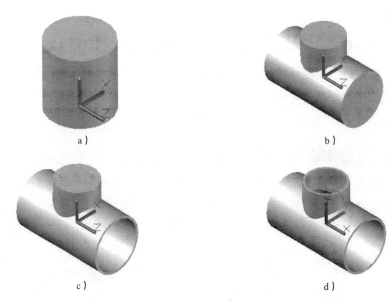

图 13.1.9　三通管

13.1.4　基本三维实体对象操作实战案例 03——八仙桌

本案例主要利用长方体命令来绘制八仙桌，绘制流程如图 13.1.10 所示。

本案例详细操作过程请参见随书光盘中 video\ch13.01\文件下的语音视频讲解文件"八仙桌.exe"。

图 13.1.10　八仙桌

13.1.5　基本三维实体对象操作实战案例 04——公园凉亭

本案例主要利用圆柱体、圆锥体与球体等命令来绘制公园凉亭，绘制流程如图 13.1.11 所示。

本案例详细操作过程请参见随书光盘中 video\ch13.01\文件下的语音视频讲解文件"公园

凉亭.exe"。

a ）   b ）   c ）

d ）

图 13.1.11 公园凉亭

13.2 拉伸

13.2.1 拉伸基本概念及操作

创建拉伸实体，就是将二维封闭的图形对象沿其所在平面的法线方向按指定的高度拉伸，或按指定的路径进行拉伸来绘制三维实体。拉伸的二维封闭图形可以是圆、椭圆、圆环、多边形、闭合的多段线、矩形、面域或闭合的样条曲线等。

1. 按指定的高度拉伸对象

下面以图 13.2.1 所示的实体为例，说明指定高度创建拉伸对象的操作方法。

a ）二维封闭图形   b ）三维实体拉伸

图 13.2.1 指定高度创建拉伸对象

步骤 01 打开随书光盘上的文件 D:\cadxc15\work\ch13.02\extrud_2d.dwg。

步骤 02 选择下拉菜单 绘图(D) ➡ 建模(M)▶ ➡ 拉伸(X) 命令。

步骤 03 在 选择要拉伸的对象: 的提示下，选择图 13.2.1a 中封闭的二维图形后按 Enter 键。

步骤 04 在 指定拉伸的高度或 [方向(D)/路径(P)/倾斜角(T)]: 的提示下，输入 T。

步骤 05 在 指定拉伸的倾斜角度 <0>: 的提示下，输入拉伸角度值 10 并按 Enter 键。

步骤 06 在 指定拉伸的高度或 [方向(D)/路径(P)/倾斜角(T)]: 的提示下，输入拉伸高度值 300 并按 Enter 键。

步骤 07 选择下拉菜单 视图(V) ➡ 三维视图(D)▶ ➡ 西南等轴测(S) 命令。

步骤 08 为了方便查看，选择下拉菜单 视图(V) ➡ 消隐(H) 命令进行消隐，消隐后可看到图 13.2.1b 所示的实体拉伸效果。

◆ 指定高度拉伸时，如果高度为正值，则沿着 +Z 轴方向拉伸；如果高度为负值，则沿着 −Z 轴方向拉伸；在指定拉伸的倾斜角度时，角度允许的范围是 −90°~ +90°。当采用默认值 0° 时，表示生成实体的侧面垂直于 XY 平面，且没有锥度；如果输入正值，将产生内锥度；否则，将产生外锥度。

◆ 如果由于在拉伸时倾斜角或者拉伸高度较大，导致拉伸对象或者拉伸对象的一部分在到达指定高度前就已经汇聚成一个点，此时拉伸将无法完成。

◆ 用直线 LINE 命令创建的封闭二维图形，必须用 REGION 命令转化为面域后，才能将其拉伸为实体。

2. 沿路径拉伸对象

下面介绍如何沿指定的路径创建图 13.2.2 所示的三维拉伸实体。

步骤 01 打开随书光盘上的文件 D:\cadxc15\work\ch13.02\extrud_2d_path.dwg。

步骤 02 设定网格线数。将系统变量 ISOLINES 的值设置为 20。

步骤 03 选择下拉菜单 绘图(D) ➡ 建模(M)▶ ➡ 拉伸(X) 命令，然后选择图 13.2.2a 中的椭圆为拉伸对象，按 Enter 键以结束选取对象。

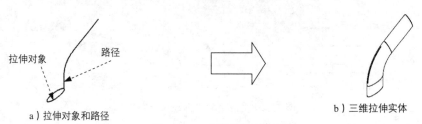

拉伸对象　　路径

a）拉伸对象和路径

b）三维拉伸实体

图 13.2.2　沿路径拉伸对象

步骤 04 在 指定拉伸的高度或 [方向(D)/路径(P)/倾斜角(T)]: 的提示下,输入字母 P 后按 Enter 键,在 选择拉伸路径或 [倾斜角]: 的提示下, 选择图 13.2.2a 中的路径。

步骤 05 选择下拉菜单 视图(V) ➡ 视觉样式(S) ➡ ❖三维隐藏(3) 命令更改图形的显示样式,结果如图 13.2.2b 所示。如果要使实体表面平滑,用户可通过增大系统变量 FACETRES 的值来实现。

- ◆ 拉伸路径可以是直线、圆、圆弧、椭圆、椭圆弧、多段线或样条曲线。拉伸路径可以是开放的, 也可以是封闭的, 但它不能与被拉伸的对象共面。如果路径中包含曲线, 则该曲线不能带尖角 (或半径太小的圆角), 因为尖角曲线会使拉伸实体自相交, 从而导致拉伸失败。
- ◆ 如果路径是开放的, 则路径的起点应与被拉伸的对象在同一个平面内, 否则拉伸时, 系统会将路径移到拉伸对象所在平面的中心处。
- ◆ 如果路径是一条样条曲线, 则样条曲线的一个端点切线应与拉伸对象所在平面垂直, 否则, 样条会被移到断面的中心, 并且起始断面会旋转到与样条曲线起点处垂直的位置。

13.2.2 拉伸操作实战案例 01——活动钳口

本案例主要利用拉伸与布尔运算命令来绘制活动钳口,绘制流程如图 13.2.3 所示。

本案例详细操作过程请参见随书光盘中 video\ch13.02\文件下的语音视频讲解文件 "活动钳口.exe"。

a)   b)   c)

d)   e)

图 13.2.3 活动钳口

13.2.3 拉伸操作实战案例 02——连杆

本案例主要利用拉伸、镜像与布尔运算等命令来绘制连杆，绘制流程如图 13.2.4 所示。

本案例详细操作过程请参见随书光盘中 video\ch13.02\文件下的语音视频讲解文件"连杆.exe"。

a)   b)   c)

d)   e)

图 13.2.4　连杆

13.3　旋转

13.3.1　旋转基本概念及操作

三维实体旋转就是将一个闭合的二维图形绕着一个轴旋转一定的角度从而得到实体。旋转轴可以是当前用户坐标系的 X 轴或 Y 轴，也可以是一个已存在的直线对象，或是指定的两点间的连线。用于旋转的二维对象可以是封闭多段线、多边形、圆、椭圆、封闭样条曲线、圆环以及面域。在旋转实体时，三维对象、包含在块中的对象、有交叉或自干涉的多段线都不能被旋转。下面介绍图 13.3.1 所示的三维旋转实体的创建过程。

步骤 01 打开随书光盘上的文件 D:\cadxc15\work\ch13.03\revol_2d.dwg。

步骤 02 设定网格线数。在命令行输入 ISOLINES 并按 Enter 键，然后在 `输入 ISOLINES 的新值` 的提示下输入数值 30 并按 Enter 键。

旋转对象　　　　旋转轴

a）旋转对象和旋转轴　　　　　　b）三维旋转实体

图 13.3.1　创建三维旋转实体

步骤 03 选择下拉菜单 绘图(D) ➡ 建模(M)▶ ➡ 旋转(R) 命令。

 也可以在命令行中输入 REVOLVE 命令后按 Enter 键。

步骤 04 在 选择要旋转的对象: 的提示下，选择图 13.3.1a 中封闭的二维图形作为旋转对象。

步骤 05 当再次出现 选择要旋转的对象: 提示时，按 Enter 键结束选取对象。

步骤 06 系统命令行提示图 13.3.2 所示的信息，在此提示下，输入字母 O 后按 Enter 键（选取 对象(O) 选项）。

图 13.3.2　命令行提示

步骤 07 在 选择对象: 的提示下，选择图 13.3.1a 中的直线作为旋转轴。

步骤 08 在 指定旋转角度或 [起点角度(ST)] <360>: 的提示下，按 Enter 键，采用默认角度值 360。

步骤 09 选择下拉菜单 视图(V) ➡ 三维视图(D)▶ ➡ 东南等轴测(E) 命令。

步骤 10 选择下拉菜单 视图(V) ➡ 消隐(H) 命令进行消隐。

步骤 11 选择下拉菜单 视图(V) ➡ 视觉样式(S)▶ ➡ 三维隐藏(3) 命令，结果如图 13.3.1b 所示。

 当将一个二维对象通过拉伸或旋转生成三维对象后，AutoCAD 通常要删除原来的二维对象。系统变量 DELOBJ 可用于控制原来的二维对象是否保留。

13.3.2　旋转操作实战案例 01——西洋棋

本案例主要利用旋转命令来绘制西洋棋，绘制流程如图 13.3.3 所示。

本案例详细操作过程请参见随书光盘中 video\ch13.03\文件下的语音视频讲解文件"西洋棋.exe"。

13.3.3　旋转操作实战案例 02——螺母

本案例主要利用拉伸、旋转与布尔运算等命令来绘制螺母，绘制流程如图 13.3.4 所示。

本案例详细操作过程请参见随书光盘中 video\ch13.03\文件下的语音视频讲解文件"螺母.exe"。

图 13.3.3　西洋棋

图 13.3.4　螺母

13.3.4　旋转操作实战案例03——带轮

本案例主要利用拉伸、旋转与布尔运算等命令来绘制带轮，绘制流程如图 13.3.5 所示。

本案例详细操作过程请参见随书光盘中 video\ch13.03\文件下的语音视频讲解文件"带轮.exe"。

图 13.3.5　带轮

13.4　扫掠

13.4.1　扫掠基本概念及操作

三维实体扫掠就是通过将平面轮廓沿着给定的路径掠过从而生成实体。平面轮廓可以是

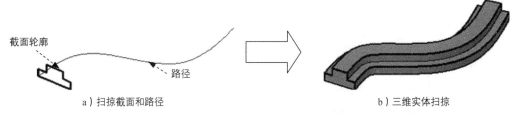

开放的，也可以是封闭的，若平面轮廓是开放的，则生成曲面；若平面轮廓是封闭的，则生成实体。用于扫掠的平面轮廓可以是直线、圆弧、椭圆弧、二维多段线、二维样条曲线、圆、椭圆、平面的三维面、二维实体、面域以及实体的平面等；用于扫掠路径的对象可以是直线、圆弧、椭圆弧、二维多段线、二维样条曲线、圆、椭圆、二维样条曲线、三维多段线、螺旋线、实体以及曲面的边。下面介绍图 13.4.1 所示的三维实体扫掠的创建过程。

图 13.4.1 创建三维实体扫掠

步骤 01 打开随书光盘上的文件 D:\cadxc15\work\ch13.04\ sweep_2d.dwg。

步骤 02 设定网格线数。在命令行输入 ISOLINES 并按 Enter 键，然后在 输入 ISOLINES 的新值 的提示下输入数值 20 并按 Enter 键。

步骤 03 选择下拉菜单 绘图(D) ➡ 建模(M)▶ ➡ 扫掠(P) 命令。

 也可以在命令行中输入 SWEEP 命令后按 Enter 键。

步骤 04 在 选择要扫掠的对象: 的提示下，选择图 13.4.1a 中封闭的截面轮廓作为扫掠对象。

步骤 05 当再次出现 选择要扫掠的对象: 提示时，按 Enter 键结束选取对象。

步骤 06 在 选择扫掠路径或 [对齐(A)/基点(B)/比例(S)/扭曲(T)]: 的提示下，选择图 13.4.1a 中的样条曲线作为路径。

步骤 07 选择下拉菜单 视图(V) ➡ 视觉样式(S)▶ ➡ 概念(C) 命令，结果如图 13.4.1b 所示。

13.4.2 扫掠操作实战案例01——弹簧

本案例主要利用螺旋线与扫掠命令来绘制弹簧，绘制流程如图 13.4.2 所示。

本案例详细操作过程请参见随书光盘中 video\ch13.04\文件下的语音视频讲解文件"弹簧.exe"。

a）

b）

图 13.4.2　弹簧

13.4.3　扫掠操作实战案例 02——电阻

本案例主要利用旋转与扫掠命令来绘制电阻，绘制流程如图 13.4.3 所示。

本案例详细操作过程请参见随书光盘中 video\ch13.04\文件下的语音视频讲解文件"电阻.exe"。

a）

b）

图 13.4.3　电阻

13.5　放样

13.5.1　放样基本概念及操作

三维实体放样是将一组不同的截面沿其边线用过渡曲面连接形成一个连续的特征，放样特征至少需要两个截面，且不同截面应预先绘制在不同的平面上。在 AutoCAD 中放样有仅截面、导向与路径三种类型，下面将分别介绍这三种类型的创建方法。

1. 仅截面放样

下面以图 13.5.1 所示的实体为例，说明创建仅截面放样的一般操作过程。

步骤 01 打开随书光盘上的文件 D:\cadxc15\work\ch13.05\ loft01_2d.dwg。

步骤 02 选择下拉菜单 绘图(D) ➡ 建模(M)▶ ➡ 放样(L) 命令。

也可以在命令行中输入 LOFT 命令后按 Enter 键。

步骤 03 在 按放样次序选择横截面: 的提示下，按住 Shift 键依次选择图 13.5.1 中所示的截面 1、截面 2 与截面 3。

截面 3　　截面 2　　截面 1

截面 1+截面 2+截面 3

放样

图 13.5.1　仅截面放样

步骤 04 定义放样类型。完成截面的选取后按 Enter 键，在命令行输入选项 [导向(G)/路径(P)/仅横截面(C)] <仅横截面>: 的提示下，输入字母 C 后按 Enter 键（选取 仅横截面(C)选项）。

步骤 05 系统弹出图 13.5.2 所示的"放样设置"对话框，采用系统默认的参数，单击 确定 按钮。

图 13.5.2　"放样设置"对话框

步骤 06 选择下拉菜单 视图(V) ➡ 视觉样式(S) ▶ ➡ 概念(C) 命令，结果如图 13.5.1
所示。

2. 导向放样

下面以图 13.5.3 所示的实体为例，说明创建导向放样的一般操作过程。

步骤 01 打开随书光盘上的文件 D:\cadxc15\work\ch13.05\ loft02_2d.dwg。

步骤 02 选择下拉菜单 绘图(D) ➡ 建模(M) ▶ ➡ 放样(L) 命令。

步骤 03 在 按放样次序选择横截面: 的提示下，按住 Shift 键依次选择图 13.5.3 中所示的截
面 1 与截面 2。

图 13.5.3　导向放样

步骤 04 定义放样类型。完成截面的选取后按 Enter 键，在命令行
输入选项 [导向(G)/路径(P)/仅横截面(C)] <仅横截面>: 的提示下，输入字母 G(选取 导向(G) 选项)
后按 Enter 键。

步骤 05 在命令行 选择导向曲线: 的提示下，按住 Shift 键选取图 13.5.3 所示的导向线 1
与导向线 2，然后按 Enter 键。

步骤 06 选择下拉菜单 视图(V) ➡ 视觉样式(S) ▶ ➡ 概念(C) 命令，结果如图 13.5.3
所示。

3. 路径放样

下面以图 13.5.4 所示的实体为例，说明创建路径放样的一般操作过程。

图 13.5.4　路径放样

步骤 01 打开随书光盘上的文件 D:\cadxc15\work\ch13.05\loft03_2d.dwg。

步骤 02 选择下拉菜单 绘图(D) ➡ 建模(M)▶ ➡ 放样(L) 命令。

步骤 03 在 按放样次序选择横截面: 的提示下，依次选择图 13.5.4 中所示的截面 1、截面 2
与截面 3。

步骤 04 定义放样类型。完成截面的选取后按 Enter 键，在命令行
输入选项 [导向(G)/路径(P)/仅横截面(C)] <仅横截面>: 的提示下，输入字母 P（即选取 路径(P) 选
项）后按 Enter 键。

步骤 05 在命令行 选择路径曲线: 的提示下选取图 13.5.4 所示的路径。

步骤 06 选择下拉菜单 视图(V) ➡ 视觉样式(S)▶ ➡ 概念(C) 命令，结果如图 13.5.4
所示。

 说明

在使用导线曲线控制模型的外部形状时，每一条导线曲线都应满足三个条件：① 必须与每一个横截面相交；② 导向曲线的开始位置为第一个横截面；③ 导向曲线的结束位置为最后一个横截面。

13.5.2 放样操作实战案例——刀把

本案例主要利用放样命令来绘制刀把，绘制流程如图 13.5.5 所示。

本案例详细操作过程请参见随书光盘中 video\ch13.05\文件下的语音视频讲解文件"刀
把.exe"。

a)　　　　　　　　　　　　　　　　　　　b)

图 13.5.5　刀把

13.6　按住/拖动

13.6.1　按住/拖动基本概念及操作

按住/拖动是指在有边界区域的形状中创建加材料或者减材料的拉伸实体，也可以是一种
三维实体对象的编辑，通过改变三维实体的夹点改变原有三维实体的形状。下面以图 13.6.1

所示的实体为例，说明创建按住/拖动特征的一般操作过程。

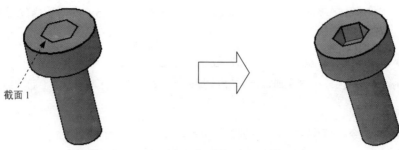

图 13.6.1　按住/拖动特征

步骤 01 打开随书光盘文件 D:\cadxc15\work\ch13.06\Copyclip_2d.dwg。

步骤 02 单击"建模"工具栏中的"按住并拖动"按钮 。

> **说明**　也可以在命令行中输入 PRESSPULL 命令后按 Enter 键。

步骤 03 在命令行 单击有限区域以进行按住或拖动操作。的提示下，选取图 13.6.1 所示的截面 1 区域。

步骤 04 向下拖动鼠标光标，在图 13.6.2 所示的文本框中输入–10 并按 Enter 键。

图 13.6.2　定义拖动距离

13.6.2　按住/拖动操作实战案例——托架

本案例主要利用拉伸、按住/拖动与布尔运算等命令来绘制托架，绘制流程如图 13.6.3 所示。

本案例详细操作过程请参见随书光盘中 video\ch13.06\文件下的语音视频讲解文件"托架.exe"。

a)　　　　　　　b)　　　　　　　c)

d)　　　　　　　e)

图 13.6.3　托架

13.7　布尔运算

13.7.1　并集运算

并集运算是指将两个或多个实体（或面域）组合成一个新的复合实体。在图 13.7.1 中，球体和圆柱体相交，下面以此为例来说明并集运算操作。

步骤 01　打开随书光盘上的文件 D:\cadxc15\work\ch13.07\union.dwg。

步骤 02　选择下拉菜单 修改(M) ➡ 实体编辑(N) ➡ 并集(U) 命令。

也可以在命令行中输入 UNION 命令后按 Enter 键。

步骤 03　在 选择对象: 的提示下，选择图 13.7.1a 中的圆柱体为第一个要组合的实体对象。

步骤 04　按住 Shift 键，在 选择对象: 的提示下，选择图 13.7.1a 中的球体为第二个要组合的实体对象。

a) 并集运算前　　　　　b) 并集运算后　　　　　c) 消隐后

图 13.7.1　并集运算

步骤 05 按 Enter 键结束对象选择。系统开始进行并集运算，结果如图 13.7.1b 所示。

步骤 06 选择下拉菜单 视图(V) ➡ 消隐(H) 命令，消隐后的效果如图 13.7.1c 所示。

13.7.2 差集运算

差集运算是指从选定的实体中减去另一些实体，从而得到一个新实体。图 13.7.2 所示的差集运算的操作过程为：选择下拉菜单 修改(M) ➡ 实体编辑(N)▶ ➡ 差集(S) 命令，选取图 13.7.2a 所示的圆柱体为要从中减去的实体对象，按 Enter 键；选取图 13.7.2a 所示的球体为要减去的实体对象，按 Enter 键结束此命令后，结果如图 13.7.2b 所示。选择下拉菜单 视图(V) ➡ 消隐(H) 命令，消隐后的实体效果如图 13.7.2c 所示。

a）差集运算前　　　　　　　b）差集运算后　　　　　　c）消隐后

图 13.7.2　差集运算

13.7.3 交集运算

交集运算是指创建一个由两个或多个相交实体的公共部分形成的实体。图 13.7.3 所示的交集运算的操作过程为：选择下拉菜单 修改(M) ➡ 实体编辑(N)▶ ➡ 交集(I) 命令；选取图 13.7.3a 所示的圆柱体为第一个实体对象；按住 Shift 键选取图 13.7.3a 中所示的球体为第二个实体对象，按 Enter 键结束命令，结果如图 13.7.3b 所示。选择下拉菜单 视图(V) ➡ 消隐(H) 命令，消隐后的实体效果如图 13.7.3c 所示。

a）交集运算前　　　　　　　b）交集运算后　　　　　　c）消隐后

图 13.7.3　交集运算

如果对一些实际并不相交的对象使用 INTERSECT 交集运算命令，系统将删除这些对象而不会创建任何对象，但立即使用 UNDO 命令可以恢复被删除对象。

13.7.4　干涉检查

干涉检查是对两组对象或一对一地检查所有实体来检查实体模型中的干涉（三维实体相交或重叠的区域），可在实体相交处创建和亮显临时实体，如图 13.7.4 所示，其操作步骤如下。

　　a）干涉检查前　　　　b）干涉检查后（移动干涉体）　　c）干涉检查后（不移动干涉体）

图 13.7.4　干涉检查

步骤 01 选择下拉菜单 修改(M) ➡ 三维操作(3) ▶ ➡ 干涉检查(I) 命令。

说明：也可以在命令行中输入命令 INTERFERE 后按 Enter 键。

步骤 02 命令行中出现 选择第一组对象或 [嵌套选择(N)/设置(S)]： 的提示，选取图 13.7.4a 所示的圆柱体为第一个实体对象，按 Enter 键结束选取。

步骤 03 在 选择第二组对象或 [嵌套选择(N)/检查第一组(K)] <检查>： 提示下，选取图 13.7.4a 所示的球体为第二个实体对象，按 Enter 键结束选取，此时亮显图形中的干涉部分，系统弹出 "干涉检查" 对话框。

步骤 04 对图形进行完干涉检查后，取消选中 □ 关闭时删除已创建的干涉对象(D) 复选框，单击"干涉检查"对话框中的 关闭(C) 按钮。

步骤 05 选择下拉菜单 修改(M) ➡ 移动(V) 命令，分别将球体和圆柱体移动到绘图区的合适位置，结果如图 13.7.4b 所示。

注意：如果此时干涉检查对象在屏幕上不显示，可选择 视图(V) ➡ 视觉样式(S) ▶ 下拉列表中的任一命令，图形就会以相应的视觉样式显示出来。

"干涉检查"对话框中各选项的说明如下。

● 上一个(P) 按钮：加亮显示上一个干涉对象。

● 下一个(N) 按钮：加亮显示下一个干涉对象。

● ☑ 关闭时删除已创建的干涉对象(D) 复选框：在关闭对话框时删除干涉对象。

● ☑ 缩放对(Z) 复选框：在加亮显示上一个和下一个干涉对象时缩放对象。

● 按钮：关闭对话框并启动"缩放"命令，适时放大或缩小显示当前视口中对象的外观尺寸，其实际尺寸保持不变。

● 按钮：关闭对话框并启动"平移"命令，通过移动定点设备来动态地平移视图。

◆ 　按钮：关闭对话框并启动"受约束的动态观察"命令，以便从不同视点动态地观察对象。

选择下拉菜单 修改(M) ➡ 三维操作(3) ▶ ➡ 干涉检查(I) 命令后，在命令行中输入 S，可以在系统弹出的"干涉设置"对话框中设置干涉对象的显示，如图 13.7.5 所示。

图 13.7.5 　"干涉设置"对话框

13.7.5 　布尔运算操作实战案例——蝶形螺母

本案例主要利用旋转、拉伸、按住/拖动、扫掠与布尔运算等命令来绘制蝶形螺母，绘制流程如图 13.7.6 所示。

本案例详细操作过程请参见随书光盘中 video\ch13.07\文件下的语音视频讲解文件"蝶形螺母.exe"。

a)　　　　　　　　　　　b)　　　　　　　　　　　c)

图 13.7.6 　蝶形螺母

13.8　本章综合实战案例

13.8.1　本章综合实战案例 01——轴承座上盖

本案例主要利用拉伸、镜像、按住/拖动与布尔运算等命令来绘制轴承座上盖。绘制流程如图 13.8.1 所示。

本案例详细操作过程请参见随书光盘中 video\ch13.08\文件下的语音视频讲解文件"轴承座上盖.exe"。

a）　　　　　　　　　　　　b）　　　　　　　　　　　　c）

图 13.8.1　轴承座上盖

13.8.2　本章综合实战案例 02——轴承座

本案例主要利用拉伸、镜像、按住/拖动、圆角与布尔运算等命令来绘制轴承座。绘制流程如图 13.8.2 所示。

本案例详细操作过程请参见随书光盘中 video\ch13.08\文件下的语音视频讲解文件"轴承座.exe"。

a）　　　　　　　　　　　　b）　　　　　　　　　　　　c）

d）　　　　　　　　　　　　e）　　　　　　　　　　　　f）

图 13.8.2　轴承座

13.9　思考与练习

　　1. 用直线（LINE）命令绘制的封闭的图形可以直接作为实体拉伸的截面吗？试举一例加以验证。

　　2. 三维实体对象间的布尔运算有哪几种?如何进行操作？试各举一例进行说明。

　　3. 创建图 13.9.1 所示的三维实体模型（未注尺寸读者可自定）。

图 13.9.1　创建三维实体模型

第 14 章 三维实体的编辑

14.1 三维实体对象的编辑

14.1.1 三维实体倒角

三维实体倒角就是对实体的棱边创建倒角，从而在两相邻表面之间生成一个平坦的过渡面。下面介绍图 14.1.1 所示的实体倒角的操作过程。

步骤 01 打开随书光盘上的文件 D:\cadxc15\work\ch14.01\chamfer.dwg。

步骤 02 选择下拉菜单 **修改(M)** ➡ **倒角(C)** 命令。

也可以在命令行中输入 CHAMFER 命令后按 Enter 键。

步骤 03 选取长方体的某条边以确定要对其进行倒角的基面，如图 14.1.1a 所示。

在系统提示 输入曲面选择选项 [下一个(N)/当前(OK)] <当前(OK)>： 时，选择"下一个（N）"命令，可切换与选择边线相连的两个平面中的一个作为倒角基面，按 Enter 键结束选取。

选取此边为要倒角的边

此面作为基面

a）倒角前　　　　　　　　　　　　　　　　　　b）倒角后

图 14.1.1 实体倒角

步骤 04 按 Enter 键接受当前面为基面，如图 14.1.1a 所示。

步骤 05 在命令行 指定基面的倒角距离： 的提示下，输入所要创建的倒角在基面的倒角距离值 20，并按 Enter 键。

步骤 06 在命令行 指定其他曲面的倒角距离 的提示下，输入在相邻面上的倒角距离值 20 后按 Enter 键。

步骤 07 在命令行 选择边或 [环(L)]： 的提示下，选择在基面上要倒角的边线，如图 14.1.1a 所示，也可以连续选取基面上的其他边进行倒角，按 Enter 键结束选取，结果如

图 14.1.1b 所示。

 当选取 环(L) 选项时，系统将对基面上的各边同时进行倒角。

14.1.2 三维实体倒圆角

三维实体倒圆角是对实体的棱边倒圆角，从而使两个相邻面之间生成一个圆滑过渡的曲面。这里以图 14.1.2 所示的实体倒圆角为例，说明其创建的一般过程：选择下拉菜单 修改(M) ➡ 圆角(F) 命令（或输入 FILLET 命令）；选择图 14.1.2a 所示的实体上的边线；输入圆角半径值 20 并按 Enter 键；在命令行 选择边或 [链(C)/半径(R)]: 的提示下，直接按 Enter 键结束选择，结果如图 14.1.2b 所示。

选取此边为要倒圆角的边
a）倒圆角前

b）倒圆角后

图 14.1.2　实体倒圆角

 在命令行 选择边或 [链(C)/半径(R)]: 的提示下，可继续选择该实体上需要倒圆角的边，按 Enter 键结束选择。

14.1.3 三维镜像

三维镜像是指将选择的对象在三维空间相对于某一平面进行镜像。图 14.1.3 所示为一个三维镜像的例子，其操作步骤如下。

选取此筋特征
选取此圆心点
a）镜像前

b）镜像后

图 14.1.3　三维镜像

步骤 01 打开随书光盘上的文件 D:\cadxc15\work\ch14.01\mirror-3d.dwg。

步骤 02 选择下拉菜单 修改(M) ➡ 三维操作(3)▶ ➡ 三维镜像(D) 命令。

也可以在命令行中输入 MIRROR3D 命令后按 Enter 键。

步骤 03 在 选择对象: 的提示下，选择图 14.1.3 所示的筋特征为镜像对象。

步骤 04 在 选择对象: 的提示下，按 Enter 键结束选择。

步骤 05 系统命令行提示图 14.1.4 所示的信息，在此提示下输入字母 YZ 后按 Enter 键，即用与当前 UCS 的 YZ 平面平行的平面作为镜像平面。

```
命令:
命令: mirror3d
  [对象(O)/最近的(L)/Z 轴(Z)/视图(V)/XY 平面(XY)/YZ 平面(YZ)/ZX 平面(ZX)/三点(3)]
<三点>:
```

图 14.1.4 命令行提示

步骤 06 在 指定 XY 平面上的点 <0,0,0>: 的提示下，选取图 14.1.3 所示的圆心点。

步骤 07 在 是否删除源对象? [是(Y)/否(N)] <否>: 的提示下，按 Enter 键，即选取不删除源对象。此时系统进行镜像，结果如图 14.1.3b 所示。

步骤 08 选择下拉菜单 修改(M) ➡ 实体编辑(N)▶ ➡ 并集(U) 命令，将四个单独的实体合并为一个整体，结果如图 14.1.5 所示。

图 14.1.5 合并后

图 14.1.4 所示的命令行提示中各选项说明如下。

◆ 指定镜像平面 (三点) 的第一个点 选项：通过三点确定镜像平面，此项为默认项。

◆ 对象(O) 选项：指定某个二维对象所在的平面作为镜像平面。

◆ 最近的(L) 选项：用最近一次使用过的镜像平面作为当前镜像平面。

◆ Z 轴(Z) 选项：通过确定平面上的一点和该平面法线上的一点来定义镜像平面。

◆ 视图(V) 选项：使用与当前视图平面平行的某个平面作为镜像平面。

14.1.4 三维阵列

三维阵列与二维阵列非常相似，三维阵列也包括矩形阵列和环形阵列。对于矩形阵列，需要指定阵列的行数、列数、层数和对象相互之间的距离；对于环形阵列，需要指定阵列对象的旋转轴、要复制的对象的数目以及阵列的包角。

1. 矩形阵列

下面介绍图 14.1.6 所示的三维矩形阵列的操作过程。

a）矩形阵列前   b）矩形阵列后

图 14.1.6   矩形阵列

步骤 01 打开随书光盘上的文件 D:\cadxc15\work\ch14.01\array-r-3d.dwg。

步骤 02 选择下拉菜单 修改(M) ➡ 三维操作(3)▶ ➡ 三维阵列(3) 命令。

说明   也可以在命令行中输入 3DARRAY 命令后按 Enter 键。

步骤 03 在 选择对象: 的提示下，选取图 14.1.6a 中的圆柱体为阵列对象。

步骤 04 在 选择对象: 的提示下，按 Enter 键结束选择。

步骤 05 在 输入阵列类型 [矩形(R)/环形(P)] <矩形>: 的提示下，输入字母 R 后按 Enter 键，即选择矩形阵列方式。

步骤 06 在 输入行数 (---) <1>: 的提示下，输入阵列的行数 3，并按 Enter 键。

步骤 07 在 输入列数 (|||) <1>: 的提示下，输入阵列的列数 2，并按 Enter 键。

步骤 08 在 输入层数 (...) <1>: 的提示下，输入阵列的层数 1，并按 Enter 键。

步骤 10 在 指定行间距 (---): 的提示下，输入行间距 60，并按 Enter 键。

步骤 10 在 指定列间距 (|||): 的提示下，输入列间距 150，并按 Enter 键，系统开始阵列。

步骤 11 选择下拉菜单 视图(V) ➡ 消隐(H) 命令消隐图形，结果如图 14.1.6b 所示。

2. 环形阵列

下面介绍图 14.1.7 所示的三维环形阵列的操作过程。

a）环形阵列前   b）环形阵列后

图 14.1.7   环形阵列

步骤 01 打开随书光盘上的文件 D:\cadxc15\work\ch14.01\array-p-3d.dwg。

步骤 02 选择下拉菜单 修改(M) ➡ 三维操作(3)▶ ➡ 三维阵列(3) 命令。

步骤 03 在 选择对象: 的提示下，选取图 14.1.7a 中的球体为阵列对象，按 Enter 键结束选择。

步骤 04 在 输入阵列类型 [矩形(R)/环形(P)] <矩形>: 的提示下，输入字母 P 后按 Enter 键，即选择环形阵列方式。

步骤 05 在 输入阵列中的项目数目: 的提示下，输入阵列的个数 10 并按 Enter 键。

步骤 06 在 指定要填充的角度 (+=逆时针，-=顺时针) <360>: 的提示下，按 Enter 键，即选取阵列的填充角度值为 360。

步骤 07 在 旋转阵列对象？ [是(Y)/否(N)] <Y>: 的提示下按 Enter 键。

步骤 08 在 指定阵列的中心点: 的提示下，用捕捉的方法选取圆柱体上表面的圆心点。

步骤 10 在 指定旋转轴上的第二点: 的提示下，用捕捉的方法选取圆柱体下表面的圆心点，此时系统便开始进行阵列。

步骤 10 选择下拉菜单 视图(V) ➡ 消隐(H) 命令消隐图形，结果如图 14.1.7b 所示。

14.1.5　对齐对象

对齐对象是以一个对象为基准，将另一个对象与该对象进行对齐。在对齐两个三维对象时，一般需要输入三对点，每对点中包括一个基点和一个目标点。完成三对点的定义后，系统会自动将三个基点定义的平面与三个目标点定义的平面对齐。图 14.1.8 所示就是一个三维对齐的例子，其操作步骤如下。

a）对齐前　　　　　　　　　　　　　　　　　　　b）对齐后

图 14.1.8　对齐三维对象

步骤 01 打开随书光盘上的文件 D:\cadxc15\work\ch14.01\align-3d.dwg。

步骤 02 选择下拉菜单 修改(M) ➡ 三维操作(3)▶ ➡ 三维对齐(A) 命令。

 也可以在命令行中输入 ALIGN 命令后按 Enter 键。

步骤 03 在命令行 选择对象： 的提示下，选择图 14.1.8a 所示的实体为要移动的对象。

步骤 04 在命令行 选择对象： 的提示下，按 Enter 键结束选择。

步骤 05 在 指定基点或 [复制(C)]： 的提示下，在要移动的实体上用端点（END）捕捉的方法选择第一个源点 A。

步骤 06 在 指定第二个点或 [继续(C)] <C>： 的提示下，在要移动的实体上用端点（END）捕捉的方法选择第二个点 B。

步骤 07 在 指定第三个点或 [继续(C)] <C>： 的提示下，在要移动的实体上用端点（END）捕捉的方法选择第三个点 C。

步骤 08 在 指定第一个目标点： 的提示下，用端点（END）捕捉的方法选择第一个目标点 A1。

步骤 09 在 指定第二个目标点或 [退出(X)] <X>： 的提示下，用端点（END）捕捉的方法选择第二个目标点 B1。

步骤 10 在 指定第三个目标点或 [退出(X)] <X>： 的提示下，用端点（END）捕捉的方法选择第三个目标点 C1。

14.1.6　三维移动

三维移动是指将选定的对象自由移动至所需位置或者也可以沿着给定的方向移动指定的距离。其操作方法与二维空间移动对象的方法类似，区别在于三维移动是在三维立体空间内进行操作的，而二维移动是在一个平面内进行操作的。下面介绍图 14.1.9 所示的三维移动的操作过程。

要移动的实体

A1

A

a）三维移动前

b）三维移动后

图 14.1.9　三维移动

步骤 01 打开随书光盘上的文件 D:\cadxc15\work\ch14.01\ 3dmove-3d.dwg。

步骤 02 选择下拉菜单 修改(M) ➡ 三维操作(3) ▶ ➡ 三维移动(M) 命令。

说明

也可以在命令行中输入 3DMOVE 命令后按 Enter 键。

步骤 03 在 选择对象： 的提示下，选择图 14.1.9a 所示的小长方体实体为要移动的实体。

步骤 04 在 选择对象： 的提示下，按 Enter 键结束选择。

步骤 05 在 指定基点或 [位移(D)] <位移>： 的提示下，在要移动的实体上用端点（END）捕捉的方法选择第一个源点 A。

步骤 06 在 指定基点或 [位移(D)] <位移>： 指定第二个点或 <使用第一个点作为位移>： 的提示下，用端点（END）捕捉的方法选择目标点 A1。

14.1.7　三维旋转

三维旋转是指将选定的对象绕空间轴旋转指定的角度。旋转轴可以基于一个已存在的对象，也可以是当前用户坐标系的任一轴，或者是三维空间中任意两个点的连线。下面介绍图 14.1.10 所示的三维旋转的操作过程。

图 14.1.10　三维旋转

步骤 01 打开随书光盘上的文件 D:\cadxc15\work\ch14.01\rotate-3d.dwg。

步骤 02 选择下拉菜单 修改(M) ➡ 三维操作(3) ▶ ➡ 三维旋转(R) 命令。

步骤 03 在 选择对象： 的提示下，选取图 14.1.10a 中的三维图形为旋转对象，按 Enter 键结束选择，此时在绘图区中会显示附着在光标上的旋转夹点工具。

步骤 04 在 指定基点： 的提示下，单击图 14.1.10b 所示的点 A 为移动的基点。

步骤 05 将光标悬停在旋转夹点工具上的红色的圆，直到屏幕上显示图 14.1.10b 所示的旋转轴线，然后单击。

步骤 06 在命令行中输入角度值 60，并按 Enter 键，结果如图 14.1.10c 所示。

14.1.8　抽壳

抽壳是指将实体的一个或几个表面去除，然后掏空实体的内部，留下一定壁厚的壳。下面介绍图 14.1.11 所示的创建抽壳特征的一般操作过程。

步骤 01 打开随书光盘上的文件 D:\cadxc15\work\ch14.01\solidedit-3d.dwg。

步骤 02 选择下拉菜单 修改(M) ➡ 实体编辑(N) ▶ ➡ 抽壳(H) 命令。

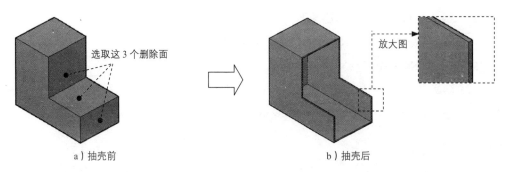

图 14.1.11 抽壳

步骤 03 在命令行 选择三维实体: 的提示下，选取图 14.1.11a 中的实体为抽壳的对象。

步骤 04 在命令行 删除面或 [放弃(U)/添加(A)/全部(ALL)]: 的提示下，选取图 14.1.11a 所示的三个面为删除的面。

步骤 05 在命令行 删除面或 [放弃(U)/添加(A)/全部(ALL)]: 的提示下，按 Enter 键结束选取对象。

步骤 06 在命令行 输入抽壳偏移距离: 的提示下，输入抽壳的厚度值为 2 后按 Enter 键完成抽壳的操作，完成后如图 14.1.11b 所示。

14.1.9 三维实体对象的编辑操作实战案例 01——旋钮

本案例主要利用拉伸、旋转与阵列等命令来绘制旋钮，绘制流程如图 14.1.12 所示。

本案例详细操作过程请参见随书光盘中 video\ch14.01\文件下的语音视频讲解文件"旋钮.exe"。

a)   b)   c)

图 14.1.12 旋钮

14.1.10 三维实体对象的编辑操作实战案例 02——烟灰缸

本案例主要利用拉伸、旋转、阵列、圆角与抽壳等命令来绘制烟灰缸，绘制流程如图 14.1.13 所示。

本案例详细操作过程请参见随书光盘中 video\ch14.01\文件下的语音视频讲解文件"烟灰

缸.exe"。

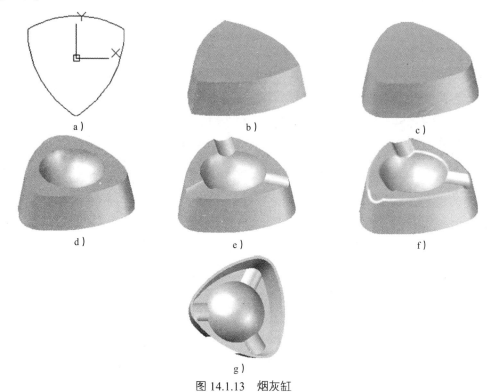

a)　　　　　　　　b)　　　　　　　　c)

d)　　　　　　　　e)　　　　　　　　f)

g)

图 14.1.13　烟灰缸

14.1.11　三维实体对象的编辑操作实战案例 03——下水软管

本案例主要利用旋转、阵列与抽壳等命令来绘制下水软管，绘制流程如图 14.1.14 所示。

本案例详细操作过程请参见随书光盘中 video\ch14.01\文件下的语音视频讲解文件 "下水软管.exe"。

a)　　　　　　　　b)　　　　　　　　c)

d)　　　　　　　　e)

图 14.1.14　下水软管

14.2 三维实体对象的剖切

14.2.1 剖切

三维实体剖切命令可以将实体沿剖切平面完全切开，从而观察到实体内部的结构。剖切时，首先需要选择要剖切的三维对象，然后确定剖切平面的位置。当确定剖切平面的位置后，还必须指明需要保留的实体部分。下面介绍图 14.2.1 所示实体剖切的操作过程。

步骤 01 打开随书光盘上的文件 D:\cadxc15\work\ch14.02\revol-3d.dwg。

步骤 02 选择下拉菜单 修改(M) ➡ 三维操作(3) ▶ ➡ 剖切(S) 命令。

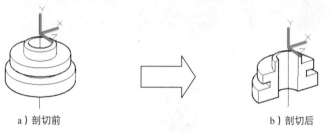

a）剖切前   b）剖切后

图 14.2.1 剖切实体

 也可以在命令行中输入 SLICE 命令后按 Enter 键。

步骤 03 在命令行 选择要剖切的对象: 的提示下，选择图 14.2.1a 中的三维实体为剖切对象。

步骤 04 在命令行 选择要剖切的对象: 的提示下，按 Enter 键结束选取对象。

步骤 05 输入 ZX 字母后按 Enter 键，即将与当前 UCS 的 XY 平面平行的某个平面作为剖切平面。

步骤 06 在命令行 指定 zx 平面上的点 <0,0,0>: 的提示下，选取图 14.2.1a 所示的圆心点，按 Enter 键采用默认值，即剖切平面平行于 ZX 平面且通过指定的点。

步骤 07 在命令行 在所需的侧面上指定点或 [保留两个侧面(B)] <保留两个侧面>: 的提示下，在要保留的一侧单击，其结果如图 14.2.1b 所示。

14.2.2 剖切截面

创建三维实体的截面就是将实体沿某一个特殊的分割平面进行切割，从而创建一个相交截面。这种方法可以显示复杂模型的内部结构。它与剖切实体方法的不同之处在于：创建截面命令将在切割截面的位置生成一个截面的面域，且该面域位于当前图层。截面面域是一个新创建的对象，因此创建截面命令不会以任何方式改变实体模型本身。对于创建的截面面域，可以非常方便地修改它的位置、添加填充图案、标注尺寸或在这个新对象的基础上拉伸生成一个新的实体。下面介绍图 14.2.2 所示的创建三维实体截面的操作过程。

a）三维实体　　　　　　　b）实体的截面　　　　　　　c）添加剖面线

图 14.2.2　创建三维实体的截面

步骤 01 打开随书光盘上的文件 D:\cadxc15\work\ch14.02\revol_3d.dwg。

步骤 02 在命令行中输入 SECTION 命令后按 Enter 键。

步骤 03 在命令行 选择对象: 的提示下，选择图 14.2.2a 中的实体。

步骤 04 在命令行 选择对象: 的提示下，按 Enter 键结束选取对象。

步骤 05 输入字母 YZ 后按 Enter 键，即将与当前 UCS 的 XY 平面平行的某个平面作为剖切平面。

步骤 06 在命令行 指定 YZ 平面上的点 <0,0,0>: 的提示下按 Enter 键，采用默认值，即剖切平面平行于 YZ 平面且通过（0,0,0）点。

步骤 07 选择下拉菜单 修改(M) ➡ 移动(V) 命令，将所生成的截面移动到实体的另一侧，如图 14.2.2b 所示。

步骤 08 选择下拉菜单 绘图(D) ➡ 图案填充(H)... 命令，为截面创建剖面线，如图 14.2.2c 所示。

14.2.3　截面平面

截面平面是以通过三维对象创建剪切平面的方式创建截面对象。通过截面平面功能可以创建三维实体对象的二维截面对象或者三维截面实体。下面介绍图 14.2.3 所示的创建截面平面的操作过程。

a）三维实体　　　　　b）三维截面　　　　　　　　c）二维截面

图 14.2.3　截面平面

步骤 01 打开随书光盘上的文件 D:\cadxc15\work\ch14.02\SECTIONPLANE.dwg。

步骤 02 选择下拉菜单 绘图(D) ➡ 建模(M)▶ ➡ ◀》截面平面(E) 命令。

步骤 03 在命令行 选择面或任意点以定位截面线或 [绘制截面(D) 正交(O)]: 的提示下，选择图 14.2.4 所示的圆弧 1 的圆心。

步骤 04 在命令行 指定通过点: 的提示下，选择图 14.2.4 所示的圆弧 2 的圆心。

步骤 05 在绘图区域中选取图 14.2.5 所示的截面平面并右击，在系统弹出的快捷菜单中选择 生成二维/三维截面 命令。

选取此圆弧 1 的圆心 -----
选取圆弧 2 的圆心 -----

图 14.2.4   定义参考

选取此截面平面

图 14.2.5   选取截面平面

步骤 06 系统弹出图 14.2.6 所示的"生成截面/立面"对话框，在 二维/三维 区域中选中 ⊙ 二维截面/立面(2) 单选项，单击 创建(C) 按钮。

步骤 07 在绘图区域中合适的位置放置二维截面，然后连续按三次 Enter 键完成放置，完成如图 14.2.3c 所示。

图 14.2.6   "生成截面/立面"对话框

步骤 08 在绘图区域中选取图 14.2.5 所示的截面平面并右击，在系统弹出的快捷菜单中选择 生成二维/三维截面 命令，在系统弹出的"生成截面/立面"对话框中选中 ⊙ 三维截面(3) 单选项，然后单击 创建(C) 按钮。

步骤 08 在绘图区域中合适的位置放置三维截面，然后连续按三次 Enter 键完成放置，完成如图 14.2.3b 所示。

14.2.4　三维实体对象的剖切操作实战案例——半剖轴承座

本案例主要利用拉伸与布尔运算命令创建轴承座的三维实体，然后利用截面平面命令创建轴承座的半剖效果，绘制流程如图 14.2.7 所示。

本案例利用截面平面命令创建轴承座的半剖效果的详细操作过程请参见随书光盘中 video\ch14.02\文件下的语音视频讲解文件"半剖轴承座.exe"。

图 14.2.7　半剖轴承座

14.3　三维实体边的编辑

在创建实体后，有时不仅需要对三维对象进行编辑，也需要对三维实体边线进行提取、压印、着色和复制等操作，在 AutoCAD 2015 中就可以很方便地完成这些操作。下面就这些命令的操作过程分别进行介绍。

14.3.1　复制边

复制边是指将三维实体上的指定边线复制为直线、圆、椭圆或样条曲线等。下面以图 14.3.1 所示为例，说明复制边的一般操作过程。

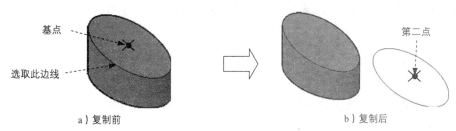

图 14.3.1　复制边

步骤 **01** 打开随书光盘上的文件 D:\cadxc15\work\ch14.03\copy.dwg。

步骤 **02** 选择下拉菜单 修改(M) ➡ 实体编辑(N) ▶ ➡ 复制边(C) 命令。

步骤 **03** 在命令行 选择边或 [放弃(U)/删除(R)]: 的提示下，选择图 14.3.1a 中的边线。

步骤 **04** 在命令行 选择边或 [放弃(U)/删除(R)]: 的提示下，按 Enter 键结束选取对象。

步骤 **05** 在命令行 指定基点或位移: 的提示下，选取图 14.3.1a 所示的基点。

步骤 **06** 在命令行 指定位移的第二点: 的提示下，在绘图区域中选取图 14.3.1b 所示的第二点作为放置点。

步骤 **07** 按 Enter 键结束命令的执行，完成后如图 14.3.1b 所示。

14.3.2 提取边

提取边是指从三维实体、曲面、网格、面域或子对象的边创建线框几何图形。下面以图 14.3.2 所示为例，说明提取边的一般操作过程。

步骤 **01** 打开随书光盘上的文件 D:\cadxc15\work\ch14.03\xedges.dwg。

步骤 **02** 选择下拉菜单 修改(M) ➡ 三维操作(3) ▶ ➡ 提取边(E) 命令。

a）提取前   b）提取后

图 14.3.2 提取边

也可以在命令行中输入 XEDGES 命令后按 Enter 键。

步骤 **03** 在命令行 选择对象: 的提示下，选择图 14.3.2a 中的实体。

步骤 **04** 在命令行 选择对象: 的提示下，按 Enter 键结束选取对象。

步骤 **05** 选择下拉菜单 修改(M) ➡ 移动(V) 命令，将所生成的截面与实体移开距离，如图 14.3.2b 所示。

14.3.3 着色边

着色边是指更改三维实体对象上各条边的颜色。下面以图 14.3.3 为例，说明着色边的一般操作过程。

步骤 01 打开随书光盘上的文件 D:\cadxc15\work\ch14.03\solidedit.dwg。

步骤 02 选择下拉菜单 修改(M) ➡ 实体编辑(N) ▶ 着色边(L) 命令。

五边形 2

五边形 1

a）着色前　　　　　　　　　　　　　　b）着色后

图 14.3.3　着色边

步骤 03 在命令行 选择边或 [放弃(U)/删除(R)]: 的提示下，选择图 14.3.3a 中的两个正五边形边线。

步骤 04 在命令行 选择边或 [放弃(U)/删除(R)]: 的提示下，按 Enter 键结束选取对象。

步骤 05 系统弹出图 14.3.4 所示的"选择颜色"对话框，选取图中所示的颜色，单击 确定 按钮。

图 14.3.4　"选择颜色"对话框

步骤 06 按两次 Enter 键结束命令的执行。

14.3.4　压印边

压印边是指通过压印其他对象向三维实体和曲面添加可编辑的面。可以压印的对象包括直线、圆、圆弧、椭圆、样条曲线、多段线、面域、体以及其他三维实体。下面以图 14.3.5 所示为例，说明压印边的一般操作过程。

图 14.3.5　压印边

 步骤 01 打开随书光盘上的文件 D:\cadxc15\work\ch14.03\imprint.dwg。

步骤 02 选择下拉菜单 `修改(M)` ➡ `实体编辑(N) ▶` ➡ `压印边(I)` 命令。

说明　也可以在命令行中输入 IMPRINT 命令后按 Enter 键。

步骤 03 在命令行 `选择三维实体或曲面:` 的提示下，选择图 14.3.5a 中的实体 1。

步骤 04 在命令行 `选择要压印的对象:` 的提示下，选择图 14.3.5a 中的实体 2。

步骤 05 在命令行 `是否删除源对象 [是(Y)/否(N)] <N>:` 的提示下，输入 Y 后按 Enter 键，即选取删除源对象。

步骤 06 按 Enter 键结束命令的执行，完成后如图 14.3.5b 所示。

14.3.5　三维实体边的编辑操作实战案例 01——连杆

本案例主要利用拉伸、旋转、扫掠、镜像与布尔运算等命令来创建连杆，绘制流程如图 14.3.6 所示。

本案例详细操作过程请参见随书光盘中 video\ch14.03\文件下的语音视频讲解文件"连杆.exe"。

14.3.6　三维实体边的编辑操作实战案例 02——叶轮

本案例主要利用拉伸、旋转、放样、阵列、圆环与布尔运算等命令来创建叶轮，绘制流程如图 14.3.7 所示。

本案例详细操作过程请参见随书光盘中 video\ch14.03\文件下的语音视频讲解文件"叶轮.exe"。

图 14.3.6 连杆

图 14.3.7 叶轮

14.4 三维实体面的编辑

在创建实体后，我们经常要对实体的某些面进行拉伸、移动、偏移、删除、旋转、倾斜、着色及复制等编辑工作，在 AutoCAD 2015 中可以很方便地完成这些操作。下面就这些命令的操作过程分别进行介绍。

14.4.1 拉伸面

拉伸面就是将实体上的平面沿其法线方向按指定的高度或者沿指定的路径进行拉伸。下面以图 14.4.1 为例，说明拉伸面的一般操作过程。

步骤 01 打开随书光盘上的文件 D:\cadxc15\work\ch14.04\faces-edit.dwg。

步骤 02 选择下拉菜单 修改(M) ➡ 实体编辑(N)▶ ➡ 拉伸面(E) 命令。

步骤 03 在命令行 选择面或 [放弃(U)/删除(R)]: 的提示下，选取图 14.4.1a 所示的顶平面为拉伸对象。

说明：为了方便地选取顶平面，应先将视图放大到一定程度。

a）拉伸前　　　　　　　　　　　　　　b）拉伸后

图 14.4.1　拉伸面

步骤 04 在命令行 选择面或 [放弃(U)/删除(R)/全部(ALL)] 的提示下，按 Enter 键结束选择。

步骤 05 在命令行 指定拉伸高度或 [路径(P)]: 的提示下，输入拉伸高度值 50，并按 Enter 键。

步骤 06 在命令行 指定拉伸的倾斜角度 <0>: 的提示下，输入数值 0，并按 Enter 键，此时便得到图 14.4.1b 所示的拉伸后的实体效果。

步骤 07 按两次 Enter 键结束命令的执行。

14.4.2 移动面

移动面就是将实体上指定的面移动指定的距离。下面以图 14.4.2 为例，说明移动面的一般操作过程。

选取此孔内面为要移动的面

a）移动前　　　　　　　　　　　　　　b）移动后

图 14.4.2　移动面

步骤 01 打开文件 D:\cadxc15\work\ch14.04\faces-edit.dwg。

步骤 02 选择下拉菜单 `修改(M)` ➡ `实体编辑(N)▶` ➡ `移动面(M)` 命令。

步骤 03 在图 14.4.2a 中的孔的内圆柱表面上单击，以选取此圆柱表面；按 Enter 键结束选择。

步骤 04 在命令行 `指定基点或位移：` 的提示下，选取任意一点作为基点。

步骤 05 在命令行 `指定位移的第二点：` 的提示下，输入第二点的相对坐标（@30,-30）并按 Enter 键，此时便得到图 14.4.2b 所示的实体效果。

步骤 06 按两次 Enter 键结束命令的执行。

14.4.3 偏移面

偏移面就是以相等的距离偏移实体的指定面。偏移距离可正可负，当输入的距离为正时，偏移后实体体积增大，反之体积减小。例如，如果选取一个孔，正值将减小孔的尺寸，而负值将增大孔的尺寸。下面以图 14.4.3 为例，说明偏移面的一般操作过程。

选取此孔内面为要偏移的面

a）偏移前　　　　　　　　　　　　　　　　b）偏移后

图 14.4.3　偏移面

步骤 01 打开文件 D:\cadxc15\work\ch14.04\faces-edit.dwg。

步骤 02 选择下拉菜单 `修改(M)` ➡ `实体编辑(N)▶` ➡ `偏移面(O)` 命令。

步骤 03 选取图 14.4.3a 中的孔的内表面，按 Enter 键结束选择。

步骤 04 在命令行 `指定偏移距离：` 的提示下，输入数值-5 并按 Enter 键，其结果如图 14.4.3b 所示。

步骤 05 按两次 Enter 键结束操作。

14.4.4 删除面

删除面就是将选定的三维模型表面删除。下面以图 14.4.4 所示为例，说明删除面的一般操作过程。

步骤 01 打开随书光盘上的文件 D:\cadxc15\work\ch14.04\faces-edit02.dwg。

步骤 02 选择下拉菜单 `修改(M)` ➡ `实体编辑(N)▶` ➡ `删除面(D)` 命令。

步骤 03 选择图 14.4.4a 中的孔的内表面，按 Enter 键结束选择。

步骤 04 按两次 Enter 键结束操作。

a）删除前　　　　　　　　　　　　　　b）删除后

选取此孔内面为要偏移的面

图 14.4.4　删除面

14.4.5　旋转面

旋转面就是绕指定的轴旋转实体上的指定面。下面以图 14.4.5 为例，说明旋转面的一般操作过程。

步骤 01 打开文件 D:\cadxc15\work\ch14.04\faces-rol.dwg。

步骤 02 选择下拉菜单 修改(M) ➡ 实体编辑(N) ➡ 旋转面(A) 命令。

步骤 03 在命令行 选择面或 [放弃(U)/删除(R)]: 的提示下，选取图 14.4.5a 中的实体侧面。

步骤 04 在命令行 选择面或 [放弃(U)/删除(R)/全部(ALL)] 的提示下，按 Enter 键结束选择。

步骤 05 用端点捕捉的方法选取轴点，如图 14.4.5a 所示。

步骤 06 在命令行 在旋转轴上指定第二个点: 的提示下，用端点捕捉的方法选取轴上的第二点，如图 14.4.5a 所示。

步骤 07 在命令行 指定旋转角度或 [参照(R)]: 的提示下，输入旋转角度值-30，并按 Enter 键，此时便得到图 14.4.5b 所示的实体效果。

步骤 08 按两次 Enter 键结束操作。

选取此面为要旋转的面
轴点第二点
轴点第一点

a）旋转前　　　　　　　　　　　　　　b）旋转后

图 14.4.5　旋转面

14.4.6 倾斜面

倾斜面就是将实体上指定的面按照一定的角度进行倾斜，倾斜的方向是由选取的基点与第二点的顺序来决定的。下面以图 14.4.6 所示为例，说明倾斜面的一般操作过程。

a）倾斜前　　　　　　　　　　　　　　　b）倾斜后

图 14.4.6　倾斜面

步骤 01 打开随书光盘上的文件 D:\cadxc15\work\ch14.04\faces-edit03.dwg。

步骤 02 选择下拉菜单 修改(M) ➡ 实体编辑(N) ▶ ➡ 倾斜面(T) 命令。

步骤 03 在命令行 选择面或 [放弃(U)/删除(R)]: 的提示下，在图 14.4.6a 中的孔的内圆柱表面上单击，以选择此圆柱表面。

步骤 04 在命令行 选择面或 [放弃(U)/删除(R)/全部(ALL)]: 的提示下，按 Enter 键结束选取对象。

步骤 05 在命令行 指定基点: 的提示下，选取图 14.4.6a 所示的圆心点 1 为基点。

步骤 06 在命令行 指定沿倾斜轴的另一个点: 的提示下，选取图 14.4.6a 所示的圆心点 2。

步骤 07 在命令行 指定倾斜角度: 的提示下，输入旋转的角度值为−15。

步骤 08 按 Enter 键结束命令的执行。

14.4.7 复制面

复制面就是将选定的面复制为面域或者体，下面以图 14.4.7 所示为例，说明复制面的一般操作过程。

步骤 01 打开随书光盘上的文件 D:\cadxc15\work\ch14.04\faces-edit04.dwg。

步骤 02 选择下拉菜单 修改(M) ➡ 实体编辑(N) ▶ ➡ 复制面(F) 命令。

步骤 03 选择图 14.4.7a 中的孔的内表面，按 Enter 键结束选择。

步骤 04 在命令行 指定基点或位移: 的提示下，选取图 14.4.7a 所示的圆心点作为复制的基点。

步骤 05 在命令行 指定位移的第二点: 的提示下，选取图 14.4.7b 所示的点并按 Enter 键，此时便得到图 14.4.7b 所示的实体效果。

步骤 06 按两次 Enter 键结束操作。

选取此孔内面为要复制的面

选取该圆心点

选取该圆心点

a）复制前   b）复制后

图 14.4.7   复制面

14.4.8   着色面

着色面是指更改三维实体对象上各个面的颜色。下面以图 14.4.8 所示为例，说明着色面的一般操作过程。

选取此孔内面为要着色的面

a）着色前   b）着色后

图 14.4.8   着色面

步骤 01 打开随书光盘上的文件 D:\cadxc15\work\ch14.04\faces-edit05.dwg。

步骤 02 选择下拉菜单 修改(M) ➡ 实体编辑(N) ▶ ➡ █ 着色面(C) 命令。

步骤 03 选择图 14.4.8a 中的 5 个孔的内表面，按 Enter 键结束选择。

步骤 04 系统弹出图 14.4.9 所示的"选择颜色"对话框，选取图中所示的颜色，单击 确定 按钮。

图 14.4.9   "选择颜色"对话框

步骤 05 按两次 Enter 键结束操作。

14.4.9　加厚

加厚是以指定的厚度将三维曲面对象转换为三维的实体特征，这对于创建比较复杂的三维实体特征非常有用。对于这类特征，其创建的一般思路是这样的：首先需要创建一个曲面特征，然后将这个曲面特征转换为一定厚度的三维实体特征。下面介绍图 14.4.10 所示的创建加厚特征的一般操作过程。

a）加厚前　　　　　　　　　　　　　　　b）加厚后

图 14.4.10　加厚

步骤 01 打开随书光盘上的文件 D:\cadxc15\work\ch14.04\Thicken-3d.dwg。

步骤 02 选择下拉菜单 修改(M) ➡ 三维操作(3) ▶ ➡ 加厚(T) 命令。

 也可以在命令行中输入 THICKEN 命令后按 Enter 键。

步骤 03 在命令行 选择要加厚的曲面: 的提示下，选取图 14.4.10a 中的曲面为加厚的对象。

步骤 04 在命令行 选择要加厚的曲面: 的提示下，按 Enter 键结束选取对象。

步骤 05 在命令行 指定厚度 <0.0000>: 的提示下，输入加厚的厚度值为 20 后按 Enter 键完成加厚的操作，完成后如图 14.4.10b 所示。

14.4.10　三维实体面的编辑操作实战案例 01——泵盖

本案例主要利用拉伸、旋转、偏移面与布尔运算等命令来创建泵盖，绘制流程如图 14.4.11 所示。

本案例详细操作过程请参见随书光盘中 video\ch14.04\文件下的语音视频讲解文件"泵盖.exe"。

图 14.4.11　泵盖

14.4.11　三维实体面的编辑操作实战案例 02──给闹钟上色

本案例主要利用着色面等命令来给闹钟上色，上色前后效果如图 14.4.12 所示。

本案例详细操作过程请参见随书光盘中 video\ch14.04\文件下的语音视频讲解文件"给闹钟上色.exe"。

图 14.4.12　给闹钟上色

14.5　三维实体的其他编辑

14.5.1　清除

清除就是用来删除共享边以及那些在边或者顶点具有相同表面或曲线定义的顶点。它可以用来删除多余的边、顶点以及不使用的集合图形，但是不能删除压印的边。

14.5.2　分割

分割就是用不相连的体或块将一个三维实体对象分割为几个独立的三维实体对象。在进行并集或者差集运算时可能导致生成一个由多个连续的体组成的三维实体，这时我们可以将这些体分割为独立的三维实体。下面以图 14.5.1 所示为例，说明分割的一般操作过程。

a）分割前　　　　　　　　　　　　　　　b）分割后

图 14.5.1　分割

步骤 01 打开随书光盘上的文件 D:\cadxc15\work\ch14.05\excision01.dwg。

步骤 02 选择下拉菜单 修改(M) ➡ 实体编辑(N)▶ ➡ Ⅰ 分割(S) 命令。

步骤 03 在命令行 选择三维实体： 的提示下选取图 14.5.1a 所示的实体。

步骤 04 按两次 Enter 键结束操作。

14.5.3　检查

检查就是用来检查或者验证所选实体是否为有效实体。下面介绍检查的一般操作过程。

步骤 01 打开随书光盘上的文件 D:\cadxc15\work\ch14.05\excision02.dwg。

步骤 02 选择下拉菜单 修改(M) ➡ 实体编辑(N)▶ ➡ 检查(K) 命令。

步骤 03 在 命 令 行 选择三维实体： 的 提 示 下 选 取 整 个 实 体 特 征 ， 系 统 提 示 选择三维实体：此对象是有效的 ShapeManager 实体。，说明当前实体为有效的实体。

步骤 04 按两次 Enter 键结束操作。

14.6　三维对象的标注

14.6.1　三维对象标注的基本概念及操作

在 AutoCAD 2015 中，使用"标注"命令不仅可以标注二维对象的尺寸，还可以标注三维对象的尺寸。由于所有对三维对象的操作（包括尺寸标注等）都只能在当前坐标系的 XY 平面中进行，因此，为了准确标注三维对象中各部分的尺寸，需要不断地变换坐标系。下面以图 14.6.1 所示为例，来说明三维对象的标注方法。

步骤 01 打开随书光盘上的文件 D:\cadxc15\work\ch14.06\dim_3d.dwg。

步骤 02 在"图层"工具栏中选择"尺寸线层"。

步骤 03 创建尺寸标注 1。

（1）设置用户坐标系 1。选择下拉菜单 工具(T) ➡ 新建 UCS(W) ▶ ➡ 三点(3) 命令，用捕捉的方法依次选择图 14.6.2 中的 C 点为坐标系原点，D 点为正 X 轴上一点，A 点为正 Y 轴上一点。

（2）选择下拉菜单 标注(N) ➡ 线性(L) 命令。

（3）用端点（END）捕捉的方法选择 A、B 两点，然后在绘图区的空白区域选择一点，作为尺寸标注 1 的放置位置，完成后如图 14.6.3 所示。如果不显示尺寸，可使用 视图(V) ➡ 重生成(G) 命令。

图 14.6.1 三维对象的标注

图 14.6.2 定义用户坐标系 1

步骤 04 创建尺寸标注 2。选择下拉菜单 标注(N) ➡ 线性(L) 命令，分别选择 A、C 两点，然后在绘图区的空白区域单击，以确定尺寸标注 2 的放置位置，完成后如图 14.6.4 所示。

步骤 05 创建尺寸标注 3。选择下拉菜单 标注(N) ➡ 线性(L) 命令，分别选择 C、E 两点，然后在绘图区的空白区域单击，以确定尺寸标注 3 的放置位置，完成后如图 14.6.5 所示。

图 14.6.3 尺寸标注 1

图 14.6.4 尺寸标注 2

图 14.6.5 尺寸标注 3

步骤 06 创建尺寸标注 4。选择下拉菜单 标注(N) ➡ 线性(L) 命令，分别选择 D、F 两点，然后在绘图区的空白区域单击，以确定尺寸标注 4 的放置位置，完成后如图 14.6.6 所示。

步骤 07 创建尺寸标注 5。

（1）设置用户坐标系 2。选择 工具(T) ➡ 新建 UCS(W) ▶ ➡ 三点(3) 命令，用捕捉的方法依次选择图 14.6.7 中的 G 点作为用户坐标系原点，F 点作为正 X 轴上一点，H 点作为正 Y 轴上一点。

 如果坐标系 X、Y 的方向不对，会导致角度标注文本的方向不正确。

（2）选择下拉菜单 标注(N) ➡ 线性(L) 命令，分别选择 F、I 两点，然后在绘图区的空白区域单击，以确定尺寸标注 5 的放置位置，完成后如图 14.6.8 所示。

图 14.6.6 尺寸标注 4

图 14.6.7 用户坐标系 2

图 14.6.8 尺寸标注 5

步骤 08 创建尺寸标注 6。选择下拉菜单 标注(N) ➡ 直径(D) 命令，选择图 14.6.9 所示的圆；在命令行 指定尺寸线位置或 [多行文字(M)/文字(T)/角度(A)] 的提示下，输入字母 T 后按 Enter 键；输入 4×%%C10 后按 Enter 键；在绘图区的空白区域单击，作为尺寸标注 6 的放置位置，完成后如图 14.6.10 所示。

图 14.6.9 选取标注参考

图 14.6.10 尺寸标注 6

步骤 09 创建尺寸标注 7。选择下拉菜单 标注(N) ➡ 线性(L) 命令，分别选择 J、K 两点，然后在绘图区的空白区域单击，以确定尺寸标注 7 的放置位置，完成后如图 14.6.11 所示。

步骤 10 创建尺寸标注 8。

（1）设置用户坐标系 3。选择 工具(T) ➡ 新建 UCS(W) ▶ ➡ 三点(3) 命令，用捕捉的方法依次选择图 14.6.12 中的 G 点作为用户坐标系原点，H 点作为正 X 轴上一点，L 点作为正 Y 轴上一点。

（2）选择下拉菜单 标注(N) ➡ ◎ 直径(D) 命令，选择图 14.6.12 所示的圆；然后在绘图区的空白区域单击，以确定尺寸标注 8 的放置位置，完成后如图 14.6.13 所示。

图 14.6.11　尺寸标注 7　　　　图 14.6.12　用户坐标系 3　　　　图 14.6.13　尺寸标注 8

步骤 11　创建尺寸标注 9。

（1）设置用户坐标系 4。选择 工具(T) ➡ 新建 UCS(W) ▶ ➡ ∠ 三点(3) 命令，用捕捉的方法依次选择图 14.6.14 中的 J 点作为用户坐标系原点，K 点作为正 X 轴上一点，O 点作为正 Y 轴上一点。

（2）选择下拉菜单 标注(N) ➡ 角度(A) 命令，选择图 14.6.14 中的 OJ 边线、OK 边线，然后在绘图区的空白区域单击，作为尺寸标注 9 的放置位置，完成后如图 14.6.15 所示。

图 14.6.14　用户坐标系 4　　　　　　　　图 14.6.15　尺寸标注 9

14.6.2　三维对象标注操作实战案例——标注轴承座尺寸

利用本节学习的内容标注图 14.6.16 所示的轴承座尺寸。

本案例详细操作过程请参见随书光盘中 video\ch14.06\文件下的语音视频讲解文件"标注轴承座尺寸.exe"。

图 14.6.16 标注轴承座尺寸

14.7 本章综合实战案例

14.7.1 本章综合实战案例 01——儿童玩具勺

本案例主要利用拉伸、抽壳、圆角与布尔运算等命令来绘制儿童玩具勺。绘制流程如图 14.7.1 所示。

本案例详细操作过程请参见随书光盘中 video\ch14.07\文件下的语音视频讲解文件"儿童玩具勺.exe"。

a)　　　　　　b)　　　　　　c)　　　　　　d)

图 14.7.1 儿童玩具勺

14.7.2 本章综合实战案例 02——塑料凳

本案例主要利用拉伸、抽壳、阵列与倒圆角等命令来绘制塑料凳。绘制流程如图 14.7.2 所示。

本案例详细操作过程请参见随书光盘中 video\ch14.07\文件下的语音视频讲解文件"塑料凳.exe"。

a)   b)   c)

d)   e)

图 14.7.2 塑料凳

14.8 思考与练习

1. 标注三维对象应注意什么？标注三维对象与标注二维对象有什么区别和联系？

2. 创建并标注图 14.8.1 所示的三维实体模型（未注尺寸读者可自定）。

图 14.8.1 创建并标注三维实体模型

3. 创建并标注图 14.8.2 所示的三维实体模型，从其二维视图中获取尺寸。

a）模型的三维视图   b）模型的二维视图

图 14.8.2　创建并标注三维实体模型

第 15 章 三维实体实战案例

15.1 三维实体实战案例 01——花盆

本案例主要利用旋转、扫掠、阵列与圆环等命令绘制花盆。绘制流程如图 15.1.1 所示。

本案例详细操作过程请参见随书光盘中 video\ch15\文件下的语音视频讲解文件"花盆.exe"。

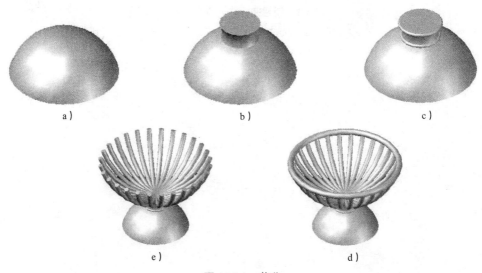

a)   b)   c)

e)   d)

图 15.1.1 花盆

15.2 三维实体实战案例 02——轴承

本案例主要利用旋转、球体与阵列等命令绘制轴承。绘制流程如图 15.2.1 所示。

本案例详细操作过程请参见随书光盘中 video\ch15\文件下的语音视频讲解文件"轴承.exe"。

15.3 三维实体实战案例 03——螺钉旋具手柄

本案例主要利用拉伸、旋转与阵列等命令绘制螺丝刀手柄。绘制流程如图 15.3.1 所示。

本案例详细操作过程请参见随书光盘中 video\ch15\文件下的语音视频讲解文件"螺钉旋

具手柄.exe"。

图 15.2.1　轴承

图 15.3.1　螺钉旋具手柄

15.4　三维实体实战案例 04——USB 接口

本案例主要利用拉伸、放样、扫掠、圆角、阵列与镜像等命令绘制 USB 接口。绘制流程如图 15.4.1 所示。

本案例详细操作过程请参见随书光盘中 video\ch15\文件下的语音视频讲解文件"USB 接口.exe"。

a)

b)

c)

d)

e)

f)

g)

图 15.4.1　USB 接口